应用型本科规划教材

基 础 工 程

（第二版）

主　编　王娟娣
副主编　杨迎晓　张世民　方鹏飞

U0277095

ZHEJIANG UNIVERSITY PRESS
浙江大学出版社

内 容 简 介

本书作为土木类专业应用型本科系列教材之一，编写过程中紧密结合现行设计规范、行业标准，内容简明、条理清楚、重点突出，各章节均有工程实例分析、思考题与习题，便于自学。全书共分 6 章：绪论；浅基础；桩基础；沉井基础与地下连续墙；挡土墙；基坑支护设计。

本书可作为高等院校土木工程及相关专业教材，也可作为相关工程技术人员的参考书。

图书在版编目（CIP）数据

基础工程 / 王娟娣主编. —杭州：浙江大学出版
社，2013.5（2020.3 重印）
ISBN 978-7-308-11391-5

Ⅰ.①基… Ⅱ.①王… Ⅲ.①地基（工程）—高等学
校—教材 Ⅳ.①TU47

中国版本图书馆 CIP 数据核字（2013）第 080781 号

基础工程（第二版）
王娟娣　主编

丛书策划	王　波　樊晓燕
责任编辑	王　波
封面设计	俞亚彤
出版发行	浙江大学出版社
	（杭州市天目山路 148 号　邮政编码 310007）
	（网址：http://www.zjupress.com）
排　版	杭州中大图文设计有限公司
印　刷	嘉兴华源印刷厂
开　本	787mm×1092mm　1/16
印　张	14
字　数	347 千
版 印 次	2013 年 5 月第 2 版　2020 年 3 月第 7 次印刷
书　号	ISBN 978-7-308-11391-5
定　价	39.00 元

总　序

近年来我国高等教育事业得到了空前的发展,高等院校的招生规模有了很大的扩展,在全国范围内发展了一大批以独立学院为代表的应用型本科院校,这对我国高等教育的持续、健康发展具有重要的意义。

应用型本科院校以培养应用型人才为主要目标,目前,应用型本科院校开设的大多是一些针对性较强、应用特色明确的本科专业,但与此不相适应的是,当前,对于应用型本科院校来说作为知识传承载体的教材建设远远滞后于应用型人才培养的步伐。应用型本科院校所采用的教材大多是直接选用普通高校的那些适用研究型人才培养的教材。这些教材往往过分强调系统性和完整性,偏重基础理论知识,而对应用知识的传授却不足,难以充分体现应用类本科人才的培养特点,无法直接有效地满足应用型本科院校的实际教学需要。对于正在迅速发展的应用型本科院校来说,抓住教材建设这一重要环节,是实现其长期稳步发展的基本保证,也是体现其办学特色的基本措施。

浙江大学出版社认识到,高校教育层次化与多样化的发展趋势对出版社提出了更高的要求,即无论在选题策划,还是在出版模式上都要进一步细化,以满足不同层次的高校的教学需求。应用型本科院校是介于普通本科与高职之间的一个新兴办学群体,它有别于普通的本科教育,但又不能偏离本科生教学的基本要求,因此,教材编写必须围绕本科生所要掌握的基本知识与概念展开。但是,培养应用型与技术型人才又是应用型本科院校的教学宗旨,这就要求教材改革必须淡化学术研究成分,在章节的编排上先易后难,既要低起点,又要有坡度、上水平,更要进一步强化应用能力的培养。

为了满足当今社会对土木工程专业应用型人才的需要,许多应用型本科院校都设置了相关的专业。土木工程专业是以培养注册工程师为目标,国家土木工程专业教育评估委员会对土木工程专业教育有具体的指导意见。针对这些情况,浙江大学出版社组织了十几所应用型本科院校土木工程类专业的教师共同开展了"应用型本科土木工程专业教材建设"项目的研究,探讨如何编写既能满足注册工程师知识结构要求、又能真正做到应用型本科院校"因材施教"、适合应用型本科层次土木工程类专业人才培养的系列教材。在此基础上,组建了编委会,确定共同编写"应用型本科院校土木工程专业规划教材"系列。

本套规划教材具有以下特色:

在编写的指导思想上,以"应用型本科"学生为主要授课对象,以培养应用型人才为基本目的,以"实用、适用、够用"为基本原则。"实用"是对本课程涉及的基本原理、基本性质、基本方法要讲全、讲透,概念准确清晰。"适用"是适用于授课对象,即应用型本科层次的学生。"够用"就是以注册工程师知识结构为导向,以应用型人才为培养目的,达到理论够用,不追求理论深度和内容的广度。

在教材的编写上重在基本概念、基本方法的表述。编写内容在保证教材结构体系完整的前提下,注重基本概念,追求过程简明、清晰和准确,重在原理。做到重点突出、叙述简洁、易教易学。

在作者的遴选上强调作者应具有应用型本科教学的丰富教学经验,有较高的学术水平并具有教材编写经验。为了既实现"因材施教"的目的,又保证教材的编写质量,我们组织了两支队伍,一支是了解应用型本科层次的教学特点、就业方向的一线教师队伍,由他们通过研讨决定教材的整体框架、内容选取与案例设计,并完成编写;另一支是由本专业的资深教授组成的专家队伍,负责教材的审稿和把关,以确保教材质量。

相信这套精心策划、认真组织、精心编写和出版的系列教材会得到相关院校的认可,对于应用型本科院校土木工程类专业的教学改革和教材建设起到积极的推动作用。

系列教材编委会主任
浙江大学建筑工程学院常务副院长
教育部长江学者特聘教授

陈云敏

2007 年 1 月

前　言

　　基础工程是土力学的后续课程，也是土木工程、交通市政工程、水利工程等专业重要的专业课。全书包括绪论、浅基础、桩基础、沉井基础与地下连续墙、挡土墙、基坑支护设计等6个章节，教材的编写力尽做到设计原理简明扼要，例题尽量反映工程实例，使学生学会理论联系实际，在工程的氛围中思考问题。

　　第1章、第4章由浙江大学宁波理工学院王娟娣编写；第2章中2.1至2.7由浙江树人大学杨迎晓编写；第2章中2.8至2.9由浙江树人大学胡敏萍编写；第3章中3.1至3.7由浙江大学宁波理工学院方鹏飞编写；第3章中3.8和第6章由浙江大学城市学院张世民编写；第5章由浙江大学宁波理工学院姜珂编写；全书由王娟娣审校。浙江大学陈仁朋审阅了全书，并提出了许多建设性意见，在此表示感谢。

　　限于作者水平和经验，书中难免存在错误之处，敬请读者批评指正。

编　者

2007 年 11 月

再版说明

　　本书是在 2008 年第一版的基础上改编而成的。主要根据《建筑地基基础设计规范》(GB50007—2011)和《建筑桩基技术规范》(JGJ94—2008)、《混凝土结构设计规范》(GB50010—2010)等进行修订。对在使用第一版教学过程中发现的问题作了修改、补充和校正。书中难免有不妥之处,欢迎读者批评、指正。

编者

2013 年 4 月

目　　录

第1章 绪 论

1.1 概 述

基础工程是研究各类建筑物、桥梁、隧道以及近海工程、地下工程的地基基础设计与施工的一门学科。

基础是指建筑物（构筑物）中与地基相接触的底部结构，基础承担着将上部荷载传递至地基土层的任务，因此基础必须具有足够的强度与刚度。基础按其埋置深度分为浅基础与深基础。一般埋置深度在 5m 以内，直接将荷载扩散分布于浅部地层，经简单施工方法筑成的称为浅基础。而深基础相对埋置深度大，其主要作用是把所承受的荷载相对集中地传递到地基深部。常见的深基础有桩基础、地下连续墙、沉井基础等。

地基是指受上部结构荷载影响的土层，其范围跟基础底面大小、荷载大小、土体性质等因素有关。地基可分为天然地基和人工地基两类。上部结构对地基的要求主要是应满足强度、变形和稳定性。当场地土层为成层地基时，与基础底面直接接触的土层称为持力层，其下土层称为下卧层，持力层和下卧层均承受着通过基础传来的上部荷载与自重。

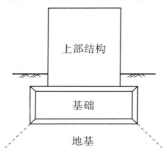

图 1-1 地基基础

上部结构、基础和地基三部分结构如图 1-1 所示。各部位功能不同，设计计算方法也不同，但它们又是建筑物的有机组成部分，彼此共同工作、变形协调。因此，科学合理的方法是将三部分统一起来进行设计计算。然而，依目前的理论水平，还很难做到这一点，现行的《混凝土结构设计规范》、《地基基础设计规范》等都是将上部结构、基础、地基三者脱离开来计算的。尽管如此，我们在处理地基基础问题时，一定要有地基—基础—上部结构相互作用的整体概念，尽可能全面地加以考虑。

一般情况下,天然地基上的浅基础方案最为经济,宜优先选用。天然地基和人工地基上的浅基础的设计原则和方法基本相同,只是当采用人工地基上的浅基础方案时,尚需对选择的地基处理方法进行设计,并处理好人工地基与浅基础的相互影响。

如果建筑场地浅层的土质不能满足建筑物对地基承载力和变形的要求、而又不宜采取地基处理措施时,就需要考虑选择深部坚实土层或岩层作为持力层的深基础方案。桩基础是应用最为广泛的一类深基础。此外,沉井基础在桥梁工程、水上结构物等工程中应用较广。地下连续墙在围护结构、兼作地下室外墙等承重结构方面也得到应用和发展。

基础的设计不能离开地基条件孤立地进行,故谓地基基础设计。地基基础设计是建筑物结构设计的重要组成部分。基础的型式和布置,要合理地配合上部结构的设计,满足建筑物整体的要求,同时要做到受力合理、施工方便、造价降低。

地基和基础是建筑物(构筑物)的根本,一旦它们出现问题,结构的安全和正常使用必然受到影响。国内外许多工程事故实例,大多都跟地基和基础有关。

图 1-2 所示为著名的意大利比萨斜塔,该工程于 1173 年 9 月动工,至 1178 年建至第 4 层中部,高度约 29m 时,因塔身明显倾斜而停工。94 年后,于 1272 年复工,经 6 年时间,建完第 7 层,高约 48m,再次停工。中断 82 年后又于 1360 年复工,至 1370 年竣工。全塔共 8 层,高度约为 55m。塔身为圆筒形,其地基持力层为粉砂,下面为粉土和黏土层。后人发现塔身向南倾斜,南北两端沉降差达 1.80m,塔顶偏离中心线达 5.27m,倾斜 5.5°。1990 年 1 月 14 日被封闭整修。

图 1-2　意大利比萨斜塔

图 1-3　地基强度破坏引起建筑物开裂

基础工程属于隐蔽工程,从工程地质勘察到地基基础设计、施工的每一环节,都关系着工程的质量与安全。因地基基础原因造成建筑物和构筑物开裂、倾斜甚至倒塌事故时有报道,图 1-3 所示为因地基强度破坏而引起建筑物开裂事故,图 1-4 所示的地面塌陷、建筑物倾斜,皆因地基失稳所致。

边坡稳定问题是土力学中的一大课题,图 1-5 所示为某路段边坡失稳而导致铁路路基坍塌事故。

因此,地基基础设计必须保证以下几条原则:

(1)保证地基承载力满足要求,并具有足够的防止地基破坏的安全储备;

图 1-4　地面塌陷、建筑物倾斜

图 1-5　滑坡地段铁路受毁

（2）保证基础沉降不超过地基变形容许值，不影响结构正常使用；

（3）保证挡土墙、边坡、承受水平荷载下的地基基础不致发生地基失稳破坏，并具有足够的安全储备；

（4）受力简洁，便于施工，节约能源。

1.2　基础工程的现状及发展

基础工程可以说是一项古老的工程技术。作为一项工艺，地基基础的历史可以追溯到人类起源。在我国西安半坡村新石器时代遗址的考古发掘中，发现有土台和石础。古代修筑的万里长城、大运河，蜿蜒万里，被誉为亘古奇观，无不与坚固的地基基础直接有关。

基础工程又是一门年轻的应用学科。在工业与民用建筑、港口工程、水利工程、桥梁隧道工程、公路与铁路等工程中，都有遇到地基和基础的研究课题。

图 1-6　三峡库区建设

　　三峡大坝建设、杭州湾跨海大桥建设,均在现代土木工程史上写下了辉煌的篇章。图 1-6 所示为三峡库区建设。海上大直径超长钢管桩,直径达 1.6m,桩长达 88m,采用 Q345C 卷板一次卷制成形。在设计、制作、桩身防腐和海上沉桩等方面运用了一系列新材料、新工艺和新设备,为我国的海上基础工程设计与施工技术树立了里程碑。图 1-7 所示为目前世界上最先进的打桩船——天威号正在施工现场作业。

图 1-7　天威号海上打桩船

　　杭州湾跨海大桥主航道桥墩桩基础采用大直径钻孔灌注桩,直径为 2.8m,桩长达 125m,如图 1-8 图所示。单桩混凝土用量超过 800m³,单桩极限承载力逾 68000kN。采用优

图 1-8　桥墩大直径桩基施工

质海水泥浆护壁和孔底注浆技术,为我国在外海钻孔施工开辟了新途径。

　　当前,基础工程的关注热点之一是工程设计计算理论研究。随着高层、超高层建筑和一些大跨度结构等工程的建设,对现有的设计理论、方法和施工技术、材料等提出了更高的要求。一些新的设计理论不断得到重视和发展,如新的土体本构模型研究、桩基础按变形控制设计理论、桩基变刚度调平设计理念等。

　　关注热点之二是地下多层空间开发利用研究。随着经济的发展和人口的增长,城市用地日趋紧张,交通更加拥挤,迫使房屋建筑以及道路交通向高空和地下发展。地下空间被利用于各种用途,如交通、商贸、市政、通信、仓储以及防护工程等。从防灾减灾方面看,地下工程具有较强的抗爆、抗地震灾害能力。从建筑节能方面看,毫无疑问,地下或半地下建筑能够充分利用自然资源,做到冬暖夏凉。表 1-1 列出了城市地下空间应用领域的概况。

　　关注热点之三是地基基础设计与施工对环境影响问题,环境影响已经作为地基基础方案选择的重要因素。环境岩土工程作为一个研究方向,越来越受到关注。

表 1-1　城市地下空间开发应用领域的概况

应用领域	设施、功能	地下开发深度(m)
交通运输	地铁、地下隧道	10～30
	地下人行道、停车场	3～10
市政设施	给排水管网	2～10
	电力、通信、燃气管路	4～30
	垃圾处理管道、共同沟等	4～30
公共服务	地下商城、文化娱乐设施	6～20
防灾设施	人防工程、蓄水池、指挥所	10～30
储存设施	日用品储存、粮库等	4～20
	能源储存、地下动力厂等	10～30

1.3　本课程的特点与学习要求

　　基础工程是一门新兴的应用学科，综合性强，内容涉及材料力学、结构力学、工程地质学、土力学、混凝土结构设计、土木工程施工和工程估价等多学科领域。虽然本教材主要内容仅仅围绕基础工程的设计原理与方法，但作为获得土木工程注册工程师训练的一项基本技能，要学会站在工程的角度考虑问题，要知道任何一项成功的基础工程实施都是各门相关学科和工程实践经验的完美结合，都是一次次的创新实践。

　　组成地层的土或岩石是自然界的产物。建筑物建造在地层上面，因此建设场地的工程地质条件是决定地基基础设计计算的先决条件。学习本课程首先应掌握能够阅读岩土工程勘探报告，要求学会根据工程地质勘探报告进行工程地质资料分析。图1-9和1-10所示为某工程地质资料示例，能否结合工程实际选择合适的地基基础方案，是基础工程设计的核心内容。

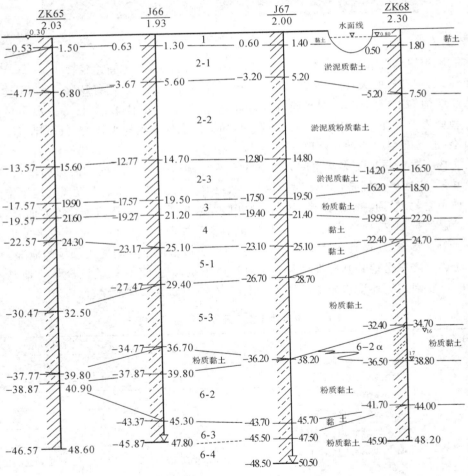

图 1-9　某工程地质剖面图

工程名称：　××××　　　　　工程编号：　××××

层次 土层名称	钻探孔资料 物理指标 天然含水量 w (%)	天然重度 γ (kN/m³)	比重 G_s	孔隙比 e	液限 w_l (%)	塑限 w_p (%)	塑性指数 I_p (%)	液性指数 I_l	力学指标 固快 c (kPa)	φ (°)	压缩系数 a_{1-2} (kPa⁻¹)	静探孔资料 力学指标 锥尖阻力 q_c (kPa)	侧壁摩阻力 q_s (kPa)	摩阻比 (%)	压缩模量 E_s (MPa)	地基承载力特征值 f_{ak} (kPa)	建议值 预制桩 桩侧摩阻力特征值 (kPa)	桩端阻力特征值 (kPa)	钻孔灌注桩 桩侧摩阻力特征值 (kPa)	桩端阻力特征值 (kPa)
1 黏土	29.7	19.2	2.74	0.858	40.5	21.3	19.2	0.44	37.1	13.6	0.34	730	36.0	4.9	5.61	75	18		16.2	
2-1 淤泥质黏土	50.1	17.1	2.75	1.414	43.0	22.2	20.8	1.33	17.2	0.4	1.31	300	7.5	2.5	2.07	45	7		6.3	
2-2 淤泥质粉质黏土	37.1	18.4	2.72	1.04	33.0	19.2	13.7	1.26	12.0	12.1	0.67	610	10.9		3.30	70	10		9	
2-3 淤泥质黏土	51.5	17.1	2.75	1.44	41.0	21.8	19.2	1.52	9.8	6.8	1.32	340	6.94		1.95	45	6		5	
3 粉质黏土	32.3	18.9	2.72	0.912	33.7	21.3	12.4	0.88	24.4	17.7	0.47	760	11.4	1.5	4.63	70	8		7.2	
4 黏土	41.4	17.9	2.75	1.17	43.4	22.7	20.7	0.90	16.0	11.2	0.61	1030	26.0		3.65	90	18	500	16	200
5-1 黏土	30.2	19.1	2.73	0.863	38.2	21.6	16.6	0.52	40.3	17.5	0.25	2520	79.1	3.1	7.50	220	25	1000	22.5	400
5-3 黏土	33.0	18.8	2.73	0.940	38.7	22.1	16.6	0.74	33.2	16.0	0.35	1500	41.0	2.7	6.19	160	20	700	18	280
6-2 粉质黏土	33.5	18.8	2.73	0.945	36.0	21.7	14.3	0.82	33.6	16.0	0.37				5.99	150	15		13.5	

图 1-10　各地层物理、力学性质指标图例

　　在学习本课程时,要掌握地基基础设计的基本原理和方法,学会运用土力学知识、结构知识以及对工程地质资料的分析来判断解决地基基础问题的基本方法,培养实践技能。在学完本课程之后,应掌握浅基础的设计步骤与方法;掌握桩基础设计,熟悉各种常用桩型的特点与应用;掌握挡土墙的设计计算;熟悉沉井基础、地下连续墙设计;掌握基坑支护结构的设计计算;了解基础工程中新技术、新材料的应用。结合课堂学习、现场参观、工程实习等教学环节,加深对知识的理解与掌握。

　　上部结构、地基与基础是作为一个整体共同工作,变形互相协调。但目前常规设计计算已经做过简单的计算假定,将三者分别考虑。因此,评价计算结果时应该考虑这种误差的存在,结合当地实际工程经验,综合分析。

第 2 章　浅基础

学习要点：

本章主要介绍浅基础类型及其设计计算。了解各种类型的浅基础,了解基础埋置深度选择,掌握基础底面尺寸确定,掌握地基持力层和软弱下卧层承载力确定及验算,了解地基变形验算以及减轻不均匀沉降危害等措施。图 2-1 所示是天然地基上的浅基础施工。

图 2-1　天然地基上的浅基础施工

2.1　概述

建筑物荷载通过基础传至土层,使土层产生附加应力和变形,由于土粒间的接触与传递,向四周土中扩散并逐渐减弱。地基是有一定深度与范围的,基础下的土层称为持力层;在地基范围内持力层以下的土层称为下卧层,强度低于持力层的下卧层称为软弱下卧层。基底下的附加应力较大,基础应埋置在良好的持力层上(见图 2-2)。

地基基础是建筑物的根基,若地基基础不稳固,将危及整个建筑物的安全。地基基础的工程量、造价和施工工期,在整个建筑工程中占相当大的比重,有些工程地基基础的造价超过主体工程总造价的 1/4～1/3,尤其是高层建筑或软弱地基。而且建筑物的基础是地面下的隐蔽工程,整个工程竣工验收时它已经埋在地下,难以检验。地基基础事故的预兆不易察觉,一旦失事,难以补救。因此,应当充分认识到地基基础的重要性。

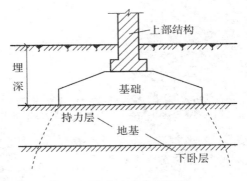

图 2-2 浅基础地基与基础

进行地基基础设计时,必须根据建筑物的用途和设计等级、建筑布置和上部结构类型,充分考虑建筑场地和地基岩土条件,结合施工条件以及工期、造价等各方面的要求,合理选择地基基础方案。常见的地基基础方案有:天然地基上的浅基础(见图 2-3(a));人工地基上的浅基础(见图 2-3(b));桩基础(见图 2-3(c));其他深基础(见图 2-3(d))等。上述每种方案中各有多种基础类型和做法,可以根据实际情况加以选择。一般而言,天然地基上的浅基础便于施工、工期短、造价低,如果能满足地基的强度和变形要求,宜优先选用。

本章主要讨论天然地基上的浅基础的设计原理和计算方法,这些原理和方法也基本适用于人工地基上的浅基础设计。

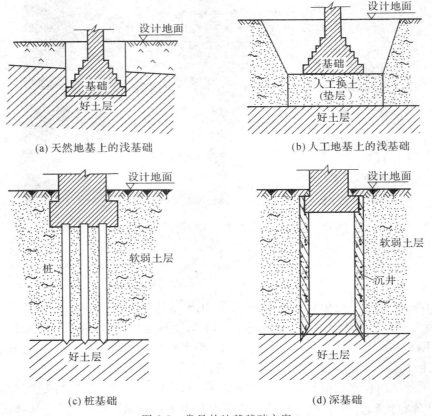

图 2-3 常见的地基基础方案

2.1.1 地基基础设计等级

根据地基的复杂程度、建筑物规模和功能特征以及由于地基问题可能造成建筑物破坏或影响正常使用的程度,将地基基础设计分为三个设计等级,设计时应根据具体情况,按表2-1选用。

表 2-1 地基基础设计等级

设计等级	建筑和地基类型
甲级	重要的工业与民用建筑物 30 层以上的高层建筑 体型复杂,层数相差超过 10 层的高低层连成一体的建筑物 大面积的多层地下建筑物(如地下车库、商场、运动场等) 对地基变形有特殊要求的建筑物 复杂地质条件下的坡上建筑物(包括高边坡) 对原有工程影响较大的新建建筑物 场地和地基条件复杂的一般建筑物 位于复杂地基条件及软土地区的 2 层及 2 层以上地下室的基坑工程 开挖深度大于 15m 的基坑工程 周边环境条件复杂、环境保护要求高的基坑工程
乙级	除甲级、丙级以外的工业与民用建筑物和基坑工程
丙级	场地和地基条件简单、荷载分布均匀的 7 层及 7 层以下民用建筑及一般工业建筑物;次要的轻型建筑物 非软土地区且场地地质条件简单、基坑周边环境条件简单、环境保护要求不高且开挖深度小于 5.0m 的基坑工程

2.1.2 地基基础设计的基本原则

为了保证建筑物的安全与正常使用,根据建筑物地基基础设计等级和长期荷载作用下地基变形对上部结构的影响程度,地基基础设计应满足以下三个基本原则:

(1)地基基础应具有足够的安全度,防止地基土体强度破坏及丧失稳定性,所有建筑物的地基均应满足地基承载力计算的有关规定;对经常受水平荷载作用的高层建筑、高耸结构和挡土墙等,以及建造在斜坡上或边坡附近的建筑物和构筑物,尚应验算其稳定性;基坑工程应进行稳定性验算;当地下水埋藏较浅,建筑地下室或地下构筑物存在上浮问题时,尚应进行抗浮验算。

(2)应进行必要的地基变形计算,使之不超过规定的地基变形允许值,以免引起基础和上部结构的损坏或影响建筑物的正常使用。

对于甲级、乙级建筑物及表 2-2 所列范围以外的丙级建筑物均应进行地基变形计算,对于表 2-2 所列范围以内的丙级建筑物如有下列情况之一者,仍应做变形验算:

①地基承载力特征值小于 130kPa,且体型复杂的建筑;

②在地基基础上及其附近有地面堆载或相邻基础荷载差异较大,可能引起地基产生过大的不均匀沉降时;

③软弱地基上的建筑物存在偏心荷载时;

④相邻建筑距离过近,可能发生倾斜时;

⑤地基内有厚度较大或厚薄不均的填土,其自重固结未完成时。

表 2-2　可不做地基变形计算的设计等级为丙级的建筑物范围

地基主要受力层的情况		地基承载力特征值 f_{ak}(kPa)	$80 \leqslant f_{ak}$ <100	$100 \leqslant f_{ak}$ <130	$130 \leqslant f_{ak}$ <160	$160 \leqslant f_{ak}$ <200	$200 \leqslant f_{ak}$ <300
		各土层坡度(%)	≤5	≤10	≤10	≤10	≤10
建筑类型		砌体承重结构、框架结构（层数）	≤5	≤5	≤6	≤6	≤7
	单层排架结构（6m柱距） 单跨	吊车额定起重量(t)	10~15	15~20	20~30	30~50	50~100
		厂房跨度(m)	≤18	≤24	≤30	≤30	≤30
	多跨	吊车额定起重量(t)	5~10	10~15	15~20	20~30	30~75
		厂房跨度(m)	≤18	≤24	≤30	≤30	≤30
	烟囱	高度(m)	≤40	≤50	≤75	≤100	
	水塔	高度(m)	≤20	≤30	≤30	≤30	
		容积(m³)	50~100	100~200	200~300	300~500	500~1000

注:①地基主要受力层系指条形基础底面下深度为 $3b$（b 为基础底面宽度）,独立基础下为 $1.5b$,且厚度均不小于5m的范围(2层以下一般的民用建筑物除外)。

　　②地基主要受力层中如果承载力特征值 f_{ak} 小于130kPa的土层时,表中砌体承重结构的设计应符合《建筑地基基础设计规范》GB50007—2011第7章的有关要求。

　　③表中砌体承重结构和框架结构均指民用建筑。对于工业建筑可按厂房高度、荷载情况等折合成与其相当的民用建筑物层数。

　　④表中吊车额定起重量、烟囱高度和水塔容积的数值系指最大值。

　　其他情况下的丙级建筑物在满足强度及稳定性的情况下,可不做变形验算。

(3)基础的材料形式、构造和尺寸,除应能适应上部结构、符合使用要求、满足上述地基承载力、稳定性和变形要求外,还应满足对基础结构的强度、刚度和耐久性的要求。

2.1.3　地基基础设计步骤

天然地基上的基础,一般是指建造在未经过人工处理的地基上的基础。它比桩基础和人工地基施工简单,不需要复杂的施工设备,因此可以缩短工期、降低工程造价。所以,在设计地基基础时,应当首先考虑采用天然地基浅基础的设计方案。

在一般情况下,进行地基基础设计时,须具备下列资料:

①建筑场地的地形图;

②岩土工程勘察成果报告;

③建筑物平面图、立面图,荷载,特殊结构物布置与标高;

④建筑场地环境,邻近建筑物基础类型与埋深,地下管线分布;

⑤工程总投资与当地建筑材料供应情况;

⑥施工队伍技术力量与工期的要求。

　　常用的浅基础体型不大,结构简单,在计算单个基础时,一般既不遵循上部结构与基础的变形协调条件,也不考虑地基与基础的相互作用,通常称为常规设计方法,这种简化方法也经常用于其他复杂的大型基础的初步设计。

　　天然地基上的浅基础设计,其内容及步骤通常如下:

　　①阅读分析建筑场地的地质勘察资料和建筑物的设计资料,充分掌握建筑场地的工程地质条件、水文地质条件及上部结构类型、荷载性质、大小、分布及建筑布置和使用要求;

　　②选择基础的结构类型和建筑材料;

　　③选择基础的埋置深度,确定地基持力层;

　　④按地基承载力确定基础底面尺寸;

　　⑤进行必要的地基验算,包括地基持力层及软弱下卧层的承载力验算,必要的地基稳定性、变形验算,根据验算结果修正基础底面尺寸;

　　⑥基础结构和构造设计;

　　⑦绘制基础施工图,编制施工说明。

　　上述各个方面是密切关联、相互制约的,因此地基基础设计工作往往要反复进行才能取得满意的结果。对规模较大的基础工程,若满足要求的方案不止一个,还应进行经济技术比较,选择最优的方案。

2.2　浅基础类型

2.2.1　按基础刚度分类

浅基础按刚度可分为刚性基础和柔性基础。

1. 刚性基础

刚性基础是指用抗压性能较好,而抗拉、抗剪性能较差的砖、毛石、素混凝土以及灰土等材料修建的基础,又称为无筋扩展基础,如图 2-4,2-5 和 2-6 所示。

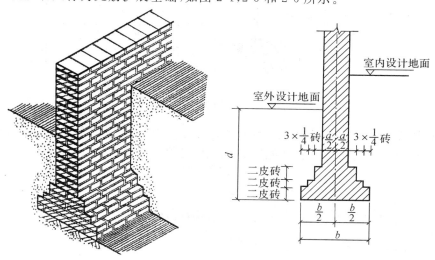

图 2-4　砖基础

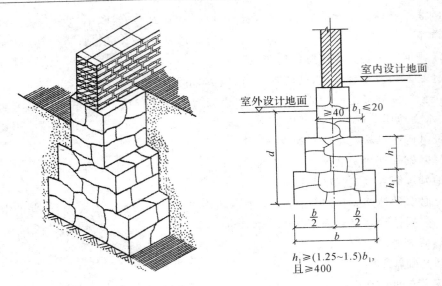

图 2-5 毛石基础

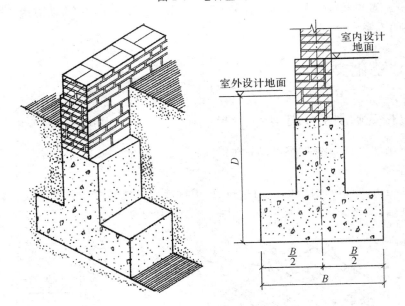

图 2-6 毛石混凝土基础

这类材料抗压强度较大,但不能承受拉力或弯矩。因此,设计要求无筋扩展基础外伸宽度 b' 与基础高度 h 的比值有一定的限度,以避免刚性材料被拉裂,即

$$\frac{b'}{h} \leqslant \left[\frac{b'}{h}\right] = \tan\alpha \tag{2-1}$$

式中:$\left[\dfrac{b'}{h}\right]$——刚性基础台阶宽度比允许值,可按表 2-3 采用;

α——基础的刚性角(°),如图 2-7 所示。

表 2-3　无筋扩展基础台阶宽高比的允许值

基础名称	质量要求	台阶宽高比的允许值		
		$p_k \leqslant 100$	$100 < p_k \leqslant 200$	$200 < p_k \leqslant 300$
混凝土基础	C15 混凝土	1:1.00	1:1.00	1:1.25
毛石混凝土基础	C15 混凝土	1:1.00	1:1.25	1:1.50
砖基础	砖不低于 MU10、砂浆不低于 M5	1:1.50	1:1.50	1:1.50
毛石基础	砂浆不低于 M5	1:1.25	1:1.50	—
灰土基础	体积比为 3:7 或 2:8 的灰土,其最大干密度: 粉土 1.55t/m³ 粉质黏土 1.50t/m³ 粘 1.45t/m³	1:1.25	1:1.50	—
三合土基础	体积比 1:2:4～1:3:6(石灰:砂:骨料),每层约虚铺 220mm,夯至 150mm	1:1.50	1:2.00	—

注:①p_k 为荷载效应标准组合时基础底面处的平均压力值,kPa;

②阶梯形毛石基础的每阶伸出宽度不宜大于 200mm;

③当基础由不同材料叠合组成时,应对接触部分做抗压验算;

④基础底面处的平均压力值超过 300kPa 的混凝土基础,尚应进行抗剪验算。

$$V_s \leqslant 0.7\beta_h f_t A$$

式中:V_s——相应于荷载效应基本组合时的地基平均净反力产生的沿墙(柱)边缘或变阶处单位长度的剪力设计值;

β_h——截面高度影响系数,详见第 49 页;

A——沿墙(柱)边缘或变阶处混凝土基础单位长度面积;

f_t——混凝土抗拉强度设计值。

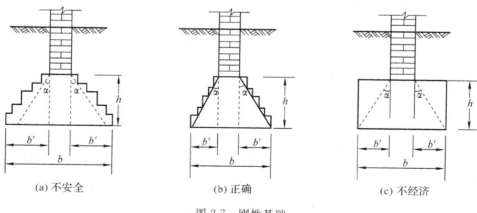

(a) 不安全　　　　　　　(b) 正确　　　　　　　(c) 不经济

图 2-7　刚性基础

为施工方便,刚性基础通常做成台阶形。各级台阶的内缘与刚性角 α 的斜线相交,如图 2-7(b)所示是安全的。若台阶拐点位于斜线之外,如图 2-7(a)所示则不安全。无筋扩展基础破坏情况如图 2-8 所示。

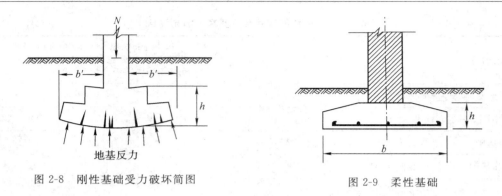

图 2-8　刚性基础受力破坏简图　　　　　　　图 2-9　柔性基础

2. 柔性基础

　　由钢筋混凝土材料建造的基础称为柔性基础,又称为扩展基础。在基础内配置足够的钢筋来承受由弯矩而产生的拉应力,使基础在受弯时不致破坏。这种基础不受刚性角的限制,基础剖面可以做成扁平形状,用较小的基础高度把上部荷载传到较大的基础底面上去,以适应地基承载力的要求,如图 2-9 所示。重要的建筑物或利用地基表土硬壳层,设计宽基浅埋以解决存在软弱下卧层强度太低问题时,常采用钢筋混凝土扩展基础。扩展基础需用钢材、水泥,造价较高。

2.2.2　按基础构造分类

　　浅基础按构造可以分为扩展基础、柱下条形基础、筏形基础、箱形基础和壳体基础。

1. 扩展基础

（1）无筋扩展基础

　　无筋扩展基础技术简单、材料充足、造价低廉、施工方便,多层砌体结构应优先采用这种形式。刚性基础多用于墙下条形基础和荷载不大的柱下独立基础,如图 2-10 所示。《建筑地基基础设计规范》规定,无筋扩展基础可用于多层的民用建筑和轻型厂房。

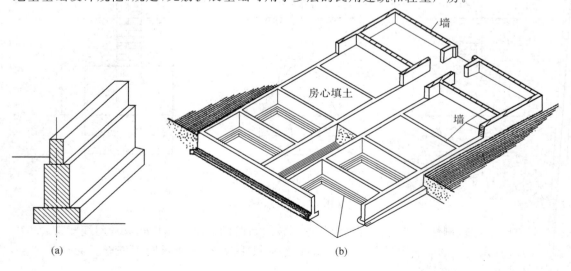

(a)　　　　　　　　　　　　　(b)

图 2-10　墙下条形基础

（2）钢筋混凝土扩展基础

①墙下钢筋混凝土条形基础：通常的砖混结构基础为墙下钢筋混凝土条形基础，如图
2-11所示。

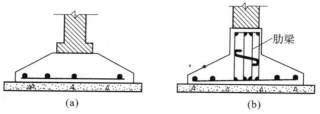

图2-11　墙下钢筋混凝土条形基础

②柱下钢筋混凝土独立基础：通常的框架结构柱基为柱下钢筋混凝土独立基础，如图
2-12所示。

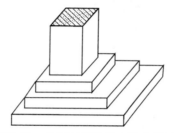

图2-12　柱下钢筋混凝土独立基础

2. 柱下条形基础

当基础的长度大于或等于 10 倍基础宽度时称为条形基础。条形基础属于平面应变问
题，所以可取长度方向 1 延米进行计算。如果遇到上部荷载较大，地基承载力较低时，柱间
的独立基础互相靠近，为了施工方便，可采用柱下条形基础。

（1）单向条形基础

单向条形基础如图 2-13 所示。

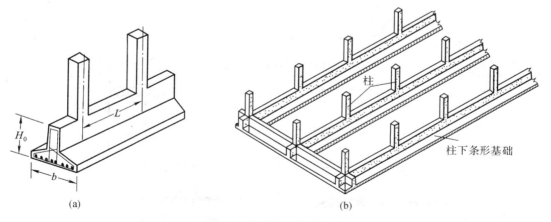

图2-13　柱下单向条形基础

（2）十字交叉条形基础

当遇到上部荷载较大，采用条形基础不能满足地基承载力要求时，可采用十字交叉基础

（即双向条形基础），如图 2-14 所示。

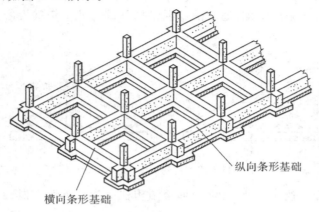

图 2-14 柱下十字交叉基础

3. 筏形基础

若上部荷载大、地基软弱或地下防渗需要时可采用筏形基础（见图 2-15）。这种基础用钢筋混凝土材料做成连续整片基础，亦称为片筏基础。如果地基特别软，而上部结构的荷载又十分大时，特别是带有地下室的高屋建筑物，如果设计成十字交叉基础仍不能满足变形条件要求，且又不宜采用桩基或人工地基时，可将基础设计成钢筋混凝土筏形基础。筏形基础的形式如图 2-16 所示。

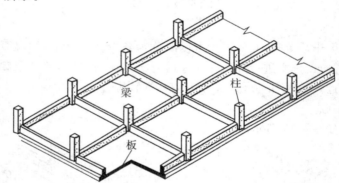

图 2-15 梁板式筏形基础（肋梁上翻）

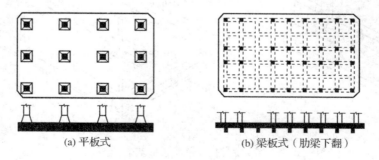

(a) 平板式   (b) 梁板式（肋梁下翻）

图 2-16 筏形基础

4. 箱形基础

高层建筑荷载大、高度大,按照地基稳定性的要求,基础埋置深度应加深,常采用箱形基础。这种基础由现浇的钢筋混凝土底板、顶板、纵横外墙与内隔墙组成箱形整体,如图2-17所示。因此,这种基础的刚度大、整体性好,并可利用箱形基础的空间作为人防、文化活动厅及储藏室、设备层等。但是,箱形基础有较多的纵、横隔墙,地下空间的利用受到了一定的限制。在地下空间的利用较为重要的情况下(如停车场、商场、娱乐场等),通常选用筏板基础。

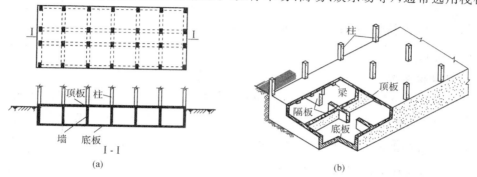

图2-17　箱形基础

北京国际大厦、沈阳中山大厦、兰州工贸大厦、成都蜀都大厦、郑州黄和平大厦等高层建筑都采用箱形基础。根据建筑物高度对地基稳定性的要求和使用功能的需要,箱形基础的高度可设计成一层或多层,例如北京燕京饭店,地上 22 层、地下 2 层箱形基础。

5. 壳体基础

为了发挥混凝土抗压性能好的特性,可以将基础的型式做成壳体。常见的壳体基础的结构型式有三种,即正圆锥壳、M 形组合壳和内球外锥组合壳(见图 2-18)。壳体基础可用做柱基础和筒形构筑物(如烟囱、水塔、料仓、中小型高炉等)的基础。

壳体基础的优点是材料省、造价低。根据统计,中小型筒形构筑物的壳体基础,可以比一般梁、板式的钢筋混凝土基础少用混凝土 30%～50%,节约钢盘 30%以上。此外,在一般情况下施工时不必支模,土方挖运量也较少。不过,由于较难实行机械化施工,因此施工工期长,同时施工工作量大,技术要求高。

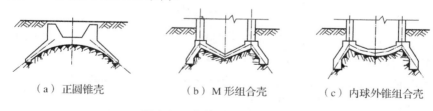

（a）正圆锥壳　　　　　（b）M 形组合壳　　　　　（c）内球外锥组合壳

图 2-18　壳体基础的结构型式

2.3　基础埋置深度的选择

2.3.1　设计原则

基础埋置深度一般从室外地面标高算起,至基础底面的深度为基础埋深。在保证建筑物基础安全稳定、耐久使用的前提下,基础应尽量浅埋,以节省工程量且便于施工。因为地表土一般都松软,易受雨水等外界影响,性质不稳定,所以不宜作为持力层。为保证地基基础的稳定性,《建筑地基基础设计规范》规定,除岩石地基外,基础的埋置深度不宜小于0.5m;为避免基础外露,基础顶面应低于设计地面0.1m以上;《公路桥涵地基基础设计规范》也规定,基础的埋置深度(除岩石地基外)应在天然地面或无冲刷河流的河底以下不小于1m处。

2.3.2 影响基础埋置深度选择的因素

如何确定基础的埋置深度,应当综合考虑下列五方面因素。

1. 上部结构情况

上部结构情况包括建筑物用途、类型、规模、荷载大小与性质。如建筑物需要地下室作为地下车库、地下商店、文化体育活动场地或作人防设施时,基础埋深应至少大于3m。又如建筑物类型为高层建筑,为满足抗震稳定性要求,基础埋深应不小于 $\frac{1}{10} \sim \frac{1}{15}$ 的建筑物地面以上高度。设计等级为丙级的建筑物,则基础埋深浅。对于受有上拔力的结构(如输电塔)基础,也要求有较大的埋深,以满足抗拔要求。

对不均匀沉降较敏感的建(构)筑物,如层数不多而平面形状较复杂的框架结构,应将基础埋置在较坚实和厚度比较均匀的土层上。

因地基持力层倾斜或建(构)筑物使用上的要求,基础可做成台阶形,由浅向深逐步过渡,台阶的高宽与一般的高度比为1∶2,如图2-19所示。

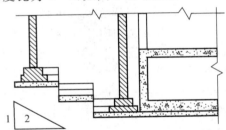

图 2-19 墙基埋深变化的台阶形布置

当管道与基础相交时,基础埋深应低于管道,并在基础上面预留有足够间隙的孔洞,以防止基础沉降压坏管道。

对于桥墩基础,其基础顶面应位于河流最低水位以下,其埋置深度还应考虑河床的冲刷深度,必须在局部冲刷线以下一定深度处。

2. 工程地质条件

工程地质条件往往对基础设计方案起着决定性的作用。应当选择地基承载力高的坚实土层作为地基持力层,由此确定基础的埋置深度。在实际工程中,常遇到地基上下各层软硬不相同,这时如何确定基础的埋置深度呢?应根据岩土工程勘察成果报告的地质剖面图,分析各土层的深度、层厚、地基承载力大小与压缩性高低,结合上部结构情况进行技术与经济比较,确定最佳的基础埋深方案。

对于中小型建筑物,把处于坚硬、硬塑或可塑状态的黏性土层,密实或中密状态的砂土层和碎石土层,以及属于低、中压缩性的其他土层视为良好土层;而把处于软塑、流塑状态的黏性土层,处于松散状态的砂土层、未经处理的填土和其他高压缩性土层视为软弱土层。下面针对工程中常遇到的四种地基的土层分布情况,如图 2-20 所示,说明基础埋深的确定原则。

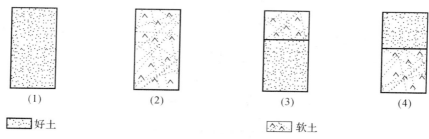

图 2-20　地基土层分布情况

(1)在地基受力层范围内,自上而下都是良好土层。这时,基础埋深由其他条件和最小埋深确定。

(2)自上而下都是软弱土层。对于轻型建筑仍可考虑按情况(1)处理。如果地基承载力或地基变形不能满足要求,则应考虑采用连续基础、人工地基或深基础方案。哪一种方案较好,需要从安全可靠、施工难易、造价高低等方面来综合确定。

(3)上部为软弱土层而下部为良好土层。这时,持力层的选择取决于上部软弱土层的厚度,需要区别对待。①当软弱表层土较薄,厚度小于 2m 时,应将软弱土挖除,将基础置于下层坚实土上,如图 2-21(a)所示。②当表层软弱土较厚,厚度达 2~4m 时,低层房屋可考虑扩大基底面积,加强上部结构刚度,把基础做在软土上;对于重要建筑物,一定要把基础置于下层坚实土上。③当上层软弱土很厚,厚度超过 5m 时,挖除软弱土工程量太大。除建筑物特殊用途需做 2 层地下室时挖除全部软弱土外,对于多层住宅来说,通常采用人工加固处理地基或用桩基础。

(4)上部为良好土层而下部为软弱土层。这种情况在我国沿海地区如浙江省温州、宁波等较为常见,地表普遍存在一层厚度为 2~3m 的所谓"硬壳层",硬壳层以下为孔隙比大、压缩性高且强度低的软土层。对于一般中小型建筑物,或 6 层以下的住宅,宜选择这一硬壳层作为持力层,基础尽量浅埋,即采用"宽基浅埋"方案,以便加大基底至软弱土层的距离。如图 2-21(b)所示,对于此种情况最好采用钢筋混凝土基础(基础截面高度较小)。

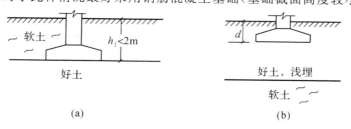

图 2-21　工程地质条件与基础埋深关系

实际地基由若干层交替的好土和软土构成。这时基础埋深应视各层土的厚度和压缩性质,根据减小基础沉降的原则,按上述情况来决定。

此外,在同一栋建筑物内,如果基础间的荷载相差悬殊,或地基土压缩性沿水平方向变化很大时,尚须注意根据减小沉降差与局部倾斜,争取均匀沉降的原则来考虑各段基础的埋置深度。

3. 水文地质条件

地下水的情况与基础埋深也有密切关系,通常基础尽量做在地下水位以上,这样便于施工,如图 2-22 所示;如果基础须要做在地下水位以下的,则在施工时必须进行基槽排水。

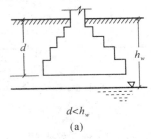

$$d < h_w$$
(a)

图 2-22　水文地质条件与基础埋深关系

当持力层下埋藏有承压含水层时,为防止坑底土被承压水冲破(即流土),要求坑底土的总覆盖压力大于承压含水层顶部的静水压力(见图 2-23),即

$$\gamma_0 h > \gamma_w h_w \tag{2-2}$$

式中:γ_0——槽底安全厚度范围内土的加权平均重度,对地下水位以下的土取饱和重度;

$$\gamma_0 = \frac{\gamma_1 h_1 + \gamma_2 h_2}{h}$$

γ_w——水的重度;

h——基坑底面至承压含水层顶面的距离;

h_w——承压水位。

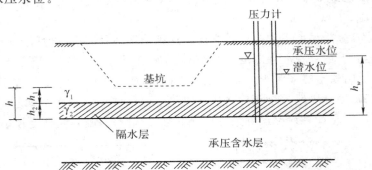

图 2-23　基坑下埋藏有承压含水层的情况

如果式(2-2)无法得到满足,则应设法降低承压水头或减小基础埋深。对于平面尺寸较大的基础,在满足式(2-2)的要求时,还应有不小于 1.1 的安全系数 K,即

$$K = \frac{\gamma_0 h}{\gamma_w h_w}$$

4. 建筑场地的环境条件

(1)靠近原有建筑物修建新基础时,如果基坑深度超过原有基础的埋深,则可能引起原

有基础下沉或倾斜。因此,新基础的埋深不宜超过原有基础的底面,否则新、旧基础间应保持一定的净距,其值不宜小于两基础底面高差的 1~2 倍(土质好时可取低值),如图 2-24 所示。如果不能满足这一要求,则在基础施工期间应采取有效措施以保证邻近原有建筑物的安全。例如:新建条形基础分段开挖修筑;基坑壁设置临时加固支撑;事先打入板桩或设置其他挡土结构;对原有建筑物地基进行加固;等等。

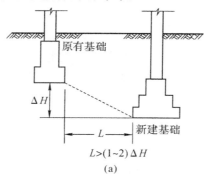

图 2-24　不同埋深的相邻基础

　　(2)靠近土坡时,若建筑场地靠近各种土坡,包括山坡、河岸、海滨、湖边等,则基础埋深应考虑邻近土坡临空面的稳定性。

5. 地基冻融条件

土中水分冻结后使土体积增大的现象称为冻胀,位于冻胀区的基础所受到的冻胀力如果大于基底压力,基础就有被抬起的可能。到了夏季,土体因温度升高而解冻,造成含水量增加,使土体处于饱和及软化状态,承载力降低,建筑物下陷,这种现象称为融陷。地基土的冻胀与融陷一般是不均匀的,容易导致建筑物开裂损坏。

土冻结后是否会产生冻胀现象,主要与土的粒径大小、含水量的多少及地下水位高低等因素有关。对于结合水含量极少的粗粒土,因不发生水分迁移,故不存在冻胀问题。处于坚硬状态的黏性土,因为结合水的含量很少,冻胀作用也很微弱。此外,若地下水位高或通过毛细水能使水分向冻结区补充,则冻胀会比较严重。《建筑地基基础设计规范》根据冻胀对建筑物的危害程度,把地基土的冻胀性分为不冻胀、弱冻胀、冻胀、强冻胀和特强冻胀 5 类。

不冻胀土的基础埋深可不考虑冻结深度。对于埋置于可冻胀土中的基础,其最小埋深 d_{min} 可按下式确定:

$$d_{min} = z_d - h_{max} \tag{2-3}$$

式中,z_d(设计冻深)和 h_{max}(基底下允许残留冻土层的最大厚度)可按《建筑地基基础设计规范》的有关规定确定。对于冻胀、强冻胀和特强冻胀地基上的建筑物,尚应采取相应的防冻害措施。

2.4　基础底面尺寸的确定

在初步选择基础类型和埋置深度后,就可以根据持力层的承载力特征值计算基础底面尺寸。如果地基受力层范围内存在着承载力明显低于持力层的软弱下卧层,则所选择的基底尺寸尚须满足对软弱下卧层验算的要求。此外,必要时还应对地基变形或地基稳定性进行验算。

在确定基础底面尺寸时,应首先算出作用在基础上的总荷载。

作用在结构上的荷载按其性质可分为恒载和活载。恒载是作用在结构上的永久荷载,如梁、板、柱和墙的自重;活载是作用在结构上的可变荷载,如屋面雪载、楼面使用荷载(人、家具的自重等)等。

当计算作用在基础上的总荷载时,应从建筑物的屋顶开始计算:首先算出屋顶的自重和活载,其次算出由上至下各层结构(如梁、板)自重及楼面活载,最后算出墙和柱的自重。这些荷载在墙和柱的承载面积以内的总和,就是作用在基础上的上部结构荷载(外墙和外柱算至室内设计地面与室外设计地面平均标高处;内墙和内柱算至室内设计地面标高处,如图2-25所示),再加上基础自重和基础台阶上的回填土重,便是作用在基础底面上的全部荷载。

基础按受力情况分为中心受压基础和偏心受压基础。

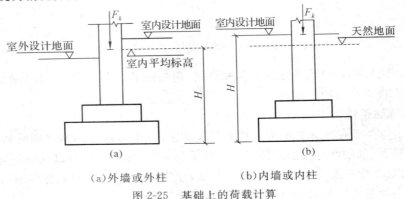

(a)外墙或外柱　　　　　(b)内墙或内柱

图 2-25　基础上的荷载计算

2.4.1　基底压力简化计算

地基与基础面接触处的基底压力分布与基底形状、刚度等因素有关。一般情况下,当基底尺寸较小、刚度较大时,可假定基底压力分布为直线形,此时,可以用材料力学的基本公式来计算基底压力。

(1)当轴心荷载作用时

$$p_k = \frac{F_k + G_k}{A} \tag{2-4}$$

式中:A——基础底面面积;

　　　F_k——相应于荷载效应标准组合时,上部结构传至计算地面的竖向力值;

　　　G_k——基础自重和基础上的土重,对一般实体基础,可近似地取 $G_k = \gamma_G A \bar{h}$(γ_G 为基础及回填土的平均重度,可取 $\gamma_G = 20\text{kN/m}^3$;$\bar{h}$ 为基础平均埋深),但在地下水位以下部分应扣去浮托力。

(2)偏心荷载作用时

$$p_{k\max} = \frac{F_k + G_k}{A} + \frac{M_k}{W} \tag{2-5}$$

$$p_{k\min} = \frac{F_k + G_k}{A} - \frac{M_k}{W} \tag{2-6}$$

式中：M_k——相应于荷载效应标准组合时，作用于基础底面的合力矩；

　　　W——基础底面的抵抗矩；

　　　$p_{k\max}$——相应于荷载效应标准组合时，基础底面边缘的最大压力值；

　　　$p_{k\min}$——相应于荷载效应标准组合时，基础底面边缘的最小压力值。

当偏心距 $e > b/6$ 时（见图 2-26），$p_{k\max}$ 应按下式计算：

$$p_{k\max} = \frac{2(F_k + G_k)}{3la} \tag{2-7}$$

式中：l——垂直于力矩作用方向的基础底面边长；

　　　a——合力作用点至基础底面最大压力边缘的距离。

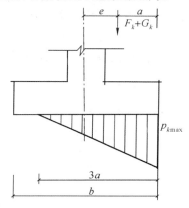

图 2-26　偏心荷载（$e > b/6$）下基底压力计算示意图

2.4.2　满足地基持力层承载力条件

除烟囱等圆形结构物常采用圆形（或环形）基础外，一般柱、墙的基础通常为矩形基础或条形基础，且采用对称布置。按荷载对基底形心的偏心情况，上部结构作用在基础顶面处的荷载可以分为轴心荷载和偏心荷载两种。

1. 轴心荷载作用

在轴心荷载作用下，按地基持力层承载力计算基底尺寸时，要求基础底面压力满足下式要求：

$$p_k \leqslant f_a \tag{2-8}$$

式中：f_a——修正后的地基持力层承载力特征值；

　　　p_k——相应于荷载效应标准组合时，基础底面处的平均压力值。

注：《建筑地基基础设计规范》GB50007—2011 规定，按地基承载力确定基础底面积及埋置深度时，传至基础底面上的荷载效应按正常使用极限状态下荷载效应的标准组合。相应的抗力应采用地基承载力特征值。

$$\frac{F_k + G_k}{A} \leqslant f_a$$

$$F_k + G_k \leqslant f_a A$$

$$F_k \leqslant f_a A - G_k = f_a A - \gamma_G \bar{h} A = (f_a - \gamma_G \bar{h}) A \qquad (2\text{-}9)$$

$$A \geqslant \frac{F_k}{f_a - \gamma_G \bar{h}}$$

式中：γ_G——基础及其台阶上填土的平均重度，通常采用 $20kN/m^3$；

$\bar{h}$——基础平均埋深，m。

对于矩形单独基础，按式（2-9）计算出 A 后，先选定 b 或 l，再计算另一边长，使 $A = l \cdot b$，一般取 $n = \dfrac{l}{b} = 1.0 \sim 2.0$。

$$b \geqslant \sqrt{\frac{F_k}{n(f_a - \gamma_G \bar{h})}} \qquad (2\text{-}10)$$

需要注意计算单元的选取：对于无门窗的墙体，可取 1m 长计算；对于有门窗的墙体，可取一开间长度为计算单元。初算一般多层住宅条形基础上的荷载，每层可按 $N \approx 30kN/m$ 估算。

如图 2-27 所示，对于条形基础，取 1m 长计算，底面积 $A = 1 \times b$，式（2-10）可改写为

$$b \geqslant \frac{F_k}{f_a - \gamma_G \bar{h}} \qquad (2\text{-}11)$$

若荷载较小而地基的承载力又较大时，可能计算的基础需要的宽度较小。但为了保证安全和便于施工，承重墙下的基础宽度不得小于 $600 \sim 700mm$，非承重墙下的宽度不得小于 $500mm$。

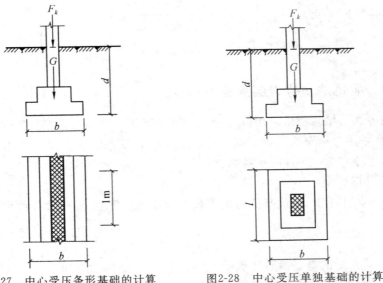

图2-27　中心受压条形基础的计算　　　　图2-28　中心受压单独基础的计算

如图 2-28 所示，对于正方形基础，底面积 $A = b \times b$，公式（2-10）可改写为

$$L = b = \sqrt{A} \geqslant \sqrt{\frac{F_k}{f_a - \gamma_G \cdot \bar{h}}} \qquad (2\text{-}12)$$

必须指出，当按式（2-10）计算 A 时，需要先确定地基承载力特征值 f_a，但 f_a 值又与基础底面尺寸 A 有关，因此，可能要通过反复试算才能确定。计算时，可先对地基承载力特征值进行深度修正，计算出 f_a 和 A；然后按 $A = l \cdot b$ 计算得出 b，如果得到的基础宽度 b 大于

3m 时,再进行宽度修正,使得 A,f_a 间相互协调一致。

2. 偏心荷载作用

对偏心荷载作用下的基础,应同时满足以下条件:

$$p_k \leqslant f_a \tag{2-13}$$

$$p_{k\max} \leqslant 1.2f_a \tag{2-14}$$

式中: $p_{k\max}$——相应于荷载效应标准组合时,按直线分布假设计算的基底边缘处的最大压力值;

f_a——修正后的地基承载力特征值。

在偏心荷载作用下,基础底面受力不均匀,需要加大基础底面面积,通常采用逐次渐近试算法进行计算。计算步骤如下:

(1)先按中心荷载作用下的公式(2-9)初算出基础底面积 A_1。

(2)考虑偏心不利影响,加大基底面积 10%~40%。当偏心较小时,可用 10%;当偏心较大时,采用 40%。故偏心荷载作用下的基底面积为

$$A = (1.1 \sim 1.4)A_1 \tag{2-15}$$

(3)计算基底边缘最大与最小应力(见图 2-29)

$$p_{\substack{k\max \\ k\min}} = \frac{F_k + G_k}{A} \pm \frac{M_k}{W} \tag{2-16}$$

式中: $p_{k\max}$——基础底面边缘的最大压力值,kPa;

$p_{k\min}$——基础底面边缘的最小压力值,kPa;

M_k——作用于基础底面的合力矩值,kN·m;

W——基础底面的抵抗矩。

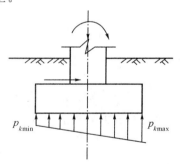

图 2-29　偏心荷载基础计算

(4)基底应力验算

$$\frac{1}{2}(p_{k\max} + p_{k\min}) \leqslant f_a \tag{2-17}$$

$$p_{k\max} \leqslant 1.2f_a \tag{2-18}$$

公式(2-17)验算基础底面平均应力,应满足地基承载力特征值的要求。公式(2-18)指基础边缘最大应力不能超过地基承载力特征值的 20%,防止因基底应力严重不均匀而导致基础发生倾斜。若公式(2-17)和(2-18)均满足要求,说明按公式(2-15)确定的基底面积 A 合适;否则,应修改 A 值,重新计算 $p_{k\max}$ 与 $p_{k\min}$,直至满足公式(2-17)和(2-18)为止。这就是试算法。

2.4.3　软弱下卧层强度验算

上述地基承载力计算,是以均匀地基为条件。若地基持力层下部存在软弱土层,如我国沿海地区表层"硬壳层"下有很厚一层(厚度在 20m 左右)软弱的淤泥质土层,此时,只满足持力层的要求是不够的,还须验算软弱下卧层的强度。即要求传递到软弱下卧层顶面处的附加应力和土的自重应力之和不超过软弱下卧层的承载力,即应按下式进行软弱下卧层强度验算(见图 2-30)。

$$p_z + p_{cz} \leqslant f_{za} \tag{2-19}$$

式中:p_z——相应于荷载效应标准组合时,软弱下卧层顶面处的附加应力值;

p_{cz}——软弱下卧层顶面处土的自重应力,kPa;

f_{za}——软弱下卧层顶面处经深度修正后地基承载力特征,kPa。

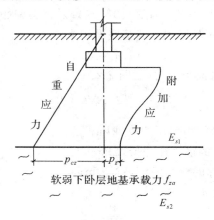

图 2-30　软弱下卧层强度验算

其中,附加应力 p_z 可用均匀的弹性半无限体理论计算。如表 2-4 所示,当上层土的侧限压缩模量 E_{s1} 与下层土的压缩模量 E_{s2} 的比值 $\dfrac{E_{s1}}{E_{s2}} \geqslant 3$ 时,附加应力 p_z 可简化计算如下:

根据扩散后作用在下卧层顶面处的合力与扩散前在基底处的合力相等的条件,即

$$p_0 A = p_z A'$$

式中:A——基础底面积,m^2;

A'——基础底面积以扩散角 θ 扩散到下卧层顶面处的面积,m^2。

从而可求得软弱下卧层顶面处附加应力 p_z 的计算公式为

$$p_z = \frac{p_0 A}{A'} \tag{2-20}$$

条形基础

$$p_z = \frac{p_0 b}{b + 2z\tan\theta} \tag{2-21}$$

矩形基础(附加应力沿两个方向扩散)如图 2-31 所示:

$$p_z = \frac{p_0 lb}{(l + 2z\tan\theta)(b + 2z\tan\theta)} \tag{2-22}$$

$$p_0 = p_k - p_c$$

式中，p_c——基础底面处土的自重应力值。

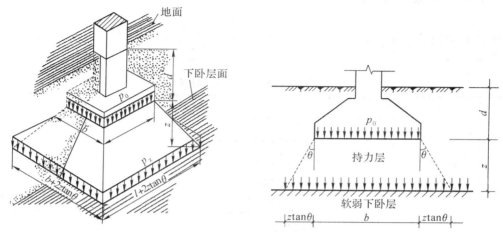

图2-31　压力扩散角法计算土中附加应力（矩形基础）　　图2-32　软弱下卧层顶面附加应力扩散示例

表 2-4　地基压力扩散角

$\dfrac{E_{s1}}{E_{s2}}$	z/b	
	0.25	0.50
3	6°	23°
5	10°	25°
10	20°	30°

如图 2-32 所示，若软弱下卧层强度验算结果满足公式（2-19），表明该软弱土层埋藏较深，对建筑物安全使用并无影响；如果不满足公式（2-19），则表明该软弱土层承受不了上部作用的荷载，此时，须修改基础设计，变更基础的尺寸长度 l、宽度 b 与埋深 d，或对地基进行加固处理。

从上式可见，表层若有"硬壳层"，能起到应力扩散的作用。因此，当存在软弱下卧层时，基础宜尽量浅埋，以增加基底到软弱下卧层的距离。

2.5　地基变形与稳定验算

在常规设计中，一般的步骤是先确定持力层的承载力特征值，然后按要求选定基础底面尺寸，最后（必要时）验算地基变形。

2.5.1　地基变形特征值

在软土地基上建造房屋，在强度和变形两个条件中，变形条件显得比较重要。地基在荷载或其他因素的作用下，要发生变形（均匀沉降或不均匀沉降），变形过大可能危害到建（构）筑物结构的安全，或影响建（构）筑物的正常使用。为防止建（构）筑物不致因地基变形或不均匀沉降过大造成建（构）筑物的开裂与损坏，保证建（构）筑物正常使用，必须对地基的变形特别是不均匀沉降加以控制。对于设计等级为甲级、乙级的建（构）筑物及表 2-2 所列范围以外的丙级的建（构）筑物，除必须进行地基承载力验算以外，均应按地基变形设计，进行地基变形验算，要求地基的变形在允许的范围以内，即

$$\Delta \leqslant [\Delta] \tag{2-23}$$

式中，$[\Delta]$ 为地基的允许变形值。它是根据建（构）筑物的结构特点、使用条件和地基土的类别而确定的。

表 2-5　地基变形特征的类型

地基变形特征值	图　　例	计算方法
沉降量	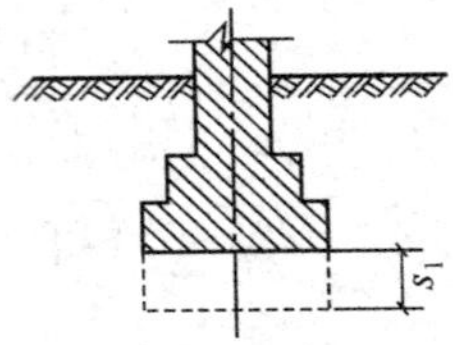	s_1 基础中点沉降值
沉降差	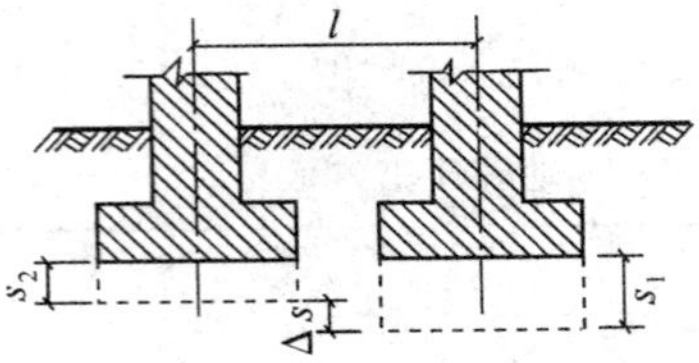	两相邻独立基础沉降值之差 $\Delta s = s_1 - s_2$
倾斜	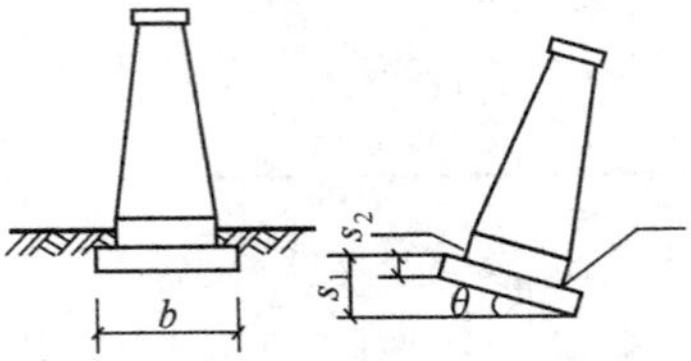	$\tan\theta = \dfrac{s_1 - s_2}{b}$
局部倾斜	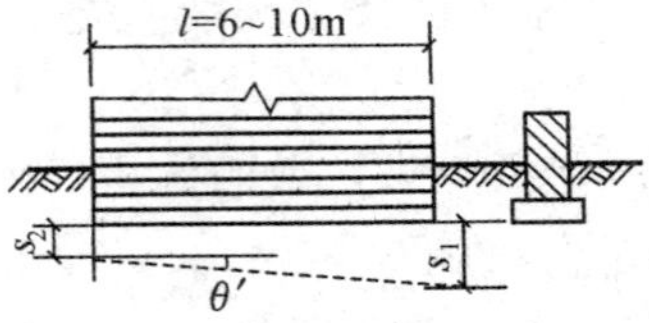	$\tan\theta' = \dfrac{s_1 - s_2}{l}$

地基的允许变形值按其变形特征可以分为以下几种（见表 2-5）：

①沉降量——独立基础或刚性特别大的基础中心的沉降量；

②沉降差——相邻两个柱基的沉降量之差；

③倾斜——独立基础在倾斜方向基础两端点的沉降差与其距离的比值；

④局部倾斜——砌体承重结构沿纵墙 6～10m 内基础两点的沉降差与其距离的比值。

计算地基变形时，传至基础底面上的荷载效应应按正常使用极限状态下荷载效应的准永久组合，不应计入风荷载和地震作用。相应的限值应为地基变形允许值。

表 2-6 列出了建筑物的地基变形允许值。从表可见，地基的变形允许值对于不同类型的建（构）筑物、不同的建（构）筑物结构特点和使用要求、不同的上部结构对不均匀沉降的敏感程度以及不同的结构安全储备要求，有不同的要求。

地基变形允许值的确定涉及许多因素，如建筑物的结构特点和具体使用要求、对地基不

均匀沉降的敏感程度以及结构强度贮备等。《建筑地基基础设计规范》综合分析了国内外各类建筑物的有关资料,提出了表 2-6 所列的建筑物地基变形允许值。对表中未包括的其他建筑物的地基变形允许值,可根据上部结构对地基变形特征的适应能力和使用要求来确定。

表 2-6　建筑物的地基变形允许值

变 形 特 征	地基土类别	
	中、低压缩性土	高压缩性土
砌体承重结构基础的局部倾斜	0.002	0.003
工业与民用建筑相邻柱基的沉降差		
(1)框架结构	$0.002l$	$0.003l$
(2)砌体墙填充的边排柱	$0.0007l$	$0.001l$
(3)当基础不均匀沉降时不产生附加应力的结构	$0.005l$	$0.005l$
单层排架结构(柱距为 6m)柱基的沉降量(mm)	(120)	200
桥式吊车轨面的倾斜(按不调整轨道考虑)		
纵向	0.004	
横向	0.003	
多层和高层建筑的整体倾斜　$H_g \leqslant 60$	0.004	
$24 < H_g \leqslant 60$	0.003	
$60 < H_g \leqslant 100$	0.0025	
$H_g \leqslant 100$	0.002	
体型简单的高层建筑基础的平均沉降量(mm)	200	
高耸结构基础的倾斜　$H_g \leqslant 20$	0.008	
$20 < H_g \leqslant 50$	0.006	
$50 < H_g \leqslant 100$	0.005	
$100 < H_g \leqslant 150$	0.004	
$150 < H_g \leqslant 200$	0.003	
$200 < H_g \leqslant 250$	0.002	
高耸结构基础的沉降量(mm)　$H_g \leqslant 100$	400	
$100 < H_g \leqslant 200$	300	
$200 < H_g \leqslant 250$	200	

注:①本表数值为建筑物地基实际最终变形允许值;

　　②有括号者仅适用于中压缩性土;

　　③l 为相邻柱基的中心距离(mm);H_g 为自室外地面起算的建筑物高度(m)。

一般来说,如果建筑物均匀下沉,那么即使沉降量较大,也不会对结构本身造成损坏,但可能会影响到建筑物的正常使用,或使邻近建筑物倾斜,或导致与建筑物有联系的其他设施损坏。例如,单层排架结构沉降量过大会造成桥式吊车净空不够而影响使用;高耸结构(如烟囱、水塔等)沉降量过大会将烟道(或管道)拉裂。

砌体承重结构对地基的不均匀沉降是很敏感的,其损坏主要是由于墙体挠曲引起局部出现斜裂缝,故砌体承重结构的地基变形由局部倾斜控制。

高耸结构和高层建筑的整体刚度很大,可近似视为刚性结构,其地基变形应由建筑物的整体倾斜控制,必要时应控制平均降量。

地基地层的不均匀分布以及邻近建筑物的影响是高耸和高层建筑产生倾斜的重要原因。这类结构物的重心高，基础倾斜使重心侧向移动引起的偏心矩荷载，不仅使基底边缘压力增加而影响倾覆稳定性，还会产生附加弯矩。因此，倾斜允许值应随结构高度的增加而递减。

高层建筑物横向整体倾斜允许值主要取决于人们视觉的敏感程度，倾斜值到达明显可见的程度时大致为 1/250(0.004)，而结构损坏则大致当倾斜达到 1/150 时开始。

由于沉降计算方法误差较大，理论计算结果常和实际产生的沉降有出入，因此，对于重要的、新型的、体形复杂的房屋和结构物，或使用上对不均匀沉降有严格控制的房屋和结构物，还应进行系统的沉降观测。这一方面能观测沉降发展的趋势并预估最终沉降量，以便及时研究加固及处理措施；另一方面也可以验证地基基础设计计算的正确性，以完善设计规范。

沉降观测点的布置，应根据建筑物体型、结构、工程地质条件等综合考虑，一般设在建筑物四周的角点、转角处、中点以及沉降缝和新老建筑物连结点的两侧，或地基条件有明显变化的区段内，测点的间隔距离为 8～12m。

沉降观测应从施工时就开始，民用建筑每增高一层观测一次，工业建筑应在不同的荷载阶段分别进行观测，必要时记录沉降观测时的荷载大小及分布情况。竣工后逐渐拉开观测间隔时间直至沉降稳定为止，稳定标准为半年的沉降量不超过 2mm。当工程有特殊要求时，应根据要求进行观测。

在必要的情况下，需要分别预估建(构)筑物在施工期间和使用期间的地基变形值，以便预留建(构)筑物有关部分之间的净空，并考虑连结方法和施工顺序。此时，一般浅基础的建(构)筑物在施工期间完成的沉降量，对于砂土可认为其最终沉降量已基本完成，对于低压缩黏性土可认为已完成最终沉降量的 50%～80%，对于中压缩黏性土可认为已完成 20%～50%，对于高压缩黏性土可认为已完成 10%～20%。在软土地基上，埋深 5m 左右的高层建筑箱型基础在结构竣工时已完成其最终沉降量的 60%～70%。

2.5.2　地基稳定性验算

对于经常承受水平荷载作用的高层建筑、高耸结构以及建造在斜坡上或边坡附近的建筑物和构筑物，应对地基进行稳定性验算。

滑动稳定安全系数 K 是指滑动面上诸力对滑动圆弧的圆心所产生的抗滑力矩和滑动力矩之比值，要求其不小于 1.2，即

$$K = \frac{抗滑力矩}{滑动力矩} \geq 1.2 \qquad (2\text{-}24)$$

通常最危险的滑动面假定为圆弧面。若考虑深层滑动时，滑动面可为软硬土层界面，即为一平面，此时安全系数 K 应大于 1.3。

对修建于坡高和坡角不太大的稳定土坡顶的基础(见图 2-33)，当垂直于坡顶边缘线的基础底面边长 $b \leq 3\text{m}$ 时，如基础底面外缘至坡顶边缘的水平距离 a 不小于 2.5m，且符合公式(2-25)要求，则土坡坡面附近由基础所引起的附加压力不影响土坡的稳定性。

$$a \geq \xi b - d/\tan\beta \qquad (2\text{-}25)$$

式中：β——土坡坡角；

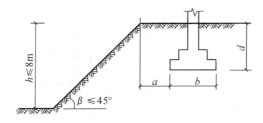

图 2-33 基础底面外缘至坡顶的水平距离示意图

d——基础埋深;

ξ——取 3.5(对条形基础)或 2.5(对矩形基础和圆形基础)。

当公式(2-24)的要求不能得到满足时,可以根据基底平均压力按圆弧滑动面法进行土坡稳定验算,以确定基础距坡顶边缘的距离和基础埋深。

当计算挡土墙土压力、地基或斜坡稳定及滑坡推力时,荷载效应应按承载能力极限状态下荷载效应的基本组合,但其分项系数均为 1.0。

2.6 刚性基础设计

2.6.1 设计原理与步骤

由砖、毛石、素混凝土、毛石混凝土与灰土等材料建筑的基础称刚性基础(无筋扩展基础),这种基础只能承受压力不能承受弯矩或拉力,可用于 6 层以下(三合土基础不宜超过 4 层)的民用建筑和墙承重的厂房。

砖基础俗称大放脚,其各部分的尺寸应符合砖的模数。砌筑方式有两皮一收和二一间隔收(两皮一收与一皮一收相同)两种(见图 2-4)。两皮一收是每砌两皮砖(即 120mm),收进 1/4 砖长(即 60mm);二一间隔收是从底层开始,先砌两皮砖,收进 1/4 砖长,再砌一皮砖,收进 1/4 砖长,如此反复。

毛石基础的每阶伸出宽度不宜大于 200mm,每阶高度通常取 400~600mm,并由两层毛石错缝砌成;混凝土基础每阶高度不应小于 200mm;毛石混凝土基础每阶高度不应小于 300mm(见图 2-5 和 2-6)。

灰土基础施工时每层虚铺灰土 220~250mm,夯实至 150mm,称为"一步灰土"。根据需要可设计成二步灰土或三步灰土,即厚度为 300mm 或 450mm。三合土基础厚度不应小于 300mm。

无筋扩展基础也可由两种材料叠合组成,例如,上层用砖砌体,下层用混凝土。

无筋扩展基础底面宽度受材料刚性角的限制,应符合公式(2-26)的要求,如图 2-34 所示。

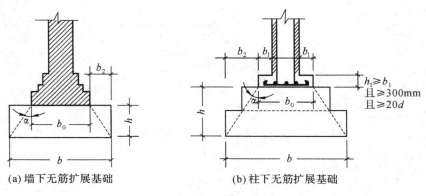

（a）墙下无筋扩展基础　　　　　　　　　　（b）柱下无筋扩展基础

图 2-34　无筋扩展基础构造图

$$b \leqslant b_0 + 2h\tan\alpha \tag{2-26}$$

式中：b_0——基础顶面的砌体宽度，m；

　　　h——基础高度，m；

　　　$\tan\alpha$——基础台阶宽高比的允许值，按表 2-3 选用。

2.6.2 设计实例

实例 1

某住宅承重墙厚 240mm；地基土表层为杂填土，厚度为 0.65m，重度为 17.3kN/m³。其下为粉土层，重度为 18.3kN/m³，承载力特征值为 170kPa，孔隙比为 0.86，饱和度大于 0.91。地下水位在地表下 0.8m 处。若已知上部墙体传来的竖向荷载标准值为 190kN/m。（1）确定基础底面尺寸；（2）设计该承重墙下的刚性条形基础。

解：1. 确定基础埋置深度

为了便于施工，基础宜建在地下水位以上，故选择粉土层作为持力层，初步选择基础埋深 d 为 0.8m。

2. 确定条形基础底面宽度 b

由 $e=0.86$ 和 $S_r=0.91>0.85$，查得 $\eta_b=0$，$\eta_d=1.1$。

埋深范围内土的加权平均重度：

$$\gamma_m = \frac{17.3 \times 0.65 + 18.3 \times 0.15}{0.8} = 17.5 (\text{kN/m}^3)$$

持力层土的承载力特征值 $f_a=170+17.5\times1.1\times(0.8-0.5)=176(\text{kPa})$

基础宽度 $b \geqslant \dfrac{F_k}{f_a - \gamma_G d} = \dfrac{190}{176 - 20 \times 0.8} = 1.19(\text{m})$（小于 3.0m，不需要宽度修正）

取该承重墙下条形基础宽度 $b=1.20$m。

3. 选择基础材料，并确定基础高度 H_0

方案 1：采用 MU10 砖和 M5 砂浆砌"二一间隔收"砖基础，基底下做 100mm 厚 C10 素混凝土垫层，砖基础所需台阶数：

$$n \geqslant \frac{1}{2} \times \frac{1200 - 240}{60} = 8(\text{阶})$$

相应的基础高度 $H_0 = 120 \times 4(\text{阶}) + 60 \times 4(\text{阶}) = 720(\text{mm})$

基坑的最小开挖深度 $D_{min}=720+100+100=920(mm)$，已深入地下水位以下，必然给施工带来困难，且此时实际基础埋深 d 已超过前面选择的 $d=0.8m$。可见方案 1 不合理。

方案 2：基础上层采用 MU10 砖和 M5 砂浆砌筑的"二一间隔收"砖基础；下层为 300mm 厚 C10 素混凝土。

混凝土垫层（作为基础结构层）设计：

由 $p_k=\dfrac{F_k+G_k}{A}=\dfrac{190+20\times0.8\times1.2}{1.2}=174(kPa)$，查表 2-3 得 $\tan\alpha=1.0$。所以，混凝土垫层缩进不大于 300mm，取 240mm。

上层砖基础所需台阶数：

$$n\geqslant\frac{1}{2}\times\frac{1200-240-2\times240}{60}=4(阶)$$

相应的基础高度 $H_0=120\times2(次)+60\times2(次)+300=660(mm)$

基础顶面至地面的距离取为 140mm，则埋深 $d=0.8m$，与前面选择的 $d=0.8m$ 完全吻合，可见方案 2 合理。

4. 绘制基础剖面图

基础剖面形状及尺寸如图 2-35 所示。

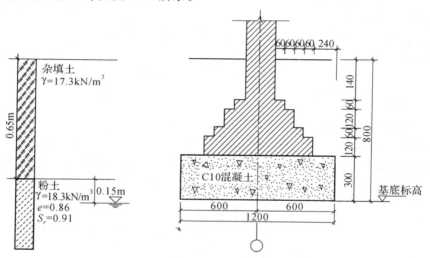

图 2-35　实例 1 刚性基础剖面图

2.7　扩展基础设计

扩展基础系指墙下钢筋混凝土条形基础和柱下钢筋混凝土独立基础。

扩展基础的底面向外扩展，基础外伸的宽度大于基础高度，基础材料承受拉应力，因此扩展基础必须采用钢筋混凝土材料。

扩展基础适用于上部结构荷载较大，有时为偏心荷载或承受弯矩、水平荷载的建筑物基础。在地基表层土质较好、下层土质软弱的情况下，利用表层好土层设计浅埋基础，最适宜采用扩展基础。

扩展基础分为墙下条形基础和柱下独立基础两类(见图 2-11 和 2-12)。

2.7.1　设计原理与步骤

1. 墙下钢筋混凝土条形基础

如图 2-36 所示,墙下钢筋混凝土条形基础的设计包括确定基础宽度、基础底板高度及基础底板配筋。当地基较软弱时,可采用带肋的板增加基础刚度,改善不均匀沉降(见图 2-12(b))。

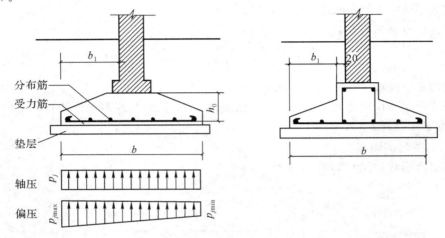

图 2-36　墙下钢筋混凝土条形基础

(1)基础宽度

轴心受压按式(2-11),偏心受压按公式(2-13),(2-14),(2-16)计算,取 1m 长为计算单元。

(2)基础底板高度

基础底板如倒置的悬壁板,由自重 G 产生的均布压力与其地基反力相抵消,故底板仅受到上部结构传来的内力设计值引起的地基净反力的作用,如图 2-37 所示。

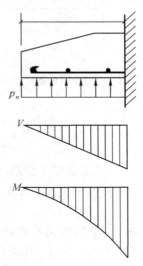

图 2-37　基础悬臂部分内力分布

底板的高度由抗剪强度确定：

$$V \leqslant 0.7\beta_h f_t l h_0 \tag{2-27}$$

式中：V——悬臂板根部截面的剪力，kN；

$$V = p_j l b_1 \tag{2-28}$$

β_h——截面高度影响系数，参见第 49 页；

f_t——混凝土轴心抗拉设计强度，kN/m^2；

l——墙长取 1m；

b_1——边缘至砖墙边或边缘至混凝土墙（梁）边的距离，m；

p_j——地基净反力，kN/m^2。

　　轴压：$p_j = p - \dfrac{G}{b}$

　　偏压：$p_{j\max} = p_{\max} - \dfrac{G}{b}$

$p_{j1} = p_1 = \dfrac{G}{b}$（墙或梁边净反力）；

偏压时采用边缘最大净反力 $p_{j\max}$ 与墙（或梁）边的净反力 p_{j1} 的平均值计算；

h_0——底板的有效高度，mm；$h_0 = h - a$，底板下设垫层时 $a = 40mm$，底板下无垫层时 $a = 75mm$。

底板高度估算是用 $\dfrac{b}{8}$，如果墙（或梁）边板厚 $h \leqslant 250mm$ 时，做成等厚板；如果 $h > 250mm$ 时可做成梯形截面。坡度 $i \leqslant 1:3$，边缘高度一般不小于 150mm。

（3）基础底板配筋

悬臂板根部的最大弯矩：

$$M_{\max} = \frac{1}{2} p_j l b_1^2 \tag{2-29}$$

钢筋面积近似按下式计算：

$$A_s = \frac{M}{0.9 f_y \cdot h_0} \tag{2-30}$$

式中，f_y——钢筋抗拉设计强度。

底板的受力钢筋沿宽度 b 方向放置，沿墙长度方向设置分布筋，放在受力筋上面。受力筋采用 I 级或 II 级钢筋，直径不小于 10mm，间距为 100～200mm。分布筋直径为不小于 8mm，间距为 250～300mm。混凝土强度等级不宜低于 C15。

墙下钢筋混凝土条形基础的截面设计包括确定基础高度和基础底板配筋。在这些计算中，可不考虑基础及其上面土的重力，因为由这些重力所产生的那部分地基反力将与重力相抵消。仅由基础顶面的荷载产生的地基反力称为地基净反力，并以 p_j 表示。计算时，沿墙长度方向取 1m 作为计算单元。

2. 构造要求

（1）梯形截面基础的边缘高度，一般不小于 200mm；当基础高度不大于 250mm 时，可做成等厚度板。

（2）基础下的垫层深度一般为 100mm，每边伸出基础 50～100mm，垫层混凝土强度等级应为 C10。

（3）底板受力钢筋的最小直径不宜小于 10mm，间距应为 100～200mm。当有垫层时，混凝土的保护层净厚度不应小于 40mm，无垫层时不应小于 70mm。纵向分布筋直径不小于 8mm，间距不大于 300mm，每沿米分布钢筋的面积应不小于受力钢筋面积的 1/10。

（4）混凝土强度等级不应低于 C20。

（5）当基础宽度大于 2.5m 时，底板受力钢筋的长度可取基础宽度的 0.9 倍，并交错布置。

（6）基础底板在 T 形及十字形交接处，底板横向受力钢筋仅沿一个主要受力方向通长布置，另一方向的横向受力钢筋可布置到主受力方向底板宽度 1/4 处（见图 2-38(a)）。在拐角处底板横向受力钢筋应沿两个方向布置（见图 2-38(b)）。

（7）当地基软弱时，为了减少不均匀沉降的影响，基础截面可采用带肋的板，肋的纵向钢筋按经验确定。

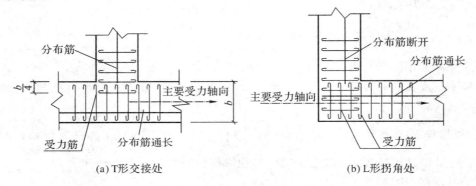

(a) T形交接处　　　　　　　　　　　　　(b) L形拐角处

图 2-38　墙下条形基础底板配筋构造

3. 柱下钢筋混凝土独立基础

柱下钢筋混凝土独立基础的设计包括确定基础面积、基础高度和底板配筋。

（1）基础底面积

轴心受压按式(2-9)计算，偏心受压按式(2-13)，(2-14)和(2-16)计算。轴心受压基底两边长一般相等，偏心受压基底两边长之比一般 $\dfrac{l}{b} \leqslant 2$，最大不超过 3。

（2）基础高度

基础高度由抗冲切强度确定。当沿柱周边（或变阶处）的基础高度不够时，板将发生冲切破坏，形成 45°斜裂面的角锥体（见图 2-39）。为防止发生这种破坏，基础应有足够的高度，使基础冲切面以外地基净反力产生的冲切力 F_l 不大于基础冲切面处混凝土的抗冲切强度。

$$F_l \leqslant 0.7\beta_{hp} f_t A_2 \qquad (2\text{-}31)$$

式中：F_l——冲切力，$F_l = A_1 p_j$；

　　　f_t——混凝土轴心抗拉设计强度；

　　　p_j——地基净反力；

　　　β_{hp}——截面高度影响系数，详见第 49 页。

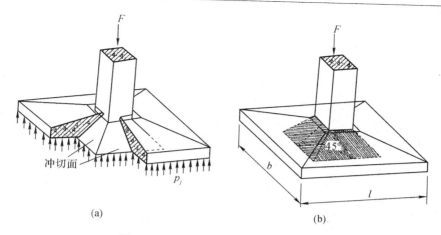

图 2-39　钢筋混凝土独立基础冲切破坏

轴心受压 $p_j = p - \dfrac{G}{A}$；

偏心受压 $p_{j\max} = p_{\max} - \dfrac{G}{A}$；$p_{j\min} = p_{\min} - \dfrac{G}{A}$；$p_{j1} = p_1 - \dfrac{G}{A}$（柱边）；偏压冲切计算用 $p_{j\max}$；A_1 为考虑冲切荷载时取用的多边形面积；A_2 为斜裂面的水平投影面积。由于矩形基础的两个边长情况不同，冲切破坏时的面积 A_1，A_2 也不同（见图 2-40），可用作图法求得。绘出距离柱周边各为 h_0 的矩形线及顶角斜线，便可计算面积 A_1，A_2。

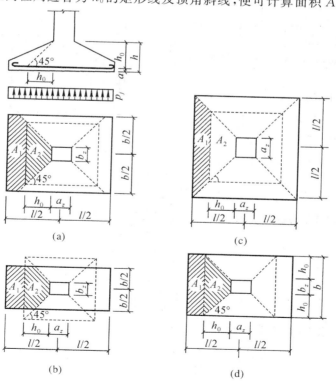

图 2-40　冲剪计算

设 a_z,b_z 分别沿 l 及 b 方向的柱边长。

当 $b \geqslant b_z + 2h_0$ 时(见图 2-40(a))

$$A_1 = \left(\frac{l}{2} - \frac{a_z}{2} - h_0\right)b - \left(\frac{b}{2} - \frac{b_z}{2} - h_0\right)^2$$

$$A_2 = (b_z + h_0)h_0$$

当 $b \leqslant b_z + 2h_0$ 时(见图 2-40(b)(d))按抗剪强度验算基础高度:

$$V \leqslant 0.7\beta_h f_t bh_0$$

当为正方形柱及正方形基础时(见图 2-40(c))

$$A_1 = \left(\frac{l}{2} - \frac{a_z}{2} - h_0\right)\left(\frac{l}{2} + \frac{a_z}{2} + h_0\right)$$

$$A_2 = (a_z + h_0)h_0$$

确定基础高度,可先按经验初步选定,然后再进行验算。

当基础有变阶时,尚需验算变阶处的冲切强度,此时可将上台阶底周边看做柱周边,用前面相同的方法进行验算。当基础底面在 45°冲切破坏线以内时,可不进行冲切验算。

(3)底板配筋

基础底板在地基净反力作用下沿柱周边向上弯曲,底板可按固定在柱边的梯形悬壁板配筋,计算截面取柱边或变阶处(见图 2-41)。

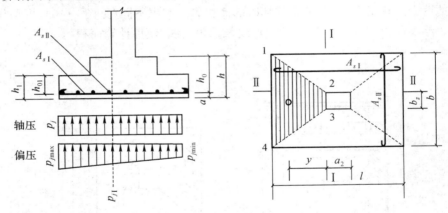

图 2-41　基础配筋

图 2-41 中柱边 I-I 截面的计算弯矩为作用在梯形面积 A_{1234} 上的地基净反力合力对柱边的力矩。

梯形面积　　　　$A_{1234} = \frac{1}{4}(b + b_z)(1 - a_z)$

梯形面积形心至柱边距离　　　　$y = \frac{(l - a_z)(b_z + 2b)}{6(b_z + b)}$

轴心受压:柱边 I-I 截面弯矩 M_I 为

$$M_I = A_{1234} p_j y = \frac{1}{24}(1 - a_z)^2(2b + b_z)\left(p - \frac{G}{A}\right) \tag{2-32}$$

柱边 II-II 截面弯矩 M_{II} 为

$$M_{II} = \frac{1}{24}(b - b_z)^2(2l + a_z)\left(p - \frac{G}{A}\right) \tag{2-33}$$

偏心受压：计算柱边 I-I 截面弯矩 M_I，地基净反力取 $\frac{1}{2}(p_{j\max}+p_{jI})=\frac{1}{2}\left(p_{\max}+p_I-\frac{2G}{A}\right)$，得

$$M_I=\frac{1}{48}(l-a_z)^2(2b+b_z)\left(p_{\max}+p_I-\frac{2G}{A}\right) \tag{2-34}$$

计算柱边 II-II 截面弯矩 M_{II}，地基净反力取 $\frac{1}{2}(p_{j\max}+p_{j\min})=\frac{1}{2}\left(p_{\max}+p_{\min}-\frac{2G}{A}\right)$，得

$$M_I=\frac{1}{48}(b-b_z)^2(2l+a_z)\left(p_{\max}+p_{\min}-\frac{2G}{A}\right) \tag{2-35}$$

平行 l 方向的受力钢筋面积为

$$A_{sI}=\frac{M_I}{0.9f_yh_0}$$

平行 b 方向的受力钢筋面积为

$$A_{sII}=\frac{M_{II}}{0.9f_yh_0}$$

如果需要计算变阶处截面的配筋时，只要用台阶平面尺寸代替柱截面尺寸 $a_z\times b_z$，计算方法同上。

（4）构造要求

锥形基础边缘高度不宜小于 200mm，锥形基础的面部为安装柱模板，需每边放大 20～50mm，阶梯形基础的每阶高度宜为 300～500mm。基础与柱一般不同浇灌，在基础内需顶留插筋，其直径与根数同柱内纵筋，插筋伸入基础内应有足够的锚固长度，其端部加直钩并伸至基底，应有上下两个箍筋固定。插筋与柱筋的搭接位置一般在基础顶面（见图 2-42），如需提前加填土时，搭接位置也可在室内地面处。在搭接长度内的箍筋应加密，当柱内纵筋为受压时，箍筋间距 s 不应大于 $10d$；受拉时，箍筋间距 s 不应大于 $5d$（d 为纵向受力筋中的最小直径）。板内受力筋的构造要求同墙下条形基础。

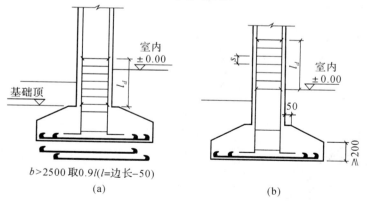

$b>2500$ 取 $0.9l(l=$ 边长$-50)$

(a)　　　　　　　　　　(b)

图 2-42　现浇柱基础的搭接

在确定基础高度、配筋和验算材料强度时，上部结构传来的荷载效应组合和相应的基底反力应按承载力极限状态下荷载效应的基本组合，采用相应的分项系数和荷载设计值。

2.7.2　设计实例

实例 2：墙下钢筋砼条形基础设计实例

某承重砖墙厚 240mm，传至条形基础顶面处的轴心荷载 $F_k = 150$kN/m。该处土层自地表起依次分布如下：第一层为粉质黏土，厚度为 2.2m，$\gamma = 17$kN/m³，$e = 0.91$，$f_{ak} = 130$kPa，$E_{s1} = 8.1$MPa；第二层为淤泥质土，厚度为 1.6m，$f_{ak} = 65$kPa，$E_{s2} = 2.6$MPa；第三层为中密中砂。地下水位在淤泥质土顶面处。建筑物对基础埋深没有特殊要求，且不必考虑土的冻胀问题。设计该墙下钢筋砼条形基础（可近似取荷载效应基本组合的设计值为标准组合值的 1.35 倍）。

解：（1）基础埋深 $d = 0.5$m

（2）确定墙下钢筋砼条形基础宽度

$$f_a = f_{ak} = 130 \text{(kPa)}$$

$$b \geqslant \frac{F_k}{f_a - \gamma_G \cdot d} = \frac{150}{130 - 0.5 \times 20} = 1.25 \text{(m)}$$

取 $b = 1.3$m

（3）软弱下卧层强度验算

由于 $\dfrac{E_{s1}}{E_{s2}} = \dfrac{8.1}{2.6} = 3.12$　　　$\dfrac{z}{b} = \dfrac{1.7}{1.3} > 0.5$

查表 2-4 得 $\theta = 23°$　　　$\tan\theta = 0.424$

下卧层顶面处的附加应力：

$$p_z = \frac{b(p_k - \sigma_c d)}{b + 2z\tan\theta} = \frac{1.3(125.4 - 17 \times 0.5)}{1.3 + 2 \times 1.7 \times 0.424} = 55.43 \text{(kPa)}$$

$$p_k = \frac{F_k + G_k}{A} = \frac{150 + 0.5 \times 20 \times 1.3}{1.3} = 125.4 \text{(kPa)}$$

下卧层顶面处的自重应力 $p_{cz} = 17 \times 2.2 = 37.4$(kPa)

深度修正后的下卧层承载力特征值：

$$\gamma_m = \frac{p_{cz}}{d + z} = \frac{37.4}{0.5 + 1.7} = 17 \text{(kN/m}^3)$$

$$f_{az} = 65 + 1.0 \times 17 \times (2.2 - 0.5) = 93.9 \text{(kPa)}$$

验算 $p_{cz} + p_z = 55.3 + 37.4 = 92.7$(kPa) $< f_{az}$（可以）

（4）采用砼强度等级 C20，$f_t = 1.1$N/mm²；采用 HPB235 的钢筋，$f_y = 210$N/mm²。

地基净反力　$p_j = \dfrac{F}{b} = \dfrac{1.35 \times 150}{1.3} = 155.8$(kPa)

基础边缘至砖墙计算截面的距离　$b_1 = \dfrac{1}{2} \times (1.3 - 0.24) = 0.53$(m)

基础有效高度　$h_0 \geqslant \dfrac{p_j \cdot b_1}{0.7 f_t} = \dfrac{155.8 \times 0.53}{0.7 \times 1100} = 0.107$(m) $= 107$(mm)

取 $h = 250$mm，$h_0 = 250 - 40 - 5 = 205$(mm)

$$M = \frac{1}{2} p_j b_1^2 = \frac{1}{2} \times 155.8 \times 0.53^2 = 21.9 \text{(kN} \cdot \text{m)}$$

$$A_s = \frac{M}{0.9 f_y h_0} = \frac{21.9 \times 10^6}{0.9 \times 210 \times 205} = 565 (\text{mm})$$

配筋 $\phi 12@180, A_s = 628\text{mm}^2$，可以。

基础详图如图 2-43 所示。

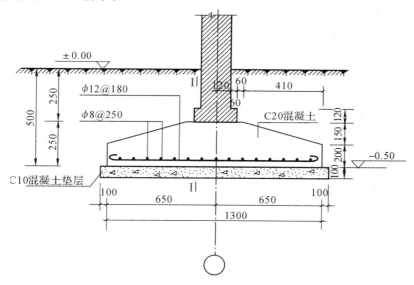

图 2-43　实例 2 墙下钢筋砼条形基础剖面图

实例 3：柱下钢筋混凝土独立基础设计实例

某综合楼框架中柱截面 300mm×400mm，作用在柱底的荷载标准值：中心垂直荷载为 700kN，力矩为 80kN·m，水平荷载为 13kN。作用在柱底的荷载效应基本组合设计值：垂直荷载为 950kN，力矩为 108kN·m，水平荷载为 18kN。场地土质为均质黏性土，f_{ak} 为 226kPa。设计该框架边柱独立基础。

解： (1)求地基承载力特征值 f_a

初选埋深 1m

根据黏性土 $e = 0.7, I_L = 0.78$，查表得 $\eta_d = 1.6$

持力层承载力特征值 f_a（先不考虑对基础宽度进行修正）：

$$f_a = f_{ak} + \eta_d \gamma_m (d - 0.5)$$
$$= 226 + 1.6 \times 17.5 \times (1.0 - 0.5) = 240 (\text{kPa}) (d \text{ 按室外地面算起})$$

(2)初步选择基底尺寸

计算基础和回填土重 G_k 时的基础埋深 $d = \frac{1}{2}(1.0 + 1.3) = 1.15 (\text{m})$

由公式(2-9)：$A_0 = \frac{700}{240 - 20 \times 1.15} = 3.23 (\text{m}^2)$

由于偏心不大，基础底面积按 20% 增大，即

$$A = 1.2 A_0 = 1.2 \times 3.23 = 3.88 (\text{m}^2)$$

初步选择基础底面积 $A = l \times b = 2.4 \times 1.6 = 3.84 (\text{m}^2) (\approx 3.88\text{m}^2)$，且 $b = 1.6\text{m} < 3\text{m}$，因此不需要再对 f_a 进行修正。

(3)验算持力层地基承载力

基础和回填土重 $G_k = \gamma_G \cdot d \cdot A = 20 \times 1.15 \times 3.84 = 88.3(\text{kN})$

偏心距 $e_k = \dfrac{M_k}{F_k + G_k} = \dfrac{80 + 13 \times 0.6}{700 + 88.3} = 0.11(\text{m})(\dfrac{l}{6} = 0.24\text{m})$，即 $p_{k\min} > 0$，满足。

基底最大压力

$$p_{k\max} = \dfrac{F_k + G_k}{A}\left(1 + \dfrac{6e}{l}\right) = \dfrac{700 + 88.3}{3.84} \times \left(1 + \dfrac{6 \times 0.11}{2.4}\right) = 262(\text{kPa}) < 1.2f_a = 288(\text{kPa}),$$

满足。

最后,确定该柱基础底面长 $l = 2.4\text{m}$,宽 $b = 1.6\text{m}$。

(4)计算基底净反力

偏心距　$e_0 = \dfrac{M}{F} = \dfrac{108 + 18 \times 0.6}{950} = 0.125(\text{m})$

基础边缘处的最大和最小净反力

$$p_{j\max \atop j\min} = \dfrac{F}{lb}\left(1 \pm \dfrac{6e_0}{l}\right) = \dfrac{950}{2.4 \times 1.6} \times \left(1 \pm \dfrac{6 \times 0.125}{2.4}\right) = \genfrac{}{}{0pt}{}{324.7(\text{kPa})}{170.1(\text{kPa})}$$

(5)基础高度

材料选用:C20 混凝土,HPB235 钢筋。采用阶段梯形基础。

①柱边基础截面抗冲切验算

$l = 2.4\text{m}, b = 1.6\text{m}, b_z = 0.3\text{m}, a_z = 0.4\text{m}$。

初步选择基础高度 $h = 600\text{mm}$,从下至上分 350mm 和 250mm 两个台阶。$h_0 = 550\text{mm}$ (有垫层)。

$$b_z + 2h_0 = 0.3 + 2 \times 0.55 = 1.40(\text{m}) < b = 1.6\text{m},取 a_b = 1.40\text{m}$$

$$a_m = \dfrac{b_z + a_b}{2} = \dfrac{300 + 1400}{2} = 850(\text{mm})$$

因偏心受压,p_j 取 $p_{j\max}$。

冲切力:

$$F_l = p_{j\max}\left[\left(\dfrac{l}{2} - \dfrac{a_z}{2} - h_0\right)b - \left(\dfrac{b}{z} - \dfrac{b_z}{2} - h_0\right)^2\right]$$

$$= 324.7 \times \left[\left(\dfrac{2.4}{2} - \dfrac{0.4}{2} - 0.55\right) \times 1.6 - \left(\dfrac{1.6}{2} - \dfrac{0.3}{2} - 0.55\right)^2\right]$$

$$= 230.5(\text{kN})$$

抗冲切力:

$$0.7\beta_{hp}f_t a_m h_0 = 0.7 \times 1.0 \times 1.10 \times 10^3 \times 0.85 \times 0.55 = 360(\text{kN}) > F_l,可以。$$

②变阶处抗冲切验算

$a_t = b_1 = 0.8\text{m}, a_1 = 1.2, h_{01} = 350 - 50 = 300(\text{mm})$

$a_t + 2h_{01} = 0.8 + 2 \times 0.30 = 1.40(\text{m}) < 1.60\text{m},取 a_b = 1.4\text{m}$。

$$a_m = \dfrac{a_t + a_b}{2} = \dfrac{0.8 + 1.4}{2} = 1.1(\text{m})$$

冲切力:

$$F_l = p_{j\max}\left[\left(\dfrac{l}{2} - \dfrac{a_1}{2} - h_{01}\right)b - \left(\dfrac{b}{2} - \dfrac{b_1}{2} - h_{01}\right)^2\right]$$

$$= 324.7 \times \left[\left(\frac{2.4}{2} - \frac{1.2}{2} - 0.30 \right) \times 1.6 - \left(\frac{1.6}{2} - \frac{0.8}{2} - 0.30 \right)^2 \right]$$

$$= 152.61 (\text{kN})$$

抗冲切力：

$$0.7 \beta_{hp} f_t a_m h_{01} = 0.7 \times 1.0 \times 1.10 \times 10^3 \times 1.1 \times 0.3$$

$$= 254.10 (\text{kN}) > 152.61 \text{kN}, 可以。$$

（6）配筋计算

选用 HPB325 钢筋，$f_y = 210 \text{N}/\text{mm}^2$

①基础长边方向

I-I 截面（柱边）

柱边净反力

$$p_{jI} = p_{j\min} + \frac{l + a_z}{2l} (p_{j\max} - p_{j\min})$$

$$= 170.1 + \frac{2.4 + 0.4}{2 \times 2.4} \times (324.7 - 170.1)$$

$$= 260.3 (\text{kPa})$$

悬臂部分净反力平均值：

$$\frac{1}{2} (p_{j\max} + p_{jI}) = \frac{1}{2} \times (324.7 + 260.3) = 292.5 (\text{kPa})$$

弯矩：

$$M_I = \frac{1}{24} \left(\frac{p_{j\max} + p_{jI}}{2} \right) (l - a_z)^2 (2b + b_z)$$

$$= \frac{1}{24} \times 292.5 \times (2.4 - 0.4)^2 \times (2 \times 1.6 + 0.3)$$

$$= 170.6 (\text{kN} \cdot \text{m})$$

$$A_{sI} = \frac{M_I}{0.9 f_y h_0} = \frac{170.6 \times 10^6}{0.9 \times 210 \times 550} = 1641 (\text{mm}^2)$$

III－III 截面（变阶处）

$$p_{jIII} = p_{j\min} + \frac{l + a_1}{2l} (p_{j\max} - p_{j\min})$$

$$= 170.1 + \frac{2.4 + 1.2}{2 \times 2.4} \times (324.7 - 170.1) = 286.1 (\text{kPa})$$

$$M_{III} = \frac{1}{24} \left(\frac{p_{j\max} + p_{jIII}}{2} \right) (l - l_1)^2 (6b + b_1)$$

$$= \frac{1}{24} \times \left(\frac{324.7 + 286.1}{2} \right) \times (2.4 - 1.2)^2 \times (2 \times 1.6 + 0.8)$$

$$= 73.3 (\text{kN} \cdot \text{m})$$

$$A_{sIII} = \frac{M_{III}}{0.9 f_y h_{01}} = \frac{73.3 \times 10^6}{0.9 \times 210 \times 300} = 1293 (\text{mm}^2)$$

比较 A_{sI} 和 A_{sIII} 应按 A_{sI} 配筋，实际配 $11\phi14$，$A_s = 1693 \text{mm}^2 > 1641 \text{mm}^2$。

（b）基础短边方向

因该基础受单向偏心荷载作用，所以，在基础短边方向的基底反力可按均匀分布计算,取 $p_j = \dfrac{1}{2}(p_{j\max} + p_{j\min})$ 计算。

$$p_j = \frac{1}{2}(324.7 + 170.1) = 247.4(\text{kPa})$$

与长边方向的配筋计算方法相同,可得 II—II 截面(柱边)的计算配筋值 $A_{sII} = 871.5\text{mm}^2$; IV—IV 截面(变阶处)的计算配筋值 $A_{sIV} = 689\text{mm}^2$,因此按 A_{sII} 在短边方向(2.4m 宽内)配筋。但是,不能符合构造要求。实际构造配筋 $\phi 10@200$(即 $13\phi 10$),$A_s = 1020.5\text{mm}^2$。

基础配筋参见图 2-44。

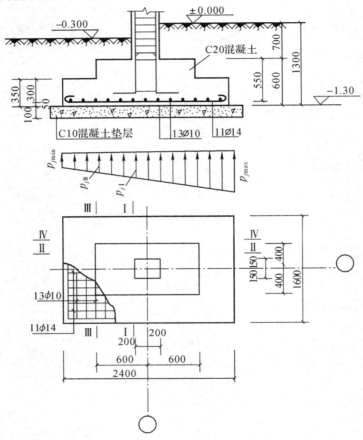

图 2-44　实例 3 柱下钢筋混凝土独立基础剖面图

2.8　双柱联合基础设计

柱下独立基础在以下几种情况下,须将两柱设置在同一个基础上,由一个基础把柱的内力传递给地基,即设计成双柱联合基础:

(1)新老建筑物间距较近,新建筑物的柱基础面积不足,导致基础承受较大的偏心荷载;

(2)当相邻基础间的净距较小时;

(3)当柱子较密集且土质软弱,使各柱下基础计算底面积相互重叠时。

2.8.1　联合基础设计规定

双柱联合基础可分为板式、梁板式和系梁式三类,每一类各有其适用范围和特点。

板式双柱联合基础是将两个柱子直接支承在基础底板上,由基础底板将柱荷载传给地基。一般适用于柱荷载较小、柱距不大的情况。板式双柱联合基础可根据不同情况采用矩形或梯形型式。当两柱荷载相差不大,柱子周围的空间足够,调整柱列两端柱外侧的基础尺寸就能做到基础形心和两柱荷载合力作用点大致重合,从而保证基础底板承受均匀地基反力时,采用矩形板式双柱联合基础;当两柱荷载相关较大或某一柱柱列外侧扩展尺寸受限,采用矩形底板不易做到基础底板的形心与柱合力作用力点的重合时,应考虑采用梯形底板的板式双柱联合基础,如图 2-45 所示。柱荷载合力作用点的位置应由材料力学的公式确定。当 $X_0 + X \geqslant L/2$ 时,设计为矩形板式双柱联合基础;当 $L/3 < X_0 + X < L/2$ 时,设计为梯形板式双柱联合基础。当两柱间的间距较大时,采用板式双柱联合基础就不经济,因为混凝土用量很大,此时应在两柱间设置钢筋混凝土梁,成为梁板式双柱联合基础,由梁来承受柱列方向的弯矩。当两柱基础虽未碰撞重叠,但因其中一柱尺寸调整受限而导致偏心较大(如边柱)时,可考虑采用系梁式双柱联合基础(见图 2-46)。系梁的作用是使边柱基础因偏心产生的弯矩传递给内侧柱基础,两个基础下均可得到均布基底应力,调整每个柱下基础尺寸,使基底压力接近相等,保证沉降接近一致。

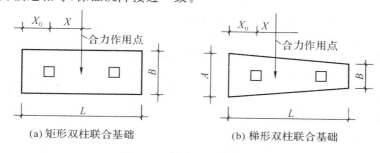

图 2-45　板式双柱联合基础

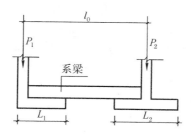

图 2-46　系梁式双柱联合基础

联合基础的设计通常作如下的规定或假定。

(1)基础是刚性的。一般认为,当基础高度不小于柱距的 1/6 时,基础可视为是刚性的;联合基础,厚度较大,刚度也大,一般能满足冲切强度要求,按刚性基础设计,偏于安全。

(2)基底压力为线性(平面)分布;由于基础并非为绝对性刚性,因此柱下基础中部土反压力较大,而边缘反压力较小,这一变化使基础受弯截面上弯矩减少,剪力变化不大,因而按刚性基础设计方法计算联合基础是一种偏安全的基础设计方法。

（3）地基主要受力层范围内土质均匀。

（4）不考虑上部结构刚度的影响。当基础受荷后，地基土开始变形，上部的结构刚度开始起作用。上部结构刚度的存在减少了基础的计算弯矩，上部结构刚度越大，基础的弯矩减小越多，不考虑上部结构刚度也使设计偏安全。

内力计算及设计验算方法：

基础计算内力时应根据荷载的大小而定。根据框架柱脚最不利内力组合值 M、N、V 中一组或数组确定，其相邻柱基内力应取相邻柱荷载的值。选取时注意某柱脚（一般按受力较大者，特别是轴向压力较大的一组）最不利内力组合值和其相邻柱基对应内力组合值，并不一定是联合柱基所受最大内力，而应从几组最不利内力及其相邻柱基的对应内力组合值中，经对比取其最不利者用于基础计算。确定了一组内力及其相邻柱基内力对应值，同时加上基础梁传至基础顶面荷载和基础本身及相应土层重。将上述内力及荷载简化至基础底板形心处为一垂直合力和一合力矩。底板在这一对合力与合力矩作用下，最大压应力不应超过地基承载力特征值 f 的 1.2 倍，其平均应力也不应超过地基承载力特征值 f。

$$p_{max} \leqslant 1.2f$$

$$\frac{p_{max} + p_{min}}{2} \leqslant f$$

式中：p_{max}，p_{min}——基底最大、最小土反力标准值；

　　　f——地基承载力特征值。

总合力作用点与基础形心重合为最理想，如不重合，则 f 偏心愈小愈好。

联合基础冲切强度验算方法与单独基础相同，联合基础中间部分的冲切强度有时也必须验算。例如，柱间冲切荷载面积较大，而基础高度又不太大时。

底板配筋两柱外侧底板部分按悬臂板计算，方法同单独基础。两柱中间部分底板实际受力情况非常复杂。考虑到基础在受力后实际存在的局部差异，取板的计算宽度与基础肋部宽度相同（当两基础肋部相差不大的情况下，取其平均宽度），板的两边固定于柱边上。

垂直于框架的底板的配筋，近似地按支承于柱边的悬臂板计算，方法同单独柱基。两柱中间部分底板上部为受力筋，下面可按构造要求配筋。

总之，联合柱基首先要考虑的是竖向力的合力与基础形心大致重合保证地基土的受力均匀。其次要依据柱距大小及基础厚度不同，采取不同基础形式和计算方法。如基础反压力较大则可采用梁板式基础，使之传力明确、计算简单。如果柱距较小，则可采用台阶式设计。再次，基础设计还应从安全、经济，便于施工等因素结合考虑而确定。

2.8.2　矩形联合基础结构设计

矩形联合基础的设计步骤如下：

（1）计算柱荷载的合力作用点（荷载重心）位置。

（2）确定基础长度，使基础底面形心尽可能与柱荷载重心重合。

（3）按地基土承载力确定基础底面宽度。

（4）按反力线性分布假定计算基底净反力设计值，并用静定分析法计算基础内力，画出弯矩图和剪力图。

根据受冲切和受剪承载力确定基础高度。一般可先假设基础高度，再代入公式（2-36）、

(2-37)进行验算。

（5）受冲切承载力验算，验算公式为

$$F_l \leqslant 0.7\beta_{hp}f_t u_m h_0 \tag{2-36}$$

式中：F_l——相应于荷载效应基本组合时的冲切力设计值，取柱轴心荷载设计值减去冲切破坏锥体范围内的基底净反力（见图 2-47）；

u_m——临界截面的周长，取距离柱周边 $h_0/2$ 处板垂直截面的最不利周长；

β_{hp}——受冲切承载力截面高度影响系数，当 h 不大于 800 mm 时，β_{hp} 取 1.0；当 h 大于等于 2000mm 时，β_{hp} 取 0.9，其间按线性内插法取用；

f_t——混凝土轴心抗拉强度设计值；

h_0——基础冲切破坏锥体的有效高度。

受剪承载力验算。由于基础高度较大，无需配置受剪钢筋。验算公式为

$$V \leqslant 0.7\beta_h f_t b h_0 \tag{2-37}$$

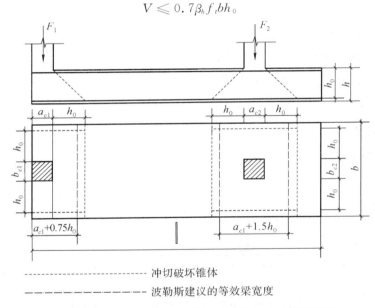

图 2-47　矩形联合基础的抗剪切、抗冲切及横向配筋计算

式中：V——验算截面处相应于荷载效应基本组合时的剪力设计值，验算截面按宽梁可取在冲切破坏锥体底面边缘处（见图 2-47）；

β_h——截面高度影响系数，$\beta_h = (800/h_0)^{1/4}$，当 $h_0 < 800$mm 时，取 $h_0 = 800$mm；当 $h_0 \geqslant$ 2000mm 时，取 $h_0 = 2000$mm；

b——基础底面宽度；

f_t 与 h_0 的意义与公式（2-36）相同。

（6）按弯矩图中的最大正负弯矩进行纵向配筋计算。

（7）按等效梁概念进行横向配筋计算。

由于矩形联合基础为一等厚的平板，其在两柱间的受力方式如同一块单向板，而在靠近柱位的区段，基础的横向刚度很大。因此，根据 J. E. 波勒斯（Bowles）的建议，认为可在柱边以外各取等于 $0.75h_0$ 的宽度（见图 2-47）与柱宽合计为"等效梁"宽度。基础的横向受力钢

筋按横向等效梁的柱边截面弯矩计算并配置于该截面内,等效梁以外区段按构造要求配置。各横向等效梁底面的基底净反力以相应等效梁上的柱荷载计算。

【例题】 某 7 层框架结构 Z1 一侧已有建筑物相邻,相应于荷载效应基本组合时的柱荷载设计值 Z1 轴力 $N_1=1000$kN,Z2 轴力 $N_2=1500$kN,两柱间距 5m,弯矩、剪力较小不作考虑。基础材料:混凝土 C25,HRB335 级钢筋。柱 1、柱 2 截面均为 400mm×400mm,要求基础左端与柱 1 侧面对齐。已确定基础埋深为 1.30m,地基承载力特征值 $f_a=180$kPa。

试设计此二柱联合基础。

解:(1)计算基底形心位置及基础长度

由 $\sum M=0$ 得

$$N_1 \cdot x = N_2(5-x)$$

$1000x = 1500(5-x)$　得 $x=3$m

$$l = 2(0.2+x) = 2 \times (0.2+3) = 6.4(\text{m})$$

(2)计算基础底面宽度

柱荷载标准组合值近似取基本组合值除以 1.35,于是

$$B = \frac{N_1+N_2}{l(f_a-\gamma_G d)} = \frac{(1000+1500) \div 1.35}{6.4 \times (180-20 \times 1.3)} = 1.9(\text{m})$$

(3)计算基础内力

净反力设计值

$$p_j = \frac{N_1+N_2}{l \cdot B} = \frac{1000+1500}{6.4 \times 1.9} = 205.6(\text{kPa})$$

$$p_j \cdot B = 205.6 \times 1.9 = 390.64(\text{kN/m})$$

绘出 V,M 图,如图 2-48 所示。

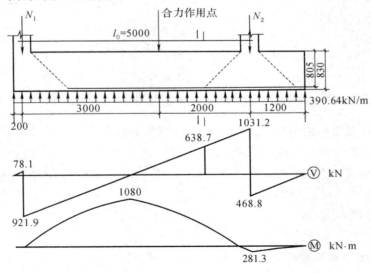

图 2-48　基础内力计算

(4)基础高度计算

取 $h = \dfrac{l_0}{6} = \dfrac{5000}{6} \approx 830(\text{mm})$　　　$h_0 = 805$mm

①受冲切承载力验算

$$F_l \leqslant 0.7\beta_{hp}f_t u_m h_0$$

取柱 2 进行验算：

$$F_l = 1500 - 205.6 \times 2.01 \times 1.9 = 714.8(\text{kN})$$

$$u_m = \frac{1}{2}(b_{c2}+b) = \frac{1}{2}(0.4+1.9) = 1.15(\text{m})$$

$h = 830\text{mm}$ 按内插法 $\beta_{hp} = 0.996$ 　$f_t = 1.27\text{N/mm}^2$

$0.7\beta_{hp}f_t u_m h_0 = 0.7 \times 0.996 \times 1.27 \times 1.15 \times 805 = 819.7(\text{kN}) > F_l$，满足。

②受剪承载力验算

I-I 处剪力设计值：

$$V = 390.64 \times (5.2 - 0.2 - 0.805) - 1000 = 638.7(\text{kN})$$

$0.7\beta_h f_t b h_0 = 0.7 \times 0.99 \times 1.27 \times 1.9 \times 805 = 1346.1(\text{kN}) > V$，满足。

（5）配筋计算（见图 2-49）

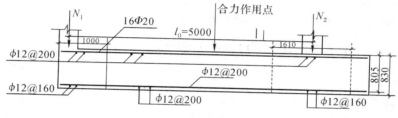

图 2-49　基础配筋简图

①纵向配筋

$$M_{\max} = 1080\text{kN} \cdot \text{m}$$

$$A_s = \frac{M_{\max}}{0.9f_y h_0} = \frac{1080 \times 10^6}{0.9 \times 300 \times 805} = 4969(\text{mm}^2)$$

实配 $16\phi20$ 　$A_s = 5026\text{mm}^2$

②横向配筋

柱 1 处等效梁宽为 $a_{c1} + 0.75h_0 = 0.4 + 0.75 \times 0.805 = 1.0(\text{m})$

$$M = \frac{1}{2} \times \frac{N_1}{b}\left(\frac{b-b_{c1}}{2}\right)^2 = \frac{1}{2} \times \frac{1000}{1.9} \times \left(\frac{1.9-0.4}{2}\right)^2 = 148(\text{kN} \cdot \text{m})$$

$$A_s = \frac{148 \times 10^6}{0.9 \times 300 \times 805} = 681(\text{mm}^2)$$

折算成每米板宽内配筋为 $681 \div 1 = 681\text{mm}^2$，实配 $\phi12@160$。

柱 2 处等效梁宽为 $a_{c2} + 1.5h_0 = 0.4 + 1.5 \times 0.805 = 1.61(\text{m})$

$$M = \frac{1}{2} \times \frac{N_2}{b}\left(\frac{b-b_{c2}}{2}\right)^2 = \frac{1}{2} \times \frac{1500}{1.9} \times \left(\frac{1.9-0.4}{2}\right)^2 = 222(\text{kN} \cdot \text{m})$$

$$A_s = \frac{222 \times 10^6}{0.9 \times 300 \times 805} = 1021(\text{mm}^2)$$

折算成每米板宽内配筋为 $1021 \div 1.61 = 635\text{mm}^2$，实配 $\phi12@160$。

2.9　梁板式基础设计简介

筏板基础是底板连成整片形式的基础,可以分为梁板式和平板式两类。筏板基础的基底面积较十字交叉条形基础更大,能满足较软弱地基的承载力要求。由于基底面积的加大减少了地基附加压力,地基沉降和不均匀沉降也因而减少,但是由于筏板基础的宽度较大,从而压缩层厚度也较大,这在深厚软弱土地基上更应注意。筏板基础还具有较大的整体刚度,在一定程度上能调整地基的不均匀沉降。筏板基础能提供宽敞的地下使用空间,在设置地下室时具有补偿功能。

筏板基础的设计方法也可分为三类:①简化计算方法。假定基底压力呈直线分布,适用于筏板相对地基刚度较大的情况。当上部结构刚度很大时可用倒梁法或倒楼盖法,当上部结构为柔性结构时可用静定分析法。②考虑地基与基础共同工作的方法。用地基上的梁板分析方法求解,一般用在地基比较复杂、上部结构刚度较差,或柱荷载及柱间距变化较大时。③考虑地基、基础与上部结构三者共同作用的方法。

2.9.1　地基基础与上部结构共同工作概念

1. 基本概念

地基、基础和上部结构组成了一个完整的受力体系,三者的变形相互制约、相互协调,也就是共同工作的,其中任一部分的内力和变形都是三者共同工作的结果。但常规的简化设计方法未能充分考虑到这一点。图 2-50 所示是条形基础上多层平面框架的分析,常规设计的步骤是:①上部结构计算简图为固接(或铰接)在不动支座上的平面框架,据此求得框架内力进行框架截面设计,支座反力则作为条形基础的荷载。②按直线分布假设计算在上述荷载下条形基础的基底反力,然后按倒置的梁板或静定分析方法计算基础内力,进行基础截面设计。③将基底反力反向作用在地基上计算地基变形,据此验算建筑物是否符合变形要求。

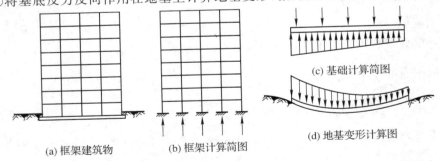

(a) 框架建筑物　　　(b) 框架计算简图

(c) 基础计算简图

(d) 地基变形计算图

图 2-50　平面框架结构的常规设计方法

可以看出,上述方法虽满足了上部结构、基础与地基三者之间的静力平衡条件,但三者的变形是不连续、不协调的。在基础和地基各自的变形下,基础底面和地基表面不再紧密接触,框架底部为不动支座的假设也不复存在,从而按前述假定计算得到的框架、条形基础的内力和变形与实际情况差别很大。一般地,按不考虑共同作用的方法设计,对于上部结构偏于不安全,而对于连续基础则偏于不经济。

2. 相互作用影响的定性分析

上部结构、基础与地基三者相互作用的结果受三者之间相对刚度大小的影响很大。可以分以下几种情况进行分析：

（1）当上部结构和基础的刚度都很小时，可把上部结构和基础一起看成是"绝对柔性基础"。绝对柔性基础不具备调整地基变形的能力，基底反力分布与上部结构和基础荷载的分布方式完全一致，地基变形按柔性荷载下的变形发生（见图 2-51）。由于上部结构和基础均缺乏刚度，因此不会因地基变形而产生内力。在实际工程中，这种情况并不存在。

（2）当基础刚度很大时，可把基础看成是"绝对刚性基础"。绝对刚性基础具有很大的调整地基变形的能力，在荷载和地基都均匀的情况下发生均匀沉降，在偏心荷载、相邻荷载下或地基不均匀时发生倾斜，但不会发生基础的相对挠曲。

(a) 均布荷载下　　　　　　　　(b) 基础不发生挠曲时

图 2-51　柔性基础下的地基变形和基底压力分布

由于绝对刚性基础的拱作用，基底反力不再与荷载分布一致，而是向沉降较小部位转嫁，呈马鞍形分布（见图 2-52(a)）。当然，基底反力的分布还受其他因素的影响，例如在荷载较大时，基底边缘附近的土发生塑性破坏，基底压力就转由未破坏区域的土承担，形成抛物线形（见图 2-52(b)）或钟形（见图 2-52(c)）的分布。由于基础上的荷载和基底反力分布完全不同，基础产生内力。

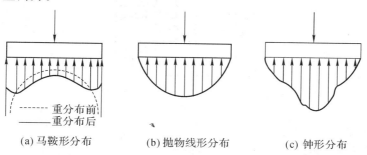

　　　　- - - - 重分布前
　　　　——— 重分布后

(a) 马鞍形分布　　　(b) 抛物线形分布　　　(c) 钟形分布

图 2-52　中心荷载下刚性基础的地基变形与基底压力分布

（3）对于有限刚度的基础，则上部结构与基础相对刚度的大小起很大作用。有两种极端情况：①当上部结构相对基础刚度很大时，建筑物整体只能均匀下沉，此时可将上部结构视为基础的不动支座，基础不产生整体弯曲，仅承受基底压力下的局部弯曲。②当上部结构相对基础刚度很小时，无能力调整地基的变形，此时只能将上部结构看成是基础上的荷载，基础除在上部结构荷载和基底反力作用下产生局部弯曲外，还承受地基变形产生的整体弯曲。以上两种情况基础的内力可以相差很大，如图 2-53 所示。实际的上部结构刚度应该在上述两者之间，基底压力的分布则与上部结构和基础的刚度有关。一般地，上部结构刚度越大，沉降较小部位的结构传至基础的荷载会增加，沉降大处则卸荷；基础刚度越大，基底反力分布范围越从荷载作用点向远处扩伸，分布也越趋均匀。对于上部结构，在调整地基变形的同时产生附加（次）应力,因此情况②的上部结构不产生次应力。对于上部结构可能产生次应力的情况,设计中应保证有足够的结构强度使其不受损害。

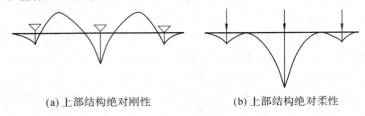

| (a) 上部结构绝对刚性 | (b) 上部结构绝对柔性 |

图 2-53　上部结构刚度对基础弯矩的影响

2.9.2　地基计算模型介绍

1. 地基计算模型的概念

在上部结构、基础与地基的共同作用分析中,或者在地基上的梁板分析中,都要用到土与基础接触界面上的力与位移的关系,这种关系可以用连续的或离散化形式的特征函数表示,这就是所谓的地基计算模型。地基计算模型可以是线性或非线性的,且一般是三维的,但常予以简化。最简单的地基计算模型是线性弹性模型,并且只考虑竖向力和位移的关系,本节简单介绍常用的几种线弹性地基模型。

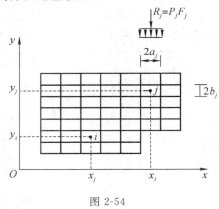

图 2-54

在应用地基计算模型时,一般可采用离散形式的柔度矩阵或刚度矩阵将力与位移联系起来,其概念如图 2-54 所示。将基础底面分割成 n 个矩形网格,其中 j 网格的边长为 $2a_j \times 2b_j$,面积 F_j 为 $4a_j b_j$,分割时注意网格的面积不要相差太大。各矩形网格上的分布力可视为均布力 p_j,将其简化为作用在网格中心点上的集中力则为 $R_j = p_j F_j$,集中力向量 $\{R\}$ 和各网格中心点的竖向位移向量 $\{W\}$ 为

$$\{R\} = \{R_1 \ R_2 \ \cdots \ R_j \ \cdots \ R_n\}^{\mathrm{T}}$$
$$\{W\} = \{W_1 \ W_2 \ \cdots \ W_j \ \cdots \ W_n\}^{\mathrm{T}}$$

则有
$$\{W\} = [\delta]\{R\} \tag{2-38}$$

式中,$[\delta]$——地基的柔度矩阵,可以展开为式(2-39),其中矩阵元素 δ_{ij} 表示在 j 网格上作用单位集中力(或分布力 $p_j = 1/F_j$)时 i 节点处的竖向位移值,其值与网格的划分和所选择的地基计算模型有关。当地基均匀和网格尺寸相等时,$\delta_{ij} = \delta_{ji}$,$[\delta]$ 矩阵为一对称方阵。

$$[\delta] = \begin{bmatrix} \delta_{11} & \delta_{12} & \cdots & \cdots & \delta_{1n} \\ \vdots & \vdots & & & \vdots \\ \delta_{i1} & \delta_{i2} & \cdots & \cdots & \delta_{in} \\ \vdots & \vdots & & & \vdots \\ \delta_{n1} & \delta_{n2} & \cdots & \cdots & \delta_{nn} \end{bmatrix} \tag{2-39}$$

2. 文克尔地基模型

文克尔地基模型由捷克工程师文克尔(Winkler)提出,是最简单的线弹性模型,其假定是地基上任一点的压力 p 与该点的竖向位移(沉降)s 成正比(见图 2-55),即

$$p = ks \tag{2-40}$$

式中,k——地基基床系数。

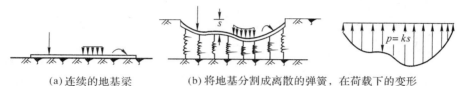

(a) 连续的地基梁　　　　(b) 将地基分割成离散的弹簧,在荷载下的变形
(c) 基底压力分布,与沉降曲线有相同的分布形式

图 2-55　文克尔地基模型

文克尔地基模型实质上是把连续的地基分割为侧面无摩擦联系的独立土柱,每一土柱的变形仅与作用在土柱上的竖向荷载有关,并与之成正比,即相当于一个弹簧的受力变形。由此,文克尔地基上基底压力的分布与地基沉降具有相同的形式,地基中不存在应力的扩散。

文克尔假定的依据是材料不传递剪应力,水是最具有这种特征的材料。因此,当土的性质越接近于水,例如流态的软土,或在荷载作用下土中出现较大范围的塑性区时,越符合文克尔的假定。当土中剪应力很小时,例如较大基础下的薄压缩层情况,也较符合文克尔假定。

不能传递剪应力、土中不存在应力扩散假定是文克尔模型的最大缺陷,这导致基础范围以外的地基不会产生沉降的结论,显然与实际情况不符。为此,一些学者提出考虑土柱之间联系的改进模型,例如某些"双参数模型",但实际应用较少。

文克尔地基上的梁可以求得解析解。在文克尔模型的柔度矩阵中,只有对角元素是非零元素,其值为

$$\delta_{jj} = \frac{1}{kF_j} \qquad (j = 1, 2, \cdots, n)$$

3. 弹性半空间地基模型

将地基看成是匀质的线性变形的半空间体,利用弹性力学中的弹性半空间体理论建立的地基计算模型称为弹性半空间地基模型。最常用的弹性半空间地基模型采用布辛奈斯克解,即当弹性半空间表面作用着集中力 P 时半空间体中任一点的应力和位移解。如果取集中力 P 作用点为坐标原点,则半空间表面上点 $(x, y, 0)$ 的沉降(竖向位移)s 为

$$s = \frac{P(1 - \mu^2)}{\pi E r}$$

式中：E,μ——地基土的变形模量和泊松比；

　　r——地基表面任意点至集中力作用点的距离。

　　如果在面积 Ω 上作用分布荷载 $p(\xi,\eta)$，可用 $p(\xi,\eta)\mathrm{d}\xi\mathrm{d}\eta$ 代替上式中的集中力 P，通过积分得到任一点 $M'(x,y,0)$ 的沉降 $s(x,y)$ 为（见图 2-56）

$$s(x,y)=\frac{1-\mu^2}{\pi E}\iint_{\Omega}\frac{p(\xi,\eta)}{\sqrt{(x-\xi)^2+(y-\eta)^2}}\mathrm{d}\xi\mathrm{d}\eta$$

　　在一般情况下，该积分只能用数值方法求得近似解，对某些特殊情况可以有解析解。例如可求得矩形均布荷载 p 的角点或中点的沉降为

$$s=\delta p$$

对角点　　　　　$$\delta=\delta_c=\frac{(1-\mu^2)b}{\pi E}\Big[m\ln\frac{1+\sqrt{m^2+1}}{m}+\ln(m+\sqrt{m^2+1})\Big]$$

对中点　　　　　$$\delta=\delta_0=4\delta_c$$

式中，b——矩形基础的宽度。

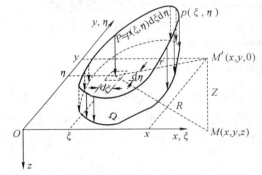
图 2-56　利用布辛奈斯克解积分求地表沉降

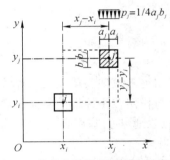
图 2-57　角点法计算柔度矩阵元素 δ_{ij} 值

　　弹性半空间模型的柔度矩阵 $[\delta]$ 中的元素 δ_{ij} 可利用角点法计算（见图 2-57）：

$$\begin{aligned}\delta_{ij}=\frac{1}{F_j}\big[&\delta_c(x_j-x_i+a_j,y_j-y_i+b_j)\\
&-\delta_c(x_j-x_i+a_j,y_j-y_i-b_j)\\
&-\delta_c(x_j-x_i-a_j,y_j-y_i+b_j)\\
&+\delta_c(x_j-x_i-a_j,y_j-y_i-b_j)\big]\end{aligned}$$

和　　　　　　　　　　$$F_j=4a_jb_j$$

式中，$\delta_c(A,B)$——在 $A\times B$ 范围内分布均布荷载 $1/F_j$ 时在 i 点产生的沉降。当网格尺寸相等时 $\delta_{ij}=\delta_{ji}$，$[\delta]$ 为一对称矩阵。

　　弹性半空间模型考虑了地基中的应力扩散，但扩散能力又显得太强，因此求得的地基变形偏大。同时也没有考虑真实地基的成层特性。因此对深度很大的均匀地基才较为适合。

　　4. 有限压缩层地基模型

　　有限压缩层地基模型来源于地基计算的分层总和法，土中位移采用了布辛奈斯克弹性理论解的积分形式，而在变形计算中考虑了土的成层特性。

　　按布辛奈斯克解，集中力 P 作用下在弹性半空间内部任一点的位移 $w(x,y,z)$ 为

$$w(x,y,z)=\frac{P(1+\mu)}{2\pi E}\Big[\frac{z^2}{R^3}+2(1-\mu)\frac{1}{R}\Big]$$

在面积 Ω 上有分布荷载 $p(\xi,\eta)$ 时，可由积分得到深度 z 处 $M(x,y,z)$ 点的竖向位移 $w(z)$（见图 2-56）：

$$w(z) = \frac{(1+\mu)}{2\pi E}\iint_\Omega\left[\frac{z^2}{R^3} + 2(1-\mu)\frac{1}{R}\right]p(\xi,\eta)\mathrm{d}\xi\mathrm{d}\eta$$

对矩形面积上的均布荷载 p，可得到矩形角点下任一深度 z 处的竖向位移 $w(z)$：

$$w(z) = \frac{p(1-\mu^2)b}{\pi E}\Big[m\ln\frac{1+\sqrt{1+m^2+n^2}}{\sqrt{m^2+n^2}}$$
$$+\ln\frac{m+\sqrt{1+m^2+n^2}}{\sqrt{1+n^2}} - \frac{1-2\mu}{2(1-\mu)}n\tan^{-1}\frac{m}{n\sqrt{1+m^2+n^2}}\Big] \qquad (2\text{-}41)$$

式中：b——矩形基础的宽度；

　　　m——矩形基础的长宽比，$m=l/b$；

　　　n——深度 z 与基础宽度 b 之比，$n=z/b$。

地表点 $M'(x,y,0)$ 的竖向位移 $w(0)$ 则为

$$w(0) = \frac{p(1-\mu^2)b}{\pi E}\Big[m\ln\frac{1+\sqrt{1+m^2}}{m} + \ln(m+\sqrt{1+m^2})\Big]$$

z 深范围内的土层竖向压缩量 s_z，即为地表与 z 深度处的竖向位移差。

$$s_z = w(0) - w(z)$$

即　　　　$$s_z = \frac{p(1-\mu^2)z}{\pi E}\Big[\frac{m}{n}\ln\frac{(1+\sqrt{1+m^2})\sqrt{m^2+n^2}}{m(1+\sqrt{1+m^2+n^2})}$$
$$+\frac{1}{n}\ln\frac{(m+\sqrt{1+m^2})\sqrt{1+n^2}}{m+\sqrt{1+m^2+n^2}} + \frac{1-2\mu}{2(1-\mu)}\tan^{-1}\frac{m}{n\sqrt{1+m^2+n^2}}\Big]$$
$$= p\frac{(1-\mu^2)}{E}zc$$

其中　　　$$c = \frac{1}{\pi}\Big[\frac{m}{n}\ln\frac{(1+\sqrt{1+m^2})\sqrt{m^2+n^2}}{m(1+\sqrt{1+m^2+n^2})}$$
$$+\frac{1}{n}\ln\frac{(m+\sqrt{1+m^2})\sqrt{1+n^2}}{m+\sqrt{1+m^2+n^2}} + \frac{1-2\mu}{2(1-\mu)}\tan^{-1}\frac{m}{n\sqrt{1+m^2+n^2}}\Big]$$

参照分层地基计算沉降的规范方法，假定第 t 分层的顶、底面深度分别为 z_{t-1} 和 z_t，则该分层的压缩量 Δs_t 为

$$\Delta s_t = s_{z,t} - s_{z,t-1} = p\frac{1-\mu_t^2}{E_t}(z_t c_t - z_{t-1}c_{t-1})$$

如果在沉降计算深度 z_m 内共有 m 个土层，则点 $(x,y,0)$ 的沉降 s 为

$$s = \sum\Delta s_t = p\sum_{t=1}^m\frac{1-\mu_t^2}{E_t}(z_t c_t - z_{t-1}c_{t-1})$$

图 2-58 所示为有限压缩层地基模型上划分的基底网格，当在 j 网格上作用 $p_j=1$ 即 $p_j=1/F_j$ 时，其柔度矩阵元素 $\delta_{i,j}$ 可用下式求得：

$$\delta_{i,j} = \frac{1}{F_j}\sum_{t=1}^m\frac{1-\mu_{i,t}^2}{E_{i,t}}(z_{i,t}c_{i,t} - z_{i,t-1}c_{i,t-1})$$

脚标 (i,t) 表示第 i 网格下的第 t 层土，$c_{i,t}$ 可以用角点法求得。如果考虑单向压缩，式中

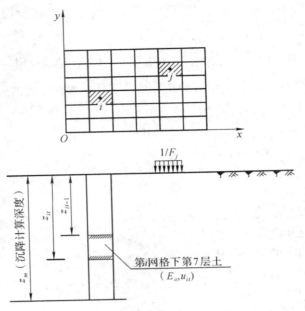

图 2-58　有限压缩层地基模型

取压缩模量 E_s 和 $\mu=0$，而系数 $c_{i,t}$ 即为分层总和法中的平均附加应力系数 $\alpha_{i,t}$，此时的模型也称有限单向压缩层模型，其矩阵元素 $\delta_{i,j}$ 可以用下式计算：

$$\delta_{i,j} = \frac{1}{F_j} \sum_{t=1}^m \frac{1}{E_{si,t}} (z_{i,t}\alpha_{i,t} - z_{i,t-1}\alpha_{i,t-1})$$

一般地，由于地基土的不均匀性，$\delta_{i,j} \neq \delta_{j,i}$，柔度矩阵 $[\delta]$ 是不对称的。

2.9.3　梁板式基础内力计算方法

简化计算方法采用基底压力呈直线分布的假设，这要求筏板与地基相比是绝对刚性，筏板基础的挠曲不会改变基础的接触压力。当满足 $\lambda l_m \leqslant 1.75$ 时（l_m 为平均柱距），可认为板是绝对刚性的。

筏板基础底面尺寸的确定和沉降计算与扩展式基础相同。对于高层建筑下的筏板基础，基底尺寸还应满足 $p_{\min} \geqslant 0$ 的要求，在沉降计算中应考虑地基土回弹再压缩的影响。

筏板基础的基底净反力分布为

$$p_{n(x,y)} = \frac{\sum F}{A} \pm \frac{\sum Fe_y}{I_x}y \pm \frac{\sum Fe_x}{I_y}x \tag{2-42}$$

式中：e_x, e_y——荷载合力在 x, y 形心轴方向的偏心距；

I_x, I_y——对 x, y 轴的截面惯性矩。

1. 倒梁法

倒梁法把筏板划分为独立的条带，条带宽度为相邻柱列间跨中到跨中的距离，如图 2-59 所示。忽略条带间的剪力传递，则条带下的基底净线反力为

$$\begin{matrix} q_{n\max} \\ q_{n\min} \end{matrix} = \frac{\sum F}{L} \pm \frac{6\sum M}{L^2} \tag{2-43}$$

式中：$\sum F$——本条带自身的柱荷载之和；

$\sum M$——荷载对条带中心的合力矩。

在采用倒梁法计算时，可以采用经验系数，例如对均布线荷载 q，支座弯矩取 $ql^2/10$，跨中弯矩取 $(1/12\sim1/10)ql^2$（l 为跨中取柱距，支座取相邻柱距平均值）。计算弯矩的 2/3 由中间 $b/2$ 宽度的板带承受，两边 $b/4$ 宽的板带则各承受 1/6 的计算弯矩，并按此分配的弯矩配筋。

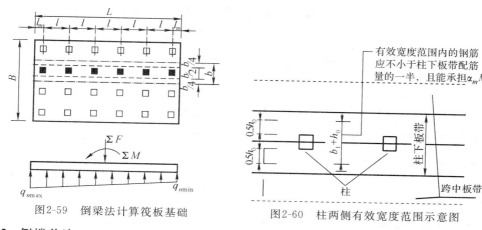

图2-59　倒梁法计算筏板基础　　　　　　图2-60　柱两侧有效宽度范围示意图

2. 倒楼盖法

当地基比较均匀、上部结构刚度较好，梁板式筏基梁的高跨比或平板式筏基板的厚跨比不小于 1/6，且柱荷载及柱间距的变化不超过 20％时，可采用倒楼盖法计算。此时以柱脚为支座，荷载则为直线分布的地基净反力。此时，平板式筏板按倒无梁楼盖计算，可参照无梁楼盖方法截取柱下板带和跨中板带进行计算。柱下板带中在柱宽及其两侧各 0.5 倍板厚且不大于 1/4 板跨的有效宽度范围内的钢筋配置量不应小于柱下板带钢筋的一半，且应能承受作用在冲切临界截面重心上的部分不平衡弯矩 $\alpha_m M$ 的作用（见图 2-60），其中 M 是作用在冲切临界截面重心上的不平衡弯矩，α_m 是不平衡弯矩传至冲切临界截面周边的弯曲应力系数，均可按《高层建筑箱形与筏形基础技术规范》JGJ 6—99 的方法计算。梁板式筏板则根据肋梁布置的情况按倒双向板楼盖或倒单向板楼盖计算，其中底板分别按连续的双向板或单向板计算，肋梁均按多跨连续梁计算，但求得的连续梁边跨跨中弯矩以及第一内支座的弯矩宜乘以 1.2 的系数。筏板的配筋还应符合 2.9.4 节中的配筋构造要求。

3. 静定分析法

当上部结构刚度很小时，可采用静定分析法。

静定分析法同样按柱列布置划分板带，可以采用修正荷载的方法近似考虑板带间剪力传递的影响（见图 2-61）。例如图中第 j 条板带的第 i 列柱的荷载由 $F_{i,j}$ 修正为 $F_{i,jm}$：

$$F_{i,jm}=\frac{F_{i,j-1}+2F_{i,j}+F_{i,j+1}}{4}$$

由 $F_{i,jm}$ 按公式（2-43）计算基底净线压力，最后用静定分析法计算任一截面上的内力。

$$\frac{q_{n\max}}{q_{n\min}}=\frac{\sum_{i=1}^{l}F_{i,jm}}{L}\pm\frac{6\sum M}{L^2}$$

式中，$\sum M$——荷载对板带中心的合力矩。

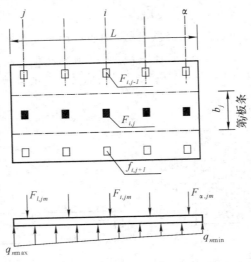

图 2-61　静定分析法计算筏板基础

当筏板基础不符合简化计算条件时，可按地基上的梁板方法计算。由于筏板的厚度通常远小于其他两个方向的尺寸，因此常采用薄板理论分析。可用有限差分法和有限单元法进行分析计算，具体可参照有关文献。

2.9.4　梁板式基础构造要求

（1）筏板基础的板厚由抗冲切、抗剪切计算确定。筏板的板厚不应小于 200mm，对于高层建筑梁板式不应小于 300mm，平板式不宜小于 400mm。梁板式筏板的板厚还不宜小于计算区段最小板跨的 1/20。对于 12 层以上的高层建筑的梁板式筏基，底板厚度不应小于最大双向板格短边的 1/14，且不应小于 400mm。

（2）筏板基础一般宜设置悬臂，伸出长度应考虑以下作用：

①增大基底面积，满足地基承载力要求。为此目的扩大部位宜设置在横向。

②调整基础重心，尽量使其与上部结构合力作用点重合，减少基础可能发生的倾斜。对高层建筑筏基，其偏心距应满足

$$e \leqslant \frac{0.1W}{A}$$

式中：W——与偏心距方向一致的基础底面边缘抵抗矩；

　　　A——基础底面积。

③减少端部较大的基底反力对基础弯矩的影响。但悬臂也不宜过大，一般不宜大于伸出长度方向边跨柱距的 1/4。当仅板悬挑时，伸出长度不宜大于 1.5m，且板的四角应呈放射状布置 5～7 根角筋，直径与板边跨主筋相同。

（3）筏板基础的配筋除按计算要求外，应考虑整体弯曲的影响。梁板式筏板的底板和基础梁的纵、横向支座钢筋应有 1/2～1/3 贯通全跨，且配筋率不应小于 0.15%；跨中钢筋则按实际配筋率全部拉通。平板式筏板的柱下板带和跨中板带的底部钢筋应有 1/2～1/3 贯通全跨，且配筋率不应小于 0.15%；顶部钢筋则按实际配筋率全部拉通。当板厚≤250mm

时,板分布筋为 $\phi8@250$,板厚>250mm 时为 $\phi10@200$。

2.9.5 减轻建筑物不均匀沉降危害的措施

在实际工程中,由于地基软弱,土层薄厚变化大,或在水平方向软硬不一,或建筑物荷载相差悬殊等原因,使地基产生过量的不均匀沉降,造成建筑物倾斜,墙体、楼地面开裂的事故屡见不鲜。因此,如何采取有效措施,防止或减轻不均匀沉降的危害,是很重要的一个问题。

消除或减轻不均匀沉降危害的途径通常有:①采用桩基础或其他深基础;②进行地基处理;③根据地基、基础与上部结构共同作用的概念,采取建筑、结构与施工措施。有时②、③可以同时采用。本节主要讲述第③方面的内容。

1. 建筑措施

(1)建筑物体型应力求简单

建筑物体型包括其平面与立面形状及尺度。平面形状复杂的建筑物,如"L"、"丅"、"一"、"F"、"工"字形等,在纵横单元交接处的基础密集,地基中附加应力相互重叠,导致该部分的沉降往往大于其他部位。尤其当一些支生的"翼缘"尺度大时,建筑物整体性差,很容易因不均匀沉降引起建筑物墙体的开裂。当建筑物的高低或荷载差异大时,也必然会加大地基的不均匀沉降。因此,在具备发生较大不均匀沉降条件时,建筑物的体型应力求简单。

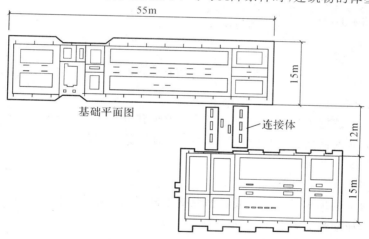

图 2-62 建筑物之间设置的连接体

当需要将建筑物设计成体型较复杂时,宜根据其平面、立面形状、荷载差异等情况,在适当部位用沉降缝将其划分成若干刚度较好的独立单元;或者将两者隔开一定距离,两者之间采用能自由沉降的联接体或简支、悬挑结构相联接,如图 2-62 所示。

(2)控制建筑物的长高比及合理布置纵横墙

当建筑物的长度与高度之比越大时,使整体刚度越差,抵抗弯曲变形的能力弱,且容易导致建筑物的开裂。相反,长高比小的建筑物,刚度大,调整不均匀变形的能力就强。根据工程经验,对于砌体承重的房屋,当预估沉降量大于 120mm 时,对于 3 层和 3 层以上的房屋,其长高比宜小于等于 2.5,当长高比控制在 2.5～3.0 时,宜做到纵墙不转折或少转折,并应控制其内横墙间距或增强基础刚度和强度;当预估沉降量小于或等于 120mm 时,长高比可不受限制。

　　合理布置纵横墙,使内外墙贯通,减少墙体转折和中断的情况,是增强建筑物刚度的重要措施。另外,门窗洞口或管道洞口如开设过大,就会削弱墙体刚度,可在洞口周圈设置钢筋混凝土边框予以加强。

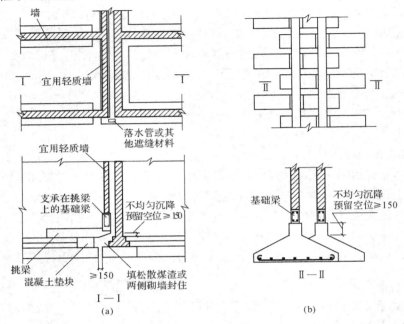

图 2-63　沉降缝构造示意图

(3)设置沉降缝

　　用沉降缝将建筑物由基础到屋顶分割成若干个独立单元,使分割成的每个单元体型简单,长高比减小,从而提高建筑物的抗裂能力。建筑物的下列部位宜设置沉降缝:

　　①建筑物平面的转折处;

　　②建筑物高度或荷载差异处;

　　③长高比过大的砌体承重结构或钢筋混凝土框架结构适当部位;

　　④地基土的压缩性有显著差异处;

　　⑤建筑结构或基础类型不同处;

　　⑥分期建造房屋的交界处。

　　沉降缝两侧的地基基础设计和处理是一个难点。如地基土的压缩性明显不同或土层变化处,单纯设缝难以达到预期效果,往往结合地基处理进行设缝。缝两侧基础常通过改变基础类型、交错布置或采取基础后退悬挑做法进行处理(见图 2-63)。另外,为避免沉降缝两侧单元相向倾斜挤压,要求沉降缝有足够的宽度,可按表 2-7 来确定。

表 2-7　建筑物沉降缝宽度

建筑物层数	沉降缝宽度(mm)
2～3	50～80
4～5	80～120
≥5	≥120

（4）控制相邻建筑物基础间的净距

由于地基中附加应力的扩散作用，使距离近的相邻建筑物间的沉降相互影响。一般既有建筑物受相邻新建筑物沉降的影响，对于同时建造的建筑物，则轻（低）建筑物受影响较重（高）建筑物严重。

为避免引起地基的不均匀沉降造成建筑物的倾斜或裂缝，应控制相邻建筑物基础间的距离，如表 2-8 所示。

对相邻高耸结构或对倾斜要求严格的构筑物外墙间隔距离，应根据倾斜允许值确定。

表 2-8　相邻建筑物基础间净距

影响建筑物的预估平均沉降量 s(mm)	被影响建筑物的长高比 $2.0 \leqslant L/H_f < 3.0$	$3.0 \leqslant L/H_f < 5.0$
70～150	2～3	3～6
160～250	3～6	6～9
260～400	6～9	9～12
>400	9～12	≥12

注：①表中 L 为建筑物长度或沉降缝分隔的单元长度(m)；H_f 为自基础底面起算的建筑物高度(m)。
　　②当被影响建筑的长高比为 $1.5 < L/H_f < 2.0$ 时，其间隔净距离可适当缩小。

（5）调整建筑物的标高

当建筑物的沉降过大时，将会引起管道破损、雨水倒漏、设备运行受阻等情况，影响建筑物的正常使用，根据具体情况，可采取如下措施：

①室内地坪和地下设施的标高，应根据预估沉降量适当提高；当建筑物各部分或设备之间有联系时，可将沉降较大者的标高予以提高。

②建筑物与设备之间，应留有足够的净空。当建筑物有管道穿过时，应预留足够尺寸的孔洞，或采用柔性的管道接头等。

2. 结构措施

（1）减轻建筑物自重

通常建筑物自重在总荷载中所占比例很大，民用建筑约占 60%～70%，工业建筑约占 40%～50%，为了减轻建筑物的自重，达到减小不均匀沉降的目的，在软弱地基上可采用下列一些措施。

①减少墙体重量。大力发展和应用轻质高强的墙体材料，严格控制使用自重大，又耗农田的黏土砖，这是形势所迫。

②选用轻型结构。如采用预应力钢筋混凝土结构、轻钢结构、轻型空间结构等，屋面板可采用具有防水、隔热保温一体的轻质复合板。

③减少基础和回填土的重量。如采用补偿性基础、可浅埋的配筋扩展基础以及架空地板减少室内回填土厚度，都是有效措施。

（2）增强建筑物的整体刚度和强度

如前所述，对于砌体承重结构房屋，可采取控制长高比以及合理布置纵横墙的措施，除此之外，还可采取如下措施：

①设置圈梁

当墙体挠曲时,布置在墙体中的圈梁犹如钢筋混凝土梁内的受拉钢筋,它主要承受拉应力,可有效地防止砌体的开裂。

圈梁截面、配筋以及平面布置等,可按建筑抗震设计的规范要求进行。对于多层房屋的基础和顶层宜各设一道,其他可隔层设置;当地基软弱,或建筑体形较复杂,荷载差异较大时,可层层设置。对于单层工业厂房、仓库可结合基础梁、联系梁、过梁等酌情设置。

②加强基础刚度

对于建筑物体形复杂、荷载差异较大的框架结构,可采用加强基础整体刚度的方法,如采用箱基、桩基、厚度较大的筏基等,以抵抗地基的不均匀沉降。

(3)减小或调整基底附加压力

①设置地下室。采用补偿性基础设计方法,以挖除的土重抵消部分甚至全部的建筑物重量,达到减小沉降的目的。

②调整基底尺寸。按地基承载力确定出基础底面尺寸之后,应用沉降理论和必要的计算,并结合设计经验,调整基底尺寸,以控制不同荷载的基础沉降量接近。

(4)选用非敏感性结构

排架结构或三铰拱等结构,当地基发生一定的不均匀沉降时,不会引起很大的附加应力,因此可减轻不均匀沉降的危害。对于单层工业厂房、仓库和某些公共建筑,当情况许可时,可以选用对地基沉降不敏感的结构。

3. 施工措施

在工程建设施工中,合理安排施工顺序,注意某些施工方法,可减小或调整部分不均匀沉降。

(1)合理安排施工顺序。当建筑物各部分高度或荷载差异较大时,应按先高后低,先重后轻的顺序进行施工;并注意高低部分相连接的合适时间,一般可根据沉降观测资料确定。例如,北京五星级长城饭店,塔楼客房为 18 层,中心阁楼为 22 层,采用两层箱形基础;共享大厅为 7 层,采用独立柱基。其施工顺序为:先盖高重的客房主楼与阁楼,使地基沉降大部分已产生;后盖轻低的大厅。从而有效地缩小了两者沉降差。

(2)注意施工方法:对于高灵敏度的软黏土,基槽开挖施工中,需注意保护持力层不被扰动,通常可在基底标高以上,保留 20cm 厚的原土层,待基础施工时再予以挖除,可避免基底超挖现象,扰动土的原状结构。如发现坑底软土被扰动,可仔细挖除扰动部分,用砂、碎石压实处理。另外需注意控制加荷速率。

思考题

2-1 地基基础有哪些类型?各适用于什么条件?

2-2 天然地基浅基基础有哪些结构类型?各具有什么特点?

2-3 基础为何要有一定的埋深?如何确定基础的埋深?

2-4 基础底面积如何计算?在中心荷载与偏心荷载作用下,基底面积计算有何不同?

2-5 何谓无筋扩展基础?何谓扩展基础?两种基础的材料有何不同?两者的计算方法有什么差别?

2-6　无筋扩展基础和扩展基础适用于什么范围？扩展基础的材料和构造有何要求？

2-7　柱下的基础通常为独立基础,何时采用柱下条形基础？其截面有哪些类型？基础底面面积如何计算？

2-8　何谓筏板基础？适用于什么范围？

2-9　何谓箱形基础？箱形基础具有哪些特点？适用于什么范围？

2-10　为何要验算软弱下卧层的承载力？其具体要求是什么？

2-11　何谓地基基础与上部结构共同工作？研究此问题有何实际意义？

2-12　消除或减轻不均匀沉降的危害,有哪些主要措施？其中哪些措施实用而经济？

2-13　为何要进行补偿性基础设计？全补偿、超补偿与欠补偿设计的区别是什么？

习题

2-1　如下图所示,某建筑物场地地表以下土层依次为:(1)中砂层,厚 2.0m,潜水面在地表下 1m 处,饱和重度 $\gamma_{sat}=20\text{kN/m}^3$;(2)黏土隔土层,厚 2.0m,重度 $\gamma_{sat}=19\text{kN/m}^3$;(3)粗砂,含承压水,承压水位高出地表 2.0m(取 $\gamma_w=10\text{kN/m}^3$)。问当基坑开挖深达 1m 时,坑底有无隆起的危险？若基础埋深 $d=1.5\text{m}$,施工时除将中砂层内地下水位降到坑底外,还须设法将粗砂层中的承压水位降低几米才行？

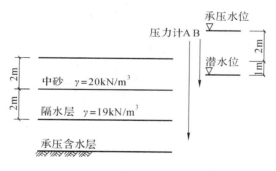

习题 2-1 图

2-2　某条形基础底宽 $b=1.8\text{m}$,埋深 $d=1.2\text{m}$,地基土为黏土,内摩擦角标准值 $\varphi_k=20°$,粘聚力标准值 $c_k=12\text{kPa}$,地下水位与基底平齐,土的有效重度 $\gamma=10\text{kN/m}^3$,基底以上土的重度 $\gamma_m=18.3\text{kN/m}^3$。试确定地基承载力特征值 f_a。

2-3　某基础宽度为 2m,埋深为 1m。地基土为中砂,其重度为 18kN/m^3,标准贯入试验锤击 $N=21$,试确定地基承载力特征值 f_a。

2-4　某承重墙厚 240mm,作用于地面标高处的荷载 $F_k=180\text{kN/m}$,拟采用砖基础,埋深为 1.2m。地基土为粉质黏土,$\gamma=18\text{kN/m}^3$,$e_0=0.9$,$f_{ak}=170\text{kPa}$。试确定砖基础的底面宽度,并按二皮一收砌法画出基础剖面示意图。

2-5　某柱基受承的轴心荷载 $F_k=1.05\text{MN}$,基础埋深为 1m,地基土为中砂,$\gamma=18\text{kN/m}^3$,$f_{ak}=280\text{kPa}$。试确定该基础的底面边长。

2-6　某砖墙厚 240mm,相应于荷载效应标准组合及基本组合时作用在基础顶面的轴心荷载分别为 144kN/m 和 190kN/m,基础埋深为 0.5m,地基承载力特征值为 $f_{ak}=$

106kPa，试设计此基础。

2-7　一钢筋混凝土内柱截面尺寸为 300mm×300mm，作用在基础顶面的轴心荷载 F_k ＝400kN。自地表起的土层情况为：素填土，松散，厚度为 1.0m，γ＝16.4kN/m³；细砂，厚度为 2.6m，γ＝18kN/m³，γ_{sat}＝20kN/m³，标准贯入试验锤击数 N＝10；黏土，硬塑，厚度较大。地下水位在地表下 1.6m 处。试确定扩展基础的底面尺寸设计基础截面及配筋。

第3章 桩基础

学习要点：

本章主要介绍桩的类型和桩基承载力，桩的设计理论和设计方法，以及桩基检测技术等。

通过本章的学习，要求掌握单桩的工作原理和单桩承载力的确定方法；掌握独立承台桩基础的设计；了解梁式承台桩基的设计方法；了解桩的分类和沉桩（新）工艺；了解群桩效应；了解负摩阻力的产生原因和计算方法；了解桩基检测方法。

3.1 概　述

当浅层地基土质不良，采用浅基础不能满足建筑物对地基承载力、变形和稳定性方面的要求时，往往采用深基础方案。深基础主要包括桩基础、沉井基础和地下连续墙等，其中桩基础的应用最为广泛。随着科学技术和工程建设的发展，桩的类型和成桩工艺、桩的承载力和桩的检测方法、桩的设计理论和设计方法等方面均有较大的发展。

桩基础的使用有着悠久的历史。我国于 1973 年在浙江余姚河姆渡发掘了 4 万平方米木桩的木结构，距今已有 7 千年的历史了。美国考古学家 1981 年在智利蒙特维尔德附近的森林里发现了一间支撑于木桩上的木屋，距今约有 1 万 2 千年的历史。随着高层建筑和大跨度桥梁的兴建，出现了很多新桩型，单桩承载力可达数千吨，桩的直径可达数米以上，深度已超过百米。

桩基础由桩（设置于土层中的竖直或倾斜的柱型构件）和承台（连接桩顶和承接上部结构）两部分组成，如图 3-1 所示。

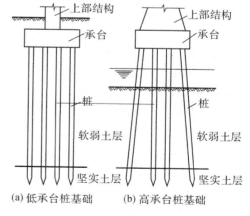

(a) 低承台桩基础　　(b) 高承台桩基础

图 3-1　桩基础示意图

桩基础具有承载力高、稳定性好、沉降量小而均匀、便于机械化施工、适应性强等特点。一般在下述情况下可考虑采用桩基方案：

（1）天然地基土质软弱，设计浅基础不能满足地基承载力和变形的要求；或地基土层分布不均或上部结构荷载不均，可采用桩基础。

（2）具有较大的竖向荷载和水平荷载的高层或高耸建筑物，要满足地基基础的稳定性要求，可采用桩基础。

（3）为防止新建建筑物对邻近建筑物地基沉降的影响，新建建筑物可采用桩基础。

（4）精密设备和动力机械设备基础对地基沉降大小和速率有严格要求，常采用桩基础。

（5）在地震区，将桩穿过可液化土层并进入稳定土层足够深度，可消除或减轻液化对建筑物的危害。

（6）河床冲刷较大，河道不稳定或冲刷深度不易计算，位于基础或结构物下面的土层有可能被侵蚀、冲刷，考虑采用桩基础。

（7）须穿越水体和软弱土层港湾与海洋构筑物基础，如栈桥、码头、海上石油平台及管道支架等。

（8）桩基础既可作为建（构）筑物的基础，又可用作边坡工程的抗滑桩和基坑工程挡土结构。

3.1.1 设计需具备的资料

桩基设计前必须充分掌握设计原始资料，主要包括岩土工程勘察报告、建筑物类型及其规模、施工设备和技术条件、场地环境条件、现场试桩资料和附近类似桩基工程经验资料等。岩土工程勘察资料是桩基设计的主要依据，因此，岩土工程勘察资料必须完善，应根据建筑物的特点和有关要求布置勘探点的深度和位置，对勘探深度范围内土层进行室内试验或原位测试，提供设计所需的参数，并说明桩基的建议方案。桩基岩土工程勘察应符合《岩土工程勘察规范》GB50021的基本要求。

3.1.2 设计的一般步骤

桩基础的设计应力求经济合理、安全耐用，对桩和承台要有足够的强度、刚度和耐久性；地基（主要是桩端持力层）的承载力和变形应符合要求。桩基设计的一般步骤如下：

（1）根据勘察报告，并考虑上部结构类型和规模，确定桩基持力层；

（2）确定桩的类型和几何尺寸；

（3）根据土的测试成果、有关规范和当地经验确定单桩竖向（水平向）承载力；

（4）确定桩的数量、间距和平面布置；

（5）根据桩的平面布置，在满足承台构造要求的前提下，初步确定承台几何尺寸和埋深；

（6）根据荷载条件验算作用于单桩上的竖向和水平向荷载；若不满足要求时，重新调整桩数和平面布置；

（7）验算承台的尺寸和结构强度；

（8）桩身结构配筋计算；

（9）必要时验算桩基的整体承载力和沉降量，当桩端下有软弱下卧层时，验算软弱下卧层的地基承载力；

（10）绘制桩基施工图。

对某一具体工程，其持力层、桩型和成桩工艺往往有多种可供选择的方案，应对几种方案进行技术和经济方面的综合分析、比较，从而选择最优的方案。

3.2　桩型及成桩工艺

3.2.1　桩的分类规定

合理选择桩的类型是桩基设计中的重要环节。分类的目的是为了掌握其不同的特点，以供设计时根据现场的具体条件选择适当的桩型。桩主要根据其承载性状、使用功能、桩身材料、沉桩方法、桩径大小等进行分类。

1. 按承载性状分类

桩在竖向荷载作用下，桩顶荷载由桩侧摩阻力和桩端阻力来承担。当达到极限状态时，根据桩侧与桩端阻力的发挥程度和分担荷载的比例，将桩分为摩擦型桩和端承型桩两类。

（1）摩擦型桩

①摩擦桩

在极限承载力状态下，桩顶荷载由桩侧摩阻力承担，桩端阻力可忽略不计，亦称纯摩擦桩。如桩端位于饱和软土地基中的桩；桩底残留虚土和残渣较厚的灌注桩等。这类桩基的沉降较大。

②端承摩擦桩

在极限承载力状态下，桩顶荷载由桩侧摩阻力和桩端阻力来承担，其中桩侧摩阻力分担的比例较大。当桩的长径比不是很大，桩端持力层为黏性土、粉土和砂类土时，往往表现为端承摩擦桩。

（2）端承型桩

①端承桩

在极限承载力状态下，桩顶荷载由桩端阻力承担，桩侧摩阻力忽略不计。长径比较小的桩（$l/d < 10$），当桩端设置在密实砂层、碎石类土层、微风化或中等风化岩石时，表现为端承桩。

②摩擦端承桩

在极限承载力状态下，桩顶荷载由桩侧摩阻力和桩端阻力来承担，其中桩端阻力分担的比例较大。

此外，当桩端嵌入微风化和中等风化岩层一定深度（至少 0.5m）时，称为嵌岩桩。对于嵌岩桩，桩侧与桩端荷载分担比与孔底沉渣及进入基岩深度有关，桩的长径比不是制约荷载分担的唯一因素。

2. 按桩的使用功能分类（见图 3-2）

（1）竖向抗压桩

大多数建筑桩基都是以承受竖向荷载为主，竖向抗压桩的桩顶荷载由向上的桩侧摩阻力和桩端阻力来承担。

（2）竖向抗拔桩

竖向抗拔桩主要承受竖向上拔荷载的桩。如输电塔、微波发射塔、海洋石油平台等高耸结构物的桩基，因偏心荷载较大，桩基可能受到上拔力，因而称之为抗拔桩。又如用于水下建筑物抗浮的桩基也属于抗拔桩。

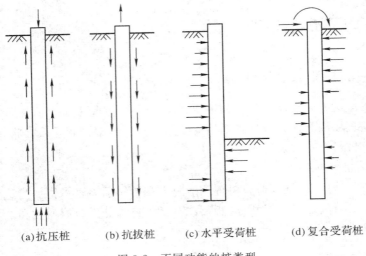

　　　(a)抗压桩　　　　(b)抗拔桩　　　(c)水平受荷桩　　　(d)复合受荷桩

图 3-2　不同功能的桩类型

　　（3）水平受荷桩

　　水平受荷桩主要承受水平荷载的桩。例如，边坡工程中的抗滑桩和深基坑中的护坡桩都属于水平受荷桩。

　　（4）复合受荷桩

　　复合受荷桩承受的竖向荷载和水平荷载都较大。如一些港口码头、江河栈桥中的桩基础除受到较大的竖向荷载外，还受到较大的海浪、河浪等水平荷载的作用。

3. 按桩身材料分类

　　（1）木桩

　　木桩具有制作容易、运输方便、打桩设备简单、造价低廉等优点，但其承载力较低。如果不经防腐处理，则使用寿命就不长。因此，木桩适合在地下水位以下的土层中使用，不宜在地下水位变化大的地区使用。由于世界范围内木材资源紧缺，除在一些工程中作为应急措施采用木桩外，很少被大批量采用。

　　（2）混凝土桩

　　根据配筋与否可分为素混凝土桩和钢筋混凝土桩两类。素混凝土桩只能用于对桩基承载力要求较低、承受竖向荷载的基础中。素混凝土桩不能做抗拔桩或承受较大的弯矩，而且在软土地区可能会产生"缩颈"、断桩、局部夹泥等质量事故，如图 3-3 所示。

　　钢筋混凝土桩应用非常广泛，可用于对桩基承载力要求较高的基础中，可以承压、抗拔、抗弯和承受水平荷载。钢筋混凝土桩既可预制（预制桩），又可就地成孔灌注而成（灌注桩），还可采用预制与现场灌注相组合的形式成桩。可根据工程的需要选用相应的截面形状和长度，其几何尺寸变化范围较大。

图 3-3　素混凝土灌注桩的质量事故

　　（3）钢桩

　　常用的钢桩有下端开口或闭口的钢管桩和 H 型钢桩。钢管桩直径一般为 400～

1200mm,壁厚为 9~20mm。钢管桩施工时为减小挤土效应和易于沉桩,常常采用敞口式,但端部承载力比闭口式要小。H 型钢桩沉桩容易,挤土效应不明显。H 型钢桩的横截面面积小,端部承载力不高,但比表面积大,桩侧摩阻力较大。

钢桩的承载力高,施工过程中的起吊、运输、沉桩和接桩都比较方便。在深基坑工程中作护坡桩时可回收利用。但钢材成本高,抗腐蚀能力较差,须作表面防腐处理(外表涂防腐层、阴极保护等),国内主要在重大工程中采用。如杭州湾跨海大桥桩基础采用了长 80 多米的钢管桩,并采取外表涂防腐层和阴极保护相结合的防腐措施。

（4）组合材料桩

组合材料桩是采用两种不同材料组合而成的。例如,在钢管桩内填充混凝土形成钢管混凝土桩。

4. 按沉桩方法分类

（1）非挤土桩

非挤土桩是指在沉桩过程中对桩周围土体无挤压作用的桩。如钻（冲）孔灌注桩、先钻孔后打入的预制桩、人工挖孔桩等都属于非挤土桩。

（2）部分挤土桩

部分挤土桩是指在沉桩过程对桩周围土体产生部分挤压作用的桩。如开口的钢管桩、H 型钢桩和开口的预应力混凝土桩、钻孔灌注桩局部复打桩等。桩周围土受的挤压作用不大,一般认为土的强度和变形性质变化不大,可用原状土测得的强度指标来估算桩的承载力和沉降量。

（3）挤土桩

挤土桩是指沉桩过程中,桩孔中的土未取出,全部挤压到桩的四周。如沉管灌注桩、实心的预制桩等。在饱和软土中设置挤土桩,如设计或施工不当,会产生明显的挤土效应,导致未初凝的灌注桩产生缩颈或断裂、桩上抬或偏位,从而降低桩的承载力,有时会损坏邻近建筑物;挤土桩沉桩使饱和软土中孔隙水压力增大,施工完毕后,孔隙水压力在消散的过程中土层产生固结沉降,使桩产生负摩阻力,从而降低桩基承载力,增大桩基的沉降。

挤土桩若设计和施工得当,可收到良好的技术经济效果,如在非饱和松散土中采用挤土桩,其承载力明显高于非挤土桩。因此,正确地选择沉桩方法和工艺是桩基设计中的重要环节。

5. 按桩径大小分类

按桩径大小可分为小桩、中等直径桩和大直径桩三类。

（1）小桩:桩径 $d \leqslant 250$mm。由于桩径小,使施工机械、施工场地及施工方法较为简单。小桩多用于基础加固(树根桩或静压锚杆桩)和复合桩基础。

（2）中等直径桩:桩径 250mm$< d < 800$mm。这类桩是工业与民用建筑中使用最广的,它的沉桩方法和工艺种类很多。

（3）大直径桩:桩径 $d \geqslant 800$mm。近年来随着中、高层建筑物的大量出现,这类桩因具有较高的单桩承载力而应用范围逐渐增大。此类桩多为大直径钢管桩、钻（冲）孔灌注桩、人工挖孔桩等。采用大直径桩可实现单桩单柱的结构型式,可减少承台混凝土的用量,此时每一根桩的施工质量都必须切实保证。

3.2.2　预制桩类型及成桩工艺

预制桩是指桩在施工现场或工厂预制,经锤击、静压、振动等方法将桩体沉入地基土中。预制桩可以是木桩、钢桩、钢筋混凝土桩和预应力钢筋混凝土桩等。因木桩和钢桩在前面已介绍过,本节主要介绍钢筋混凝土预制桩和预应力钢筋混凝土桩。

1. 钢筋混凝土预制桩

横截面有方形、圆形和多边形等多种现状(见图 3-4)。一般普通实心方桩的截面边长为 300～500mm。预制桩的制作可分为工厂预制和现场预制两种。

(1)工厂预制

工厂预制桩通常为标准化大规模生产,在地面良好的环境与条件下制作,因此桩的截面规整、均匀、质量好、强度高。桩长一般不超过 25m。

(2)现场预制

现场预制通常是非标准的短桩,施工方便。预制长度一般不大于 12m。

当桩长超过预制的长度时,要考虑接桩。常见的接桩方法有钢板焊接法和浆锚法。钢板焊接法较为可靠,必要时涂敷沥青以防腐蚀。浆锚法是在下段桩顶预留孔,往孔内倾注熔融状硫黄胶泥,将上段桩底伸出的钢筋插入孔中,由接头面上的胶泥保证上下桩段的粘结。

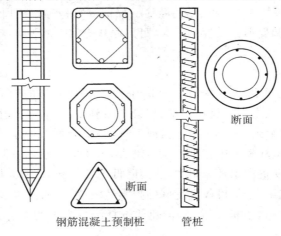

钢筋混凝土预制桩　　　管桩

图 3-4　预制桩

2. 预应力钢筋混凝土管桩

预应力钢筋混凝土桩简称管桩,采用先张法预应力工艺和离心成形法制作。经高压蒸汽养护生产的为 PHC 管桩,桩身混凝土强度等级≥C80;未经高压蒸汽养护生产的为 PC 管桩,混凝土等级 C60～C80。建筑工程中常用的管桩外径为 300～600mm,壁厚为 80～100mm,每节长度为 5～13m。桩与桩通过焊接端头板进行连接。

3. 预制桩的沉桩工艺

(1)锤击法

锤击法是指用桩锤将桩击入土层的方法。锤击法的主要设备包括桩架、桩锤、动力设备和起吊设备等,常用的桩锤有单动汽锤、双动汽锤、柴油锤、液压锤和自由落锤。选用原则是重锤轻击。锤击法适用于 20～60m 长的钢筋混凝土桩(管桩)及 40～60m 长的钢管桩。

为使预制桩顺利打入土中,防止把桩顶打碎,应在钢筋混凝土桩(管桩)顶部设置桩帽,并在桩与桩帽之间加设弹性衬垫,如硬木、麻袋、硬橡胶等。

(2)振动法

在桩顶装上振动器,使预制桩随着振动下沉至设计标高。振动法适用于砂土地基,尤其是在地下水位以下的砂土,受振动使砂土发生液化,易于沉桩。振动法对于自重不大的钢桩沉桩效果较好。一般不适用于普通的黏土地基。

(3)静力压桩法

静力压桩法采用静力压桩机把预制桩压入土层中,最适宜在软土地基中使用。静力压桩法的特点是无噪音、无振动,可在市区使用。

预制桩的主要特点是桩身质量易保证,单桩承载力较高,桩身抗腐蚀能力强。预制桩是挤土桩,无论是打入式或压入式,都存在挤土效应,在饱和软土地区,这种效应危害尤为显著,在群桩施工时还将导致周围地面的隆起。当场地布桩过密或局部桩距太小时,会使已就位的邻桩上浮,影响桩的承载力;由于挤土效应,会使邻近建筑物、道路、地下管线等受损。预制桩不易穿透较厚的硬夹层(硬塑黏土层、中密以上砂土层),需采用取土植桩、射水等辅助沉桩措施。

3.2.3 灌注桩类型

灌注桩是在建筑工地现场成孔,在孔内放入钢筋笼,现场灌注混凝土而成。根据成孔工艺和施工机械不同,灌注桩可分为下列几种:

1. 钻孔灌注桩

(1)螺旋钻孔桩

利用长螺旋或短螺旋钻机成孔,不采用任何护壁措施。这种工艺基本没有振动和噪音的污染。由于不采取护壁措施,这种桩仅适用于无地下水的地层,且桩基一般不能穿过卵石、砾石层。

(2)人工挖孔灌注桩

用人工挖孔,每挖深1m左右现浇或喷射一圈混凝土护壁(上下圈间用插筋连接)以保证施工安全,然后安放钢筋笼,灌注混凝土而成(见图3-5)。人工挖孔桩的桩身直径一般为800~2000mm,最大可达3500mm。当持力层承载力低于桩身混凝土受压承载力时,桩端可扩底,视扩底端部侧面和桩端持力层土性情况,扩底端直径与桩身直径之比(D/d)不宜超过3。

人工挖孔桩的桩身长度宜控制在30m以内。当桩长$L{\leqslant}8m$时,桩身直径(不含护壁)不宜小于0.8m;当$8m{<}L{\leqslant}15m$时,桩身直径不宜小于1.0m;当$15m{<}L{\leqslant}20m$时,桩身直径不宜小于1.2m;当桩长$L{>}20m$时,桩身直径应适当加大。

人工挖孔桩的优点:在成孔过程中可直接观察地

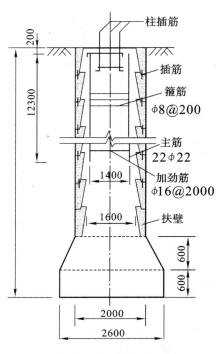

图 3-5 人工挖孔桩

层情况,孔底无沉渣,设备简单,噪音小,桩径大,单桩承载力大,较经济。但由于挖孔时桩孔内空间狭小,劳动条件差,可能存在塌方、缺氧、有害气体等危险而易造成安全事故,在松砂层(尤其是地下水位以下的松砂层)、极软弱土层、地下水涌水量多且难以抽水的地层中难以施工或无法施工。

(3)泥浆护壁钻孔灌注桩

在钻进过程中,用泥浆防止孔壁坍塌,并借助泥浆的循环将孔内碎渣带出孔外(见图3-6)。钻进方法分为冲击和旋转两种。常用的桩径为600mm,800mm,1000mm,1200mm等。钻进速度快,深度可达近百米,能克服流砂、消除孤石等障碍物,并能进入微风化硬质岩石。其最大优点在于能进入岩层,刚度大,因此承载力高而桩身变形小。

旋转钻孔机具及工艺的选择,应根据桩型、钻孔深度、土层情况、泥浆排放及处理等条件综合确定。对孔深大于30m的端承型桩,宜采用反循环工艺成孔或清孔。泥浆护壁成孔时,宜采用孔口护筒,护筒一般用4~8mm的钢板制作,其内径应大于钻头直径100mm,其埋设深度在黏性土中不宜小于1.0m,在砂土中不宜小于1.5m。旋转钻进时,多用反循环法排渣,反循环法的清底效果较好。冲孔成桩时,采用一定高度、较大质量的钻头冲击硬碎岩石层或大块孤石;孔口应设置护筒,其内径应大于钻头直径200mm。

水下灌注混凝土时,要保证混凝土必须具备良好的和易性,配合比应通过试验确定。为改善和易性和缓凝,水下混凝土宜掺外加剂。采用的导管壁厚不宜小于3mm,直径宜为200~250mm。采用水下灌注混凝土,工艺要求严格,易出现缩颈、断桩、露筋、离析、泥夹层等缺陷。

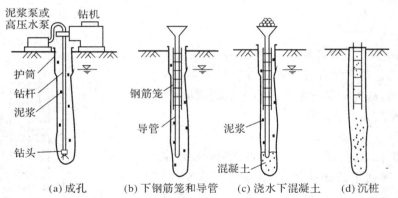

图 3-6　泥浆护壁钻孔灌注桩施工程序

2. 沉管灌注桩

沉管灌注桩属于挤土桩,利用锤击或振动等方法将带有桩靴的钢管沉入造孔,放入钢筋笼,边浇灌混凝土边拔出套管,施工工序如图3-7所示。一般分为单打、复打(浇灌混凝土并拔管后,在原位再次沉管并浇灌混凝土)和反插法(灌满混凝土后,先振动再拔管,一般拔0.5~1.0m,再反插0.3~0.5m)。复打后的桩截面面积增大,承载力提高。

沉管灌注桩桩径一般为300~500mm,桩长常在20m以内,桩可打至硬塑黏土或中、粗砂层。其优点是设备简单、打桩进度快、成本低。但这种桩不仅存在一般打入式桩的噪声、振动和挤土问题,而且可能存在缩颈、夹泥、断桩和混凝土离析等质量问题。现行工艺中可采取:控制布桩密度和打桩速度,降低拔管速度和增大充盈系数(混凝土实际用量与计算的

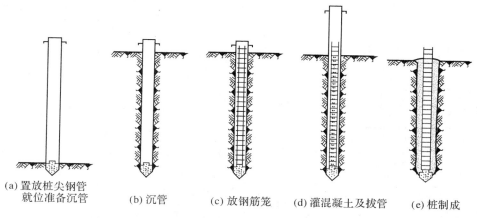

| (a) 置放桩尖钢管
就位准备沉管 | (b) 沉管 | (c) 放钢筋笼 | (d) 灌混凝土及拔管 | (e) 桩制成 |

图 3-7 沉管灌注桩施工程序

桩身体积之比），在软土地基中打设排水砂井加快孔隙水压力消散，用反插复打等，这些措施有助于提高桩身质量。

3. 夯压成型灌注桩

夯压成型灌注桩可采用静压或锤击沉管进行夯压、扩底和扩径。桩管有外管和内夯管，内夯管比外管短 100mm（见图 3-8）。沉管过程中，外管采用干硬性混凝土、无水混凝土封底，经夯击形成阻水、阻泥管塞，其高度一般为 100mm。内夯管底端可采用闭口平底或闭口锥底两种不同形式。

当桩的长度较大或需配置钢筋笼时，桩身混凝土宜分段灌注；拔管时内夯管和桩锤应施压于外管中的混凝土顶面，边压边拔。

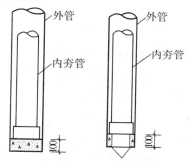

（a）平底内夯管　　（b）锥底内夯管

图 3-8 内外管及管塞

我国常用灌注桩的适用范围如表 3-1 所示。

表 3-1 常用灌注桩适用范围

成孔方法		桩径（mm）	桩长（m）	适用范围
泥浆护壁成孔	冲击	600～1500	50	碎石类土、砂类土、粉土、黏性土及风化岩。冲击成孔的进入中等风化和微风化岩层的速度比回转钻快
	回转钻	400～3000	80	
	潜水钻	450～3000	80	黏性土、淤泥、淤泥质土及砂土

续表

成孔方法		桩径(mm)	桩长(m)	适用范围
干作业成孔	螺旋钻	300～1500	30	地下水位以上的黏性土、粉土、砂类土及人工填土
	钻孔扩底	300～600,底部直径可达1200	30	地下水位以上的坚硬、硬塑的黏性土及中密以上的砂类土
	机动洛阳铲	270～500	20	地下水位以上的黏性土、黄土及人工填土
	人工挖孔	800～3500	30	地下水位以上的黏性土、黄土及人工填土
沉管成孔	锤击	320～800	30	硬塑黏性土、粉土、砂类土,直径600mm以上的可达强风化岩
	振动	300～500	20	可塑黏性土、中细砂
爆扩成孔		200～350	10	地下水位以上的黏性土、填土、黄土

3.2.4　桩基础新工艺

随着我国现代化建设的飞速发展及城市化进程的加快,中、高层建筑物大量涌现。在软土地区,桩基础作为建筑的主要基础形式被大量采用。然而在应用中也存在着不少问题,主要表现在:①由于钻孔灌注桩的施工工艺复杂,时间较长,废弃物量大,环境污染严重,孔底沉渣不易排出,桩侧泥皮的存在大大降低了桩端阻力与侧壁摩阻力,从而降低了桩基的承载力;②预制桩施工尽管质量较好控制,但设备笨重,锤击式振动大,噪音大,而且桩头易打裂。尤其是预制桩沉桩过程中有挤土效应,在城区使用受到限制。

针对上述缺陷,国内外学者和工程技术人员开展了大量的研究工作,桩基新工艺和新的桩型层出不穷。

1. 后压浆技术

后压浆技术可以有效地提高桩侧摩阻力和桩端阻力,特别是能消除钻孔灌注桩孔底沉渣和桩身泥皮对桩承载力的影响,从而大大提高桩基承载力。后压浆技术是在成桩后,通过预埋在桩身的压浆管,利用压力作用,将能固化的浆液注入桩侧土层和桩端土层,从而提高桩承载力,并减小桩基沉降量。

后压浆技术可以分为桩侧后压浆技术、桩端后压浆技术和桩端桩侧联合注浆技术。本节主要介绍最常用的钻孔灌注桩桩端后注浆技术。

(1)施工工艺

在钻孔灌注桩施工过程中,在桩身钢筋笼内设置一根直径为20mm的注浆管和一根回浆管。待桩体混凝土强度达到50%强度后,用泥浆泵通过注浆管向桩底压入水泥浆或水泥砂浆。压浆工艺流程如图3-9所示。

(2)注浆机理

在土质较为均匀的土层中,如砂性土、砾石类土等,桩端后压浆一般以渗透注浆为主。渗透注浆作用对桩端后压浆灌注桩的物理作用可概括为:渗入胶结作用;沉渣和泥皮固化作用以及桩端扩颈作用。

①渗入胶结作用(桩端、桩侧)

在渗透注浆作用下,水泥浆渗入桩周土体中,形成高强度的水泥石固结体,使持力层的

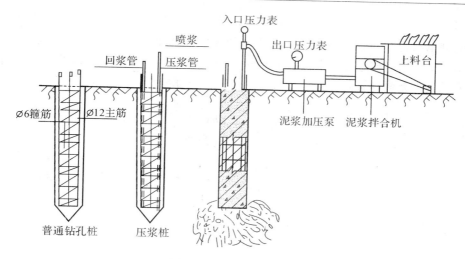

图 3-9　压浆工艺流程图

抗扰动能力、变形模量和抗压强度等得到提高。

②沉渣和泥皮固化作用

对于泥浆护壁钻孔灌注桩,由于泥皮的存在,加之桩身混凝土凝固后,桩身产生体积收缩,桩身混凝土与孔壁之间产生间隙。采用桩端后压浆技术后,水泥浆液进入桩端能将桩底沉渣和桩体被离析的部分混凝土残渣进行充分地置换、充填、密实和固结,形成强度较高的水泥土复合体,从而提高了桩端持力层的抗压强度。同时部分浆液在压力作用下,沿着间隙上升并向桩侧土深处渗透,在桩端上部一定深度范围内渗入泥皮或桩周土体,凝结后,桩侧泥皮被加固。

③桩端扩颈作用

一方面,注浆使桩端虚土挤密,并使桩端形成扩大头,增大桩端的受力面积,同时增大桩的端阻力。另一方面,注入水泥浆液后,浆液在桩侧凝结后相当于增加了桩侧表面积,从而提高桩侧阻力,降低桩土间的相对位移。

(3)适用范围

后压浆技术适用于砂性土、中粗砂、砂砾及软碎石等孔隙率较大的土层,此时压浆效果最佳,注浆压力较小,浆液的浓度也不高。如果砂、砾石较纯净,后压浆技术的渗透作用较为显著。若为粉土和粉质黏土,也可取得较好的加固效果。

大量工程实例表明,桩端后压浆效果的好坏取决于桩端土性质、压浆量、注浆压力、浆液浓度和注浆速度等。在通常情况下,后压浆桩承载力比未压浆桩的承载力提高 30% 以上,有的甚至提高 100%,可见经济效益非常明显。

2. 挤扩支盘桩技术

挤扩支盘桩是在等截面普通钻孔灌注桩的基础上发展起来的。用现有施工机具钻(冲)孔后,再向孔内放入专用的液压挤扩设备,通过地面液压站控制挤扩设备弓压臂的扩张和收缩,并根据地质构造,在适宜土层中挤扩成承力盘及分支。由于挤扩是三维静压,经挤密的周围土体和空腔内灌注的混凝土与桩身紧密地结合为一体,形成了挤扩支盘桩(见图3-10)。通过挤扩作用,经挤密的土体、腔内灌注的桩身、支盘紧密地结合为一体,发挥了桩土共同承力的作用,提高了桩侧摩阻力和支承阻力,从而使桩的承载力大幅度增加。工程实践表明,挤扩支盘桩承载力的50%～90%来自承力盘的支撑力,桩侧摩阻力只占总承载力的10%～20%。支盘桩的荷载传递主要靠支盘的接触压力来传递。根据已有的试桩资料分析,挤扩支盘桩的承载力是同样桩长、桩径普通灌注桩的2.0～3.0倍。

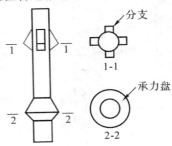

图 3-10 挤扩支盘示意图

(1)施工工艺

挤扩支盘成型机由主机、液压油缸、接长管、液压站和高压胶管等组成(见图3-11)。液压站提供液压动力,液压缸输出工作推力。当向液压缸工作腔供液时,活塞杆推出,使主机弓臂沿主机径向伸出,挤扩孔壁直至最大行程。当液压缸反向供液时,活塞杆回缩,拖动主机弓臂复位,直至原始位置,即完成一个分支盘的挤扩过程。通过旋转接长管将主机旋转相应角度,按设计要求的支盘数,重复上述挤扩过程,可在设定的位置上挤扩出若干分支或支盘,完成挤扩支盘桩的施工操作。

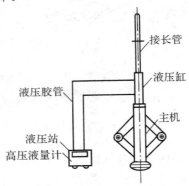

图 3-11 挤扩支盘成型机示意图

(2)工程特点

①竖向承载力成倍提高。挤扩支盘桩的承力盘盘径可以达到主桩径的数倍。例如:主桩径为400～1000mm的桩,支盘直径可达960～2500mm,因此,各盘和各分支的承力面积总和可达主桩截面的20多倍。静载试验表明,在相同条件下,挤扩支盘桩与直杆桩相比,其竖向承载力有大幅度提高。

②抗拔能力好,具有良好的抗震性能及承受活荷载的能力。由于挤扩支盘桩的"糖葫芦"作用,同时因为支盘处土体在挤压成盘时被挤密,各支盘与土体较紧密地相互嵌固,使得支盘桩的抗拔力及水平抗力都相应提高。

③经济效益明显。挤扩支盘桩的混凝土单方承载力是普通灌注桩的 2 倍以上。与采用普通灌注桩相比,采用挤扩支盘桩可以缩短桩长、减小桩径或者减少桩数,甚至减小承台尺寸,因此能节省投资、缩短工期。

④环境影响较小,适用范围广。挤扩支盘桩适用于泥浆护壁成孔工艺、干作业成孔工艺、水泥注浆护壁成孔工艺和重锤捣扩成孔工艺等。可在多种土层中成桩,不受地下水位的高低限制。

⑤对不同土质的适应性强。挤扩多支盘桩分支宜在黏性土、粉土、细砂土、砾石、卵石、砂中含少量姜结石及软土等多种土层中设置,不宜在淤泥质土、中粗砂层及液化砂土层中使用。该型桩还可作为建筑物的抗拔桩,基坑及边坡支护,复合地基、锚杆,也可用于已有建筑物地基加固及改造桩基。

3. 现浇薄壁筒桩技术

现浇薄壁筒桩(简称筒桩)是在沉管灌注桩的基础上加以改进发展而成的一种新桩型(见图 3-12),该技术是谢庆道先生自主研制开发的一项专利技术。筒桩改变了普通沉管灌注桩的施工工法,采用内、外两层钢套管(见图 3-13),套管上部与振动锤连接,下部与桩靴上的内、外支承面相接触,振动下沉,在成圆筒形孔的同时亦同步从内筒芯自动排出土体。筒桩属弱挤土桩,它既避免钻孔灌注桩孔底沉渣、废泥浆弃置困难之不足,又克服了沉管灌注桩挤土效应强易对邻周环境造成不良影响、桩径小和承载力低等缺点。

图3-12　筒桩　　　　　　　　图3-13　筒桩施工设备

目前,该技术已在杭宁高速公路长兴三标段(公路)和湖州段(桥梁)、温州龙湾新城(深井)、温州洞头防波堤(海洋)、嘉兴名人国际花园(基坑围护)等工程中得到成功应用。

(1)施工工艺

筒桩施工机具由桩架、振动锤、上料斗、桩管、桩靴以及辅助设备等组成。桩架以及辅助机具要求同沉管灌注桩。桩管由内外两层钢套管组合而成。加料口内设混凝土分流器。桩靴为环状结构,其大小必须与内外套管匹配。

筒桩的施工步骤如下(见图 3-14):

(a)筒桩打桩机就位;

(b)将钢筋笼吊起,套入桩管内;

(c)将桩管放下,钢筋笼全部套入桩管内,将桩管和桩靴用胶泥或石膏水泥密封连接;

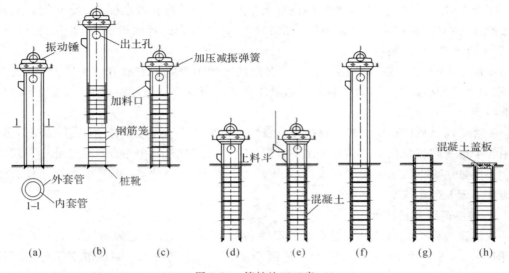

图 3-14　筒桩施工工序

（d）开动振动锤，使桩管逐渐下沉，把桩管下沉到设计深度；

（e）利用上料斗向桩管内灌入混凝土；

（f）当混凝土灌满后，开动振动锤和卷扬机，一边振动，一边拔管，在拔管过程中要向桩管内继续加灌混凝土；

（g）拔管完毕；

（h）过两周后，在桩顶浇注混凝土盖板。

筒桩在施工过程中，应注意：

①沉管开始时须控制下沉速度，以免偏位与倾斜。到一定深度或硬层时，可适当加压将桩管沉至设计深度，或略超深以保证达到设计深度。起拔套管时，提升速度：初速为 0.5～0.8m/min，一般为 1.2～1.5m/min。在软弱土层中，宜控制在 0.6～0.8m/min。

②要保证桩管与桩靴间在沉管过程中不漏水。

③混凝土须具备良好的和易性，配合比应通过试验确定，坍落度宜为 70～90mm。为改善和易性及缓凝，混凝土宜掺外加剂。

（2）适用范围

就目前的沉桩能力而言，筒桩适用于饱和软土、一般黏土、粉土。目前最大施工深度为 48.5m，桩径有 600,800,1000,1200 和 1500mm，壁厚有 100mm,120mm,150mm,200mm 和 250mm。筒桩按桩身材料可分为素砼筒桩和钢筋砼筒桩。

与普通的管桩和沉管桩相比，筒桩桩基承载力除考虑桩端阻力和桩外侧摩阻力以外，还需考虑桩内土芯的作用（包括内侧摩阻力和土芯的承载力）。筒桩承载特性的研究还有待进一步深入。

当对单桩承载力要求高时，可把筒桩改造成干取土封底筒桩和干取土扩底筒桩。其工艺过程大致为：先按筒桩工艺施工，砼凝硬后再采用干作业取土，端部用砼浇灌 2m 厚度，即成干取土封底筒桩（相当于空心的沉管灌注桩）。如对端部进行扩底，再下钢筋笼，用砼浇实，则为干取土扩底筒桩（相当于人工挖孔扩底桩）。

3.3　桩的承载力

3.3.1　单桩竖向荷载传递

1. 单桩荷载传递基本微分方程

桩顶竖向荷载由桩侧摩阻力和桩端阻力来承受。在桩顶竖向荷载作用下,桩身截面产生轴向力和竖向位移,由于桩和桩周土的相互作用,随桩身变形而下移的桩周土在桩侧表面产生向上的摩阻力。随桩顶荷载的增加,桩身轴力和桩侧摩阻力都不断发生变化。一般来说,靠近桩身上部土层的侧阻力先于下部土层发挥,而侧阻力先于端阻力发挥。

通过在桩身不同截面处理设应力或位移测试元件,可得到桩身轴力和侧摩阻力沿桩身的分布图。图 3-15 所示为竖向荷载作用下桩土体系荷载传递分析示意图,取深度 z 处微小桩段 $\mathrm{d}z$,由力的平衡条件可得

$$Q(z) + \mathrm{d}Q(z) + \tau_s(z) \cdot U \cdot \mathrm{d}z = Q(z)$$

即

$$\tau_s(z) = -\frac{1}{U}\frac{\mathrm{d}Q(z)}{\mathrm{d}z} \tag{3-1}$$

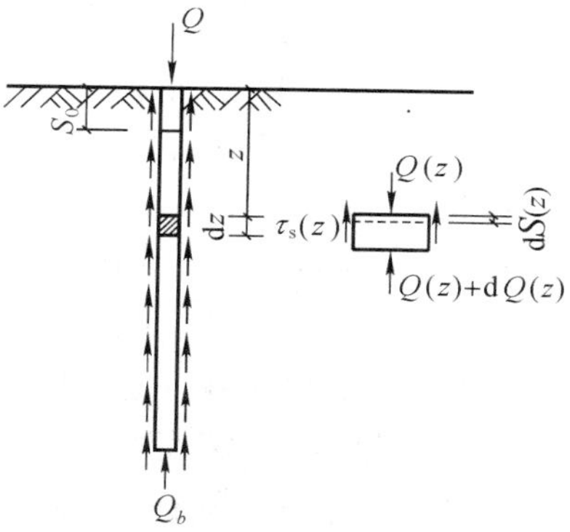

图 3-15　桩土体系荷载传递示意图

微段 $\mathrm{d}z$ 的压缩量为

$$\mathrm{d}s(z) = -\frac{Q(z)\mathrm{d}z}{E_p A}$$

即

$$Q(z) = -E_p A \frac{\mathrm{d}s(z)}{\mathrm{d}z} \tag{3-2}$$

将式(3-2)代入式(3-1)得

$$\tau_s(z) = -\frac{E_p A}{U}\frac{\mathrm{d}^2 S(z)}{\mathrm{d}z^2} \tag{3-3}$$

式中:U——桩身周长,m;

E_p——桩身弹性模量,MPa;

A——桩身截面积,m^2;

$Q(z)$——深度 z 处桩身轴力,kN;

$s(z)$——深度 z 处桩身位移,m;

$\tau_s(z)$——深度 z 处桩侧摩阻力,kN。

式(3-3)即为桩土体系荷载传递分析计算的基本微分方程。

单桩静载荷试验时,除了测定桩顶荷载 Q_0 和桩顶沉降 s_0 外,若通过桩身若干截面预先埋设的应力或位移测试元件(钢筋应力计、应变计等),利用式(3-1)~(3-3)就可以求得桩身任一截面的桩身轴力、桩身沉降和桩侧摩阻力沿桩身的变化曲线(见图 3-16)。

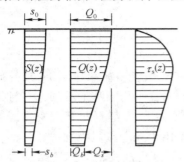

图 3-16 桩身轴力和桩长摩阻力分布曲线

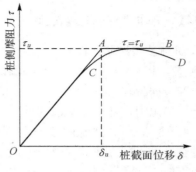

图 3-17 τ-δ 曲线

2. 桩侧摩阻力和桩端阻力

桩侧摩阻力 τ 是桩—土相对位移 δ 的函数,如图 3-17 所示中曲线 OCD 所示,一般简化为折线 OAB。其极限值可用类似于土的抗剪强度的库仑公式表示:

$$\tau_u = c_a + \sigma_x \tan\varphi_a \tag{3-4}$$

式中:c_a,φ_a——桩侧表面与土之间的附着力和摩擦角;

σ_x——深度 z 处作用于桩侧表面的法向压力,它与桩侧土的竖向有效应力 σ'_v 成正比,即 $\sigma_x = K_s\sigma'_v$,K_s 为桩侧土的侧压力系数。对挤土桩 $K_0 < K_s < K_p$;对非挤土桩,因桩孔中土被清除,使 $K_a < K_s < K_0$。其中 K_a,K_0,K_p 分别为主动、静止和被动土压力系数。

可见,桩侧摩阻力随深度呈线性增大。但在砂土中模型试桩试验表明,当桩入土深度达某一临界值(约 5~10 倍桩径)后,侧阻就不随深度增加。该现象称为侧阻的深度效应。Vesic(1967)认为,桩周竖向有效应力 σ'_v 不一定等于土层覆盖应力,其线性增加到临界深度 z_c 时达到某一限值,其原因是土的"拱作用"。

因此,桩侧摩阻力与所在的深度、土的类别和性质、成桩方法等多种因素有关。而达到桩侧极限摩阻力 τ_u 所需的桩—土相对位移极限值 δ_u 则基本上只与土的类别有关。根据试验资料,一般黏性土为 4~6mm,砂土为 6~10mm。

随着桩顶荷载的增加,桩身轴力、位移和桩侧摩阻力不断变化。起初 Q 值较小,桩身截面位移主要发生在桩身上段,Q 主要由上段桩侧摩阻力承担。当 Q 增大到一定数值时桩端产生位移,桩端阻力开始发挥,直到桩端持力层破坏,即桩处于极限状态。

桩端阻力的发挥不仅滞后于桩侧阻力,而且其充分发挥所需的桩端位移值比桩侧阻力达到极限值所需的桩身截面位移要大得多。根据小型桩试验结果,砂类土的桩端极限位移为 $(0.08\sim0.1)d$,一般黏性土为 $0.25d$;硬黏土为 $0.1d$。因此,在工作状态下,单桩桩端阻力的安全储备一般大于桩侧阻力的安全储备。

与侧阻的深度效应类似,当桩端入土深度小于某一临界深度时,极限端阻随深度线性增加,而大于该深度后则保持不变。不同资料表明,侧阻与端阻的临界深度之比为 0.3~1.0,关于侧阻和端阻的深度效应问题还有待进一步研究。

此外,桩的长径比 l/d(桩长与桩径之比)、桩端土与桩周土刚度比 E_p/E_s 和桩土刚度比 E_b/E_s 对桩的荷载传递有较大的影响。E_b/E_s 愈小,桩身轴力沿深度衰减愈快,桩端阻力愈小;E_p/E_s 愈大,桩端阻力越大;随 l/d 的增大,桩端荷载减小,桩身下部侧阻的发挥相应降低。对于长径比很大的桩都属摩擦桩,在设计这一类桩时,试图采用扩大桩端直径来提高承载力是徒劳的。

3.3.2　单桩竖向极限承载力

单桩在竖向荷载作用下到达破坏状态前或出现不适于继续承载的变形时,对应的最大荷载为单桩竖向极限承载力。单桩竖向承载力主要取决于地基土对桩的支承能力和桩身的材料强度。在一般情况下,桩的承载力由地基土的支承能力所控制,材料强度往往不能充分发挥,只有对端承桩、超长桩以及桩身质量有缺陷的桩,桩身材料强度才起控制作用。此外,当桩的入土深度较大,桩周土质较软且比较均匀、桩端沉降量较大,或建筑物对沉降有特殊要求时,还应考虑桩的竖向沉降量,按上部结构对沉降的要求来确定单桩承载力。

1. 按桩身材料强度确定

按桩身材料强度确定单桩竖向承载力时,将桩视为轴心受压构件。计算中应按桩的类型和成桩工艺的不同将混凝土的轴心抗压强度设计值乘以工作条件系数 ψ_c,对于轴心受压混凝土桩,桩身强度应符合:

$$Q \leqslant A_p f_c \psi_c \tag{3-4}$$

式中:f_c——混凝土轴心抗压强度设计值,按现行《混凝土设计规范》取值,kPa;

　　　Q——相应于荷载基本组合时的单桩竖向力设计值,kN;

　　　A_p——桩身截面积,m^2;

　　　ψ_c——工作条件系数,非预应力预制桩取 0.75,预应力桩取 0.55~0.65,灌注桩取 0.6 ~0.8(水下灌注桩、长桩或混凝土强度等级高于 C35 时用低值)。

2. 按单桩竖向抗压静载荷试验确定

静载荷试验是检测单桩承载力最直接、最可靠的方法。通过单桩静载荷试验,可得到试桩的荷载沉降曲线。对于甲级建筑物桩基,应采用现场静载荷试验;对于乙级建筑物桩基,当缺乏可参照的试桩资料或地质条件复杂时,应由现场静载荷试验确定。在同一条件下的试桩数量不宜小于总桩数的 1%,且不应小于 3 根,工程总桩数在 50 根以内时不应小于 2 根。

(1)试验装置

试验加载装置一般采用油压千斤顶加载,千斤顶的加载反力装置包括三种形式,即锚桩横梁反力装置、压重平台反力装置和锚桩压重联合反力装置,具体根据现场实际条件选取(见图 3-18)。荷载由放置于千斤顶上的应力环、应变式压力传感器直接测定。试桩沉降一般采用百分表或电子位移计测量。试桩、锚桩(压重平台支墩)和基准桩之间的中心距离应符合表 3-2 的规定。

试桩顶部一般应予加强,可在桩顶配置加密钢筋网 2~3 层,或以薄钢板圆筒做成加劲箍与桩顶混凝土浇成一体,用高标号砂浆将桩顶抹平。对于预制桩,若桩顶未破损时可不另作处理。

表 3-2　试桩、锚桩和基准桩之间的中心距离

反力系统	试桩与锚桩 (或压重平台支墩边)	试桩与基准桩	基准桩与锚桩 (或压重平台支墩边)
锚桩横梁反力装置	$\geqslant 4d$ 且	$\geqslant 4d$ 且	$\geqslant 4d$ 且
压重平台反力装置	$\geqslant 2.0m$	$\geqslant 2.0m$	$\geqslant 2.0m$

注:d——试桩或锚桩的设计直径,取其较大值(如果试桩或锚桩为扩底桩时,试桩与锚桩的中心距不应小于 2 倍扩大端直径)。

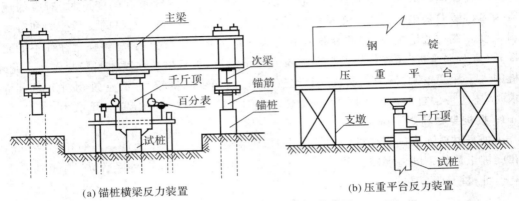

(a) 锚桩横梁反力装置　　　　　(b) 压重平台反力装置

图 3-18　单桩静载荷试验加载装置

(2)试验方法

试验加载方式采用慢速维持荷载法,即逐级加载,每级荷载达到相对稳定后加下一级荷载,直到试桩破坏,然后分级卸载到零。当考虑缩短试验时间时,对于工程桩的检验性试验,可采用快速维持荷载法,即一般每隔一小时加一级荷载。

试验加载应分级进行,每级加载为预估极限荷载的 1/10~1/15,第一级可按 2 倍分级荷载加荷。沉降观测,每级加载后间隔 5min,10min,15min 各测读一次,以后每隔 15min 测读一次,累计 1h 后每隔 30min 测读一次。沉降相对稳定标准,每 1h 的沉降不超过 0.1mm,并连续出现两次(由 1.5h 内连续三次观测值计算),认为已达到相对稳定,可加下一级荷载。

当出现下列情况之一时,即可终止加载。

①当荷载—沉降(Q-s)曲线上有可判定极限承载力的陡降段,且桩顶总沉降量超过 40mm。

②$\Delta s_{n+1}/\Delta s_n \geqslant 2$,且经 24 小时尚未达到稳定,$\Delta s_n$ 为第 n 级荷载的沉降增量;Δs_{n+1} 为第 $n+1$ 级荷载的沉降增量。

③25m 以上的非嵌岩桩,Q-s 曲线呈缓变型时,桩顶总沉降量大于 60~80mm。

④在特殊条件下,可根据具体要求加载至桩顶总沉降量大于 100mm。

中止加载后进行卸载,每级卸载值为每级加载值的 2 倍。每级卸载后隔 15min 测读一次残余沉降,读两次后,隔 30min 再读一次,即可卸下一级荷载,全部卸载后隔 3h 再读一次。

(3)按试验成果确定单桩竖向极限承载力

确定单桩竖向极限承载力一般应绘制 Q-s,s-$\lg t$ 曲线(见图 3-19 和 3-20),以及其他所需的辅助分析曲线。

单桩竖向极限承载力可按下列方法综合分析确定:

①根据沉降随荷载的变化特征确定极限承载力:对于陡降型 Q-s 曲线,取 Q-s 曲线发生

明显陡降的起始点；$Q\text{-}s$ 曲线呈缓变型时，取桩顶总沉降量 $s＝40\text{mm}$ 所对应的荷载值，当桩长大于 40m 时，宜考虑桩身的弹性压缩。

②当 $\Delta s_{n+1}/\Delta s_n\geqslant 2$，且经 24 小时尚未达到稳定时，取前一级荷载值。

③根据沉降随时间的变化特征确定极限承载力，取 $s\text{-}\lg t$ 曲线尾部出现明显向下弯曲的前一级荷载值。对桩基沉降有特殊要求者，应根据具体情况选取。

④参加统计的试桩，当满足其极差不超过平均值的 30％ 时，可取其平均值为单桩竖向极限承载力。当极差超过平均值的 30％ 时，宜增加试桩数量并分析离差过大的原因，结合工程的具体情况确定极限承载力。对桩数为 3 根及 3 根以下的柱下桩台，取最小值。

⑤将单桩竖向极限承载力除以安全系数 2 即为单桩竖向承载力特征值 R_a。

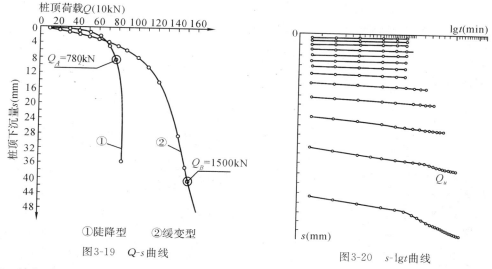

图3-19　$Q\text{-}s$曲线　　　　　　图3-20　$s\text{-}\lg t$曲线

3. 按经验公式确定

经验公式方法确定单桩承载力主要用于桩基初步设计，或作为多种方法综合确定单桩承载力的依据之一，也有的规定在无条件进行静载荷试验时应用此方法确定单桩承载力。本节主要介绍《建筑桩基技术规范》JGJ94－2008 的计算方法。

（1）当根据土的物理指标与承载力参数之间的经验关系来确定单桩竖向极限承载力标准值时，按下式计算：

$$Q_{uk}=Q_{sk}+Q_{pk}=u\sum q_{sik}l_i+q_{pk}A_p \qquad (3\text{-}5\text{-}a)$$

式中：q_{sik}——桩侧第 i 层土的极限侧阻力标准值，若无当地经验值时，可按表 3-3 取值；

q_{pk}——极限端阻力标准值，若无当地经验值时，可按表 3-4 取值。

单桩竖向承载力特征值 R_a 为：

$$R_a=\frac{1}{K}Q_{uk} \qquad (3\text{-}5\text{-}b)$$

式中：K——安全系数，取 $K=2$。

另外，《建筑地基基础设计规范》GB5007－2011 中规定在初步设计时 R_a 可按下式计算：

$$R_a=q_{pa}A_p+U\sum q_{sia}l_i \qquad (3\text{-}5\text{-}c)$$

式中：q_{pq}、q_{sia}——桩端端阻力、桩侧阻力特征值，由当地静载荷试验结果统计分析算得。

表 3-3　桩的极限侧阻力标准值 q_{sik}（kPa）

土的名称	土的状态		混凝土预制桩	水下钻（冲）孔桩	干作业钻孔桩
填　土	—		22～30	20～28	20～28
淤　泥	—		14～20	12～18	12～18
淤泥质土	—		22～30	20～28	20～28
黏性土	流塑	$I_L>1$	24～40	21～38	21～38
	软塑	$0.75<I_L\leqslant1$	40～55	38～53	38～53
	可塑	$0.50<I_L\leqslant0.75$	55～70	53～68	53～66
	硬可塑	$0.25<I_L\leqslant0.50$	70～86	68～84	66～82
	硬塑	$0<I_L\leqslant0.25$	86～98	84～96	82～94
红黏土	$0.7<a_w\leqslant1$		13～32	12～30	12～30
	$0.5<a_w\leqslant0.7$		32～74	30～70	30～70
粉土	稍密	$e>0.9$	26～46	24～42	24～42
	中密	$0.75\leqslant e\leqslant0.9$	46～66	42～62	42～62
	密实	$e<0.75$	66～88	62～82	62～82
粉细砂	稍密	$10<N\leqslant15$	24～48	22～46	22～46
	中密	$15<N\leqslant30$	48～66	46～64	46～64
	密实	$N>30$	66～88	64～86	64～86
中砂	中密	$15<N\leqslant30$	54～74	53～72	53～72
	密实	$N>30$	74～95	72～94	72～94
粗砂	中密	$15<N\leqslant30$	74～95	74～95	76～98
	密实	$N>30$	95～116	95～116	98～120
砾砂	稍密	$5<N_{63.5}\leqslant15$	70～100	50～90	60～100
	中密（密实）	$15<N_{63.5}$	116～138	116～130	112～130
圆砾、角砾	中密、密实	$N_{63.5}>10$	160～200	135～150	135～150
碎石、卵石	中密、密实	$N_{63.5}>10$	200～300	140～170	150～170
全风化软质岩	$30<N\leqslant50$		100～120	80～100	80～100
全风化硬质岩	$30<N\leqslant50$		140～160	120～140	120～150
强风化软质岩	$N_{63.5}>10$		160～240	140～200	140～220
强风化硬质岩	$N_{63.5}>10$		220～300	160～240	160～260

注：①对于尚未完成自重固结的填土和以生活垃圾为主的杂填土，不计算其侧阻力；

②a_w 为含水比，$a_w=w/w_L$；

③全风化、强风化软质岩和全风化、强风化硬质岩系指其母岩分别为 $f_{rk}\leqslant15\text{MPa}$、$f_{rk}>30\text{MPa}$ 的岩石。

土层埋深 h(m)	$\leqslant5$	10	20	$\geqslant30$
修正系数	0.8	1.0	1.1	1.2

（2）当桩径 $d\geqslant800\text{mm}$ 时，其单桩竖向极限承载力标准值按下式计算：

$$Q_{uk}=Q_{sk}+Q_{pk}=u\sum\psi_{si}q_{sik}l_i+\psi_p q_{pk}A_p \tag{3-6}$$

式中：q_{sik}——桩侧第 i 层土的极限侧阻力标准值，若无当地经验值时，可按表 3-3 取值，对于扩底桩，变截面以下部分不计侧阻力；

q_{pk}——桩径为 800mm 的极限端阻力标准值，可采用深层载荷板试验确定或按表 3-4 取值，对于干作业（清底干净）可按表 3-5 取值；

ψ_{si},ψ_p——大直径桩侧阻、端阻尺寸效应系数，按表 3-6 取值。

表 3-4　桩的极限端阻力标准值 q_{pk} (kPa)

土名称	桩型 土的状态	预制桩入土深度 l(m)				水下钻(冲)孔桩入土深度 l(m)				干作业钻孔桩入土深度 l(m)		
		l≤9	9<l≤16	16<l≤30	l>30	5≤l<10	10≤l<15	15≤l<30	30≤l	5≤l<10	10≤l<15	15≤l
黏性土	软塑 $0.75<I_L≤1$	210~850	650~1400	1200~1800	1300~1900	150~250	250~300	300~450	300~450	200~400	400~700	700~950
	可塑 $0.50<I_L≤0.75$	850~1700	1400~2200	1900~2800	2300~3600	350~450	450~600	600~750	750~800	500~700	800~1100	1000~1600
	硬可塑 $0.25<I_L≤0.50$	1500~2300	2300~3300	2700~3600	3600~4400	800~900	900~1000	1000~1200	1200~1400	850~1100	1500~1700	1700~1900
	硬塑 $0<I_L≤0.25$	2500~3800	3800~5500	5500~6000	6000~6800	1100~1200	1200~1400	1400~1600	1600~1800	1600~1800	2200~2400	2600~2800
粉土	中密 $0.75<e≤0.9$	950~1700	1400~2100	1900~2700	2500~3400	300~500	500~650	650~750	750~850	800~1200	1200~1400	1400~1600
	密实 $e<0.75$	1500~2600	2100~3000	2700~3600	3600~4400	650~900	750~950	900~1100	1100~1200	1200~1700	1400~1900	1600~2100
粉砂	稍密 $10<N≤15$	1000~1600	1500~2300	1900~2700	2100~3000	350~500	450~600	600~700	650~750	500~950	1300~1600	1500~1700
	中密、密实 $N>15$	1400~2200	2100~3000	3000~4500	3800~5500	600~750	750~900	900~1100	1100~1200	900~1000	1700~1900	1700~1900
细砂	$N>15$	2500~4000	3600~5000	4400~6000	5300~7000	650~850	900~1200	1200~1500	1500~1800	1200~1600	2000~2400	2400~2700
中砂	中密、密实 $N>15$	4000~6000	5500~7000	6500~8000	7500~9000	850~1050	1100~1500	1500~1900	1900~2100	1800~2400	2800~3800	3600~4400
粗砂	$N>15$	5700~7500	7500~8500	8500~10000	9500~11000	1500~1800	2100~2400	2400~2600	2900~3600	4000~4600	4600~5200	
砾砂	中密、密实 $N>15$	6000~9500		9000~10500		1400~2000		2000~3200		3500~5000		
角砾、圆砾	$N_{63.5}>10$	7000~10000		9500~11500		1800~2200		2200~3600		4000~5500		
碎石、卵石	$N_{63.5}>10$	8000~11000		10500~13000		2000~3000		3000~4000		4500~6500		
全风化软质岩	$30<N<50$	4000~6000				1000~1600				1200~2000		
全风化硬质岩	$30<N<50$	5000~8000				1200~2000				1400~2400		
强风化软质岩	$N_{63.5}>10$	6000~9000				1400~2200				1600~2600		
强风化硬质岩	$N_{63.5}>10$	7000~11000				1800~2800				2000~3000		

注：①砂土和碎石类土中桩的极限端阻力取值，要综合考虑土的密实度，桩端进入持力层的深度比 h_b/d，土愈密实，h_b/d 愈大，取值愈高；

②预制桩的岩石极限端阻力指桩端支承于中、微风化基岩表面或进入强风化岩、软质岩一定深度条件下极限端阻力。

③全风化、强风化软质岩和全风化、强风化硬质岩指其母岩分别为 $f_{rk}≤15MPa$，$f_{rk}>30MPa$ 的岩石。

表 3-5　干作业桩(清底干净, $D=800\text{mm}$)极限端阻力标准值 q_{pk} (kPa)

土名称		状态		
		$0.25<I_L\leqslant0.75$	$0<I_L\leqslant0.25$	$I_L\leqslant0$
黏性土		$800\sim1800$	$1800\sim2400$	$2400\sim3000$
粉土		—	$0.75\leqslant e\leqslant0.9$	$e<0.75$
		—	$1000\sim1500$	$1500\sim2000$
砂土、碎石类土		稍 密	中 密	密 实
	粉 砂	$500\sim700$	$800\sim1100$	$1200\sim2000$
	细 砂	$700\sim1100$	$1200\sim1800$	$2000\sim2500$
	中 砂	$1000\sim2000$	$2200\sim3200$	$3500\sim5000$
	粗 砂	$1200\sim2200$	$2500\sim3500$	$4000\sim5500$
	砂 砾	$1400\sim2400$	$2600\sim4000$	$5000\sim7000$
	圆砾、角砾	$1600\sim3000$	$3200\sim5000$	$6000\sim9000$
	卵石、碎石	$2000\sim3000$	$3300\sim5000$	$7000\sim11000$

注:①q_{pk}取值宜考虑桩端持力层土的状态及桩进入持力层的深度效应,当进入持力层深度 h_b 为 $h_b\leqslant D$,$D<h_b<4D$ 时,$h_b\geqslant4D$;q_{pk} 可分别取较低值、中值、较高值;

②砂土密实度可根据标贯击数 N 判定,$N\leqslant10$ 为松散,$10<N\leqslant15$ 为稍密,$15<N\leqslant30$ 为中密,$N>30$为密实;

③当对沉降要求不严时,可适当提高 q_{pk} 值。

表 3-6　大直径灌注桩侧阻力尺寸效应系数 ψ_{si}、端阻力尺寸效应系数 ψ_p

土类别	黏性土、粉土	砂土、碎石类土
ψ_{si}	$(\dfrac{0.8}{d})^{1/5}$	$(\dfrac{0.8}{d})^{1/3}$
ψ_p	$(\dfrac{0.8}{D})^{1/4}$	$(\dfrac{0.8}{D})^{1/3}$

注:表中 D 为桩端直径。

(3)嵌岩桩的单桩承载力由两部分组成:桩侧土总阻力和嵌岩段总极限阻力,竖向极限承载力标准值 Q_{uk} 可按下式计算:

$$Q_{uk}=Q_{sk}+Q_{rk}$$
$$Q_{sk}=U\sum_{i=1}^{n}q_{sik}l_i \tag{3-8}$$
$$Q_{rk}=\zeta_rf_{rk}A_p$$

式中:Q_{sk},Q_{rk}——分别为土的总极限侧阻力、嵌岩段总极限阻力标准值。

q_{sik}——桩侧第 i 层土的极限侧阻力标准值,根据成桩工艺按表 3-3 取值。

f_{rk}——岩石饱和单轴抗压强度标准值,对于黏土质岩取天然湿度单轴抗压强度标准值。

ζ_r——桩嵌岩段侧阻和端阻综合系数,与嵌岩深径比 h_r/d、岩石软硬程度和成桩工艺有关,可按表 3-7 采用;表中数值适用于泥浆护壁成桩,对于干作业成桩和泥浆护壁成桩后注浆,ζ_r 取表列数值的 1.2 倍。

表 3-7　嵌岩段侧阻和端阻综合系数 ζ_r

嵌岩深径比 h_r/d	0	0.5	1.0	2.0	3.0	4.0	5.0	6.0	7.0	8.0
极软岩、软岩	0.60	0.80	0.95	1.18	1.35	1.48	1.57	1.63	1.66	1.70
较硬岩、坚硬岩	0.45	0.65	0.81	0.90	1.00	1.04	—	—	—	—

注:1. 极软岩、软岩指 $f_{rk} \leqslant 15\mathrm{MPa}$,较硬岩、坚硬岩指 $f_{rk} > 30\mathrm{MPa}$,介于两者之间可内插取值。

　　2. h_r 为桩身嵌岩深度,当岩面倾斜时,以坡下方嵌岩深度为准;当 h_r/d 为非表列值时,ζ_r 可内插取值。

单桩竖向极限承载力标准值 Q_{uk} 除以安全系数 K($K=2$)即为单桩竖向承载力特征值 R_a。

4. 按静力触探法确定

静力触探法是根据触探仪的探头贯入阻力与受压单桩在土中的工作状况有相似的特点,将探头压入土中测得探头的贯入阻力与试桩结果进行比较,通过大量对比试验和分析研究,建立经验公式确定单桩竖向极限承载力。

我国从 20 世纪 70 年代开始进行了大量的对比试验研究,取得了丰富的实测资料,统计了各类土中桩侧土摩阻力和端阻力与探头阻力的经验关系,已列入一些行业标准和地方规范。静力触探法根据试验设备的不同可分为单桥探头和双桥探头,单桥探头只能测得比贯入阻力 p_s 单一参数,方法比较简单,但得到的信息量少;双桥探头可以测定探头摩阻力 f_s 和探头阻力 q_c 两个参数,信息量丰富,可以更全面地反映土层的情况,试验相对复杂。

(1)单桥探头静力触探法

根据单桥探头静力触探资料确定钢筋混凝土预制桩单桩竖向极限承载力标准值时,若无当地经验可按下式计算:

$$Q_{uk} = Q_{sk} + Q_{pk} = U\sum_i q_{sik}l_i + \alpha q_p A_p \tag{3-9}$$

式中:U——桩身周长;

$\quad q_{sik}$——用静力触探比贯入阻力值估算的桩周第 i 层土的极限侧阻力标准值;

$\quad l_i$——桩穿越第 i 层土的厚度;

$\quad \alpha$——桩端阻力修正系数;

$\quad p_{sk}$——桩端附近的静力触探比贯入阻力标准值(平均值);

$\quad A_p$——桩端面积。

q_{sik} 值应结合土工试验资料,依据土的类别、埋藏深度、排列次序,按图 3-21 取值。

当桩端穿越粉土、粉砂、细砂及中砂层底面时,折线 D 估算的 q_{sik} 值需乘以表 3-8 中系数 ξ_s 值。

表 3-8　系数 ξ_s 值

p_s/p_{s1}	$\leqslant 5$	7.5	$\geqslant 10$
ξ_s	1.00	0.50	0.33

注:① p_s 为桩端穿越的中密或密实砂土、粉土的比贯入阻力平均值;p_{s1} 为砂土、粉土的下卧软土层的比贯入阻力平均值;

② 采用的单桥探头,圆锥底面积为 $15\mathrm{cm}^2$,底部带 $7\mathrm{cm}$ 高滑套,锥角为 $60°$。

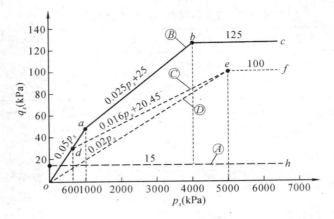

图 3-21　q_{sk}-p_s 曲线

注:直线 A(线段 gh)适用于地表下 6m 范围内的土层;折线 B(线段 $oabc$)适用于粉土及砂土土层以上(或无粉土及砂土土层地区)的黏性土;折线 C(线段 $odef$)适用于粉土及砂土土层以下的黏性土;折线 D(线段 oef)适用于粉土、粉砂、细砂及中砂。

桩端阻力修正系数 α 值按表 3-9 取值。

表 3-9　桩端阻力修正系数 α 值

桩入土深度(m)	$h<15$	$15\leqslant h\leqslant30$	$30<h\leqslant60$
α	0.75	0.75~0.90	0.90

注:桩入土深度 $15\leqslant h\leqslant30$ 时,α 值按 h 值直线内插;h 为基底至桩端全断面的距离(不包括桩尖高度)。

p_{sk} 可按下列方法计算:

当 $p_{sk1}\leqslant p_{sk2}$ 时,$p_{sk}=\dfrac{1}{2}(p_{sk1}+\beta p_{sk2})$

当 $p_{sk1}>p_{sk2}$ 时,$p_{sk1}=p_{sk2}$

其中,p_{sk1} 为桩端全截面以上 8 倍桩径范围内的比贯入阻力平均值(kPa);p_{sk2} 为桩端全截面以下 4 倍桩径范围内的比贯入阻力平均值(kPa)。若桩端持力层为密实的砂土层,其比贯入阻力平均值 p_s 超过 20MPa 时,则需乘以表 3-10 中系数 C 予以折减后,再计算 p_{sk1} 及 p_{sk2} 的值;β 为折减系数,按 p_{s2}/p_{s1} 值从表 3-11 中选用。

表 3-10　系数 C

p_s(MPa)	20~30	35	>40
C	5/6	2/3	1/2

表 3-11　折减系数 β

p_{s2}/p_{s1}	$\leqslant5$	7.5	12.5	$\geqslant15$
β	1	5/6	2/3	1/2

注:表 3-10 和 3-11 可内插取值。

(2)双桥探头静力触探法

对于黏性土、粉土和砂土中钢筋混凝土预制桩,根据双桥探头静力触探资料,可按下式估算其单桩竖向极限承载力标准值:

$$Q_{uk}=U\sum\beta_i f_{si}l_i+\alpha q_c A_p \tag{3-10}$$

式中:f_{si}——第 i 层土的探头平均侧阻力;

q_c——桩端平面上、下探头阻力,取桩端平面以上 $4d$ 范围内按土层厚度的探头阻力加权平均值,然后再和桩端平面以下 d 范围内的探头阻力进行平均;

α——桩端阻力修正系数,对黏性土、粉土取 2/3,饱和砂土取 1/2;

β_i——第 i 层土桩侧阻力综合修正系数,对黏性土、粉土取 $\beta_i = 10.04(f_{si})^{-0.55}$,对砂土取 $\beta_i = 5.05(f_{si})^{-0.45}$。

双桥探头的圆锥底面积为 15cm^2,锥角为 $60°$,摩擦套筒高 21.85cm,侧面积为 300cm^2。

3.3.3 单桩水平承载力

建筑工程中的桩基础大多以承受竖向荷载为主,但在许多工程中承受水平荷载,如基坑工程中承受土压力和水压力的支护桩;承受火车、汽车的制动力的桥梁桩基;承受波浪荷载、船舶撞击力的海洋平台和港口工程桩基;承受吊车荷载、风荷载及地震荷载的桩基等。在一般情况下,因高层建筑桩基或处于高设防烈度区的桩基、桥梁桩基、海洋平台和港口工程桩基和基坑支护桩要承受较大的风荷载、地震荷载等水平向荷载,除要验算桩基竖向承载力外,还须验算桩基水平承载力。

1. 水平荷载作用下单桩的工作性状

承受水平荷载的桩基可考虑采用斜桩,如桥梁工程、港口工程等桩基,在一般的建筑工程中,因施工条件的限制很少采用斜桩。本节只讨论竖直桩。

桩顶在水平荷载和弯矩作用下,桩产生变形并挤压桩周土,促使桩周土发生相应的变形而产生水平抗力。水平荷载较小时,桩周土的变形是弹性的,水平抗力主要由靠近地面的表层土提供;随着水平荷载的增大,桩的变形加大,表层土逐渐产生塑性屈服,水平荷载将向更深的土层传递;当桩周土失去稳定或桩体发生破坏时,水平承载力达到极限。

根据桩、土相对刚度的不同,水平荷载作用下的桩可分为刚性桩、半刚性桩和柔性桩,半刚性桩和柔性桩统称为弹性桩。

(1)刚性桩的工作性状

刚性桩(短桩)一般入土较浅。对于桩顶无约束的短桩,桩的刚度远大于土的刚度,桩周土体水平抗力较低,桩顶受水平荷载达到极限状态时,桩身并未产生挠曲变形,而是围绕桩端附近某一点作刚性转动,此时,全桩长范围内的桩侧土均达到屈服状态,如图 3-22(a)所示。对于桩顶被嵌固的短桩,由于承台受地基土的反作用力,当桩达到极限状态时,桩与承台发生整体平移,桩侧土达到屈服状态,如图 3-22(a′)所示。

刚性桩的水平承载力主要由桩顶水平位移和桩整体倾斜控制。

(2)半刚性桩的工作性状

半刚性桩(中长桩)在水平荷载作用下,桩身会产生挠曲变形,因桩身相对刚度的减弱和桩长的增加,不会出现整体偏位。对于桩顶自由的半刚性桩,桩身位移从上往下逐渐减小,桩身会出现一个位移零点,在该点以下没有桩身水平位移,如图 3-22(b)所示。对于低配筋率的桩,在极限状态下,会因抗弯强度不高而产生桩身断裂;对于桩身抗弯强度较高的高配筋率桩,如预制桩、钢桩等,在极限状态下由于桩侧土的挤出,桩身会产生较大的水平位移。

对于桩顶嵌固的半刚性桩,桩顶会出现较大的反向弯矩,而桩身弯矩相应减小并向下部转移,且桩顶水平位移比无嵌固时大大减小,如图 3-22(b′)所示。在极限状态下,桩顶最大弯矩或桩身最大弯矩处达到屈服。与桩顶自由相比,在相同荷载作用下,桩身抗弯强度较低的桩出现桩身断裂的可能性减小；当桩身抗弯强度较高时，水平承载力由桩顶水平位移控制。

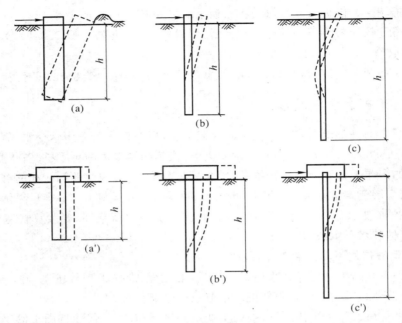

(a)，(a′)刚性桩；(b)，(b′)半刚性桩；(c)，(c′)柔性桩；(a)，(b)，(c)桩顶自由；(a′)，(b′)，(c′)桩顶嵌固

图 3-22　水平受荷桩工作性状

（3）柔性桩的工作性状

柔性桩为细长的杆件，不管桩顶是否处于自由状态，在水平荷载作用下桩身位移曲线上会出现两个以上的位移零点和弯矩零点（见图 3-22(c)和 3-22(c′)），且位移量和弯矩值沿桩身衰减很快，工作性状与半刚性桩相似。

2. 单桩水平承载力的确定

影响桩水平承载力的因素很多，如桩的尺寸、刚度、材料、入土深度、间距、桩顶嵌固程度以及土质条件和上部结构的水平位移容许值等。确定单桩水平承载力的方法主要包括水平静载荷试验法和理论计算法。

（1）单桩水平静载荷试验

对于受水平荷载较大的甲级、乙级建筑物桩基，单桩的水平承载力设计值应通过单桩水平静载荷试验确定。桩的水平静载荷试验是在现场进行的，采用接近于水平受力桩的实际工作条件的试验方法来确定桩的水平承载力。当桩身埋设应力测试元件时，可测定桩身应力和位移变化，可求得桩身弯矩分布。

1）试验装置

一般采用一台水平放置的千斤顶同时对两根桩施加水平力（见图 3-23），力的作用线应通过地面标高处。为了保证千斤顶作用力能水平通过桩身轴线，在千斤顶与试桩接触处往往安置一球形铰支座。

桩的水平位移宜采用大量程百分表测量，并放置在桩的外侧，成对称布置。每一试桩在力的作用水平面上和在该平面以上 50cm 左右各安装一只或两只百分表（下表量测桩身在

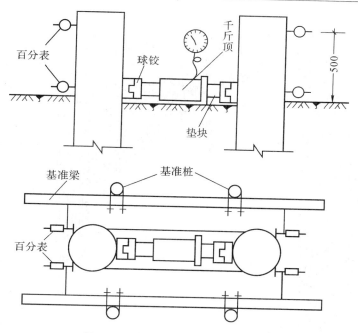

图 3-23　单桩水平静载荷试验装置

地面处的水平位移,上表量测桩顶水平位移),根据两表位移差与两表距离的比值求得地面以上桩身的转角。固定百分表的基准桩宜打设在试验桩的侧面,与试桩的净距不应少于 1 倍桩径。

2)加载方式

一般采用单向多循环加卸载法,对于个别受长期水平荷载的桩基可采用慢速维持加载法(稳定标准参照单桩竖向静载荷试验)进行试验。对于多循环加卸载试验法,每级荷载的增量为预估水平极限承载力的 $1/10 \sim 1/15$。每级荷载施加后,恒载 4min 测读水平位移,然后卸载至零,停 2min 测读残余水平位移,至此完成一个加载循环,如此循环 5 次便完成一级荷载的试验观测。

当桩身折断或水平位移超过 $30 \sim 40$mm(软土取 40mm)时,可中止试验。

3)资料整理和水平承载力的确定

由试验记录可绘制桩顶作用力—时间—桩顶水平位移(H_0-t-u_0)曲线、水平力—位移梯度(H_0-$\Delta u_0/\Delta H_0$)或水平力—位移双对数($\lg H_0$-$\lg u_0$)曲线,当测量桩身应力时,还应绘制桩身应力沿桩身分布和水平力—最大弯矩截面钢筋应力(H_0-σ_g)等曲线,如图 3-24 所示。

一些试验成果表明,在上述各种曲线中常发现两个特征点,这两个特征点所对应的桩顶水平荷载称为临界荷载和极限荷载。单桩水平临界荷载 H_{cr} 是相当于桩身开裂、受拉区混凝土不参加工作时的桩顶水平荷载,一般按下列方法综合确定:

①取 H_0-t-u_0 曲线出现突变(相同荷载增量的条件下,出现比前一级明显增大的位移增量)点的前一级荷载;

②取 H_0-$\Delta u_0/\Delta H_0$ 曲线的第一直线段的终点所对应的荷载;

③取 H_0-σ_g 曲线的第一突变点对应的荷载。

单桩水平极限荷载 H_u 是相当于桩身应力达到强度极限时的桩顶水平荷载,一般按下

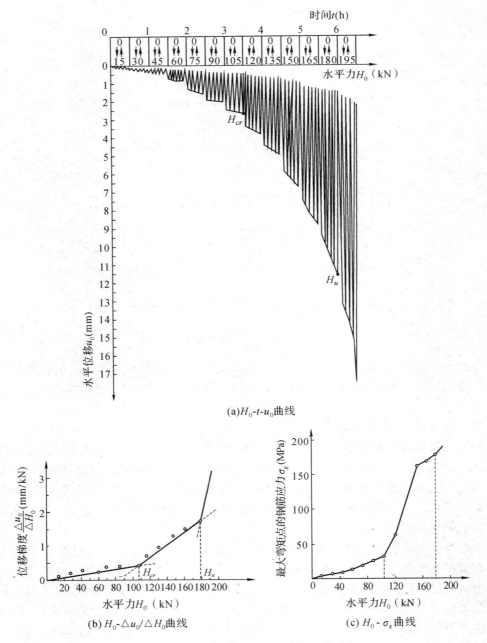

图 3-24 单桩水平静载荷试验成果曲线

列方法综合确定：

①取 H_0-t-u_0 曲线明显陡降的前一级荷载；

②取 H_0-$\Delta u_0/\Delta H_0$ 曲线的第二直线段的终点对应的荷载；

③取桩身断裂或钢筋应力达到流限的前一级荷载。

混凝土预制桩、钢桩、桩身配筋率大于 0.65% 的灌注桩，可取 $u_0=10\text{mm}$（对于水平位移敏感的建筑物取 6mm）所对应的荷载为单桩水平承载力设计值；对于桩身配筋率小于

0.65％的灌注桩,可取临界荷载 H_{σ} 或 H_u 除以安全系数 2.0 作为设计值。当验算地震作用桩基的水平承载力时,上述水平承载力设计值应提高 25％。

（2）理论计算法

水平荷载作用下桩的理论分析方法主要有地基反力系数法、弹性理论法和有限元法等,我国多采用地基反力系数法。该方法将桩视为弹性地基上的竖直梁,并假定桩侧土为文克勒（Winkler）离散线性弹簧,不考虑桩土间的粘着力、摩擦力以及邻桩对水平抗力的影响。认为任一深度 z 处的桩侧地基土反力 σ_x 与水平位移 x 成正比,即

$$\sigma_x = k_x x \tag{3-11}$$

式中, k_x ——地基水平抗力系数。

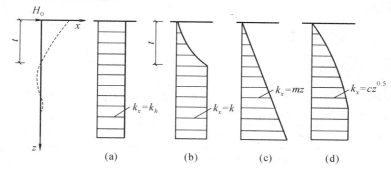

图 3-25　地基水平抗力系数的分布

根据对 n 的不同假定可有很多方法,采用较多的是图 3-25 所示的几种方法。

①常数法:假定 k_x 沿深度均匀分布。该法是我国学者张有龄于 1937 年提出的,日本等国按此法计算。

②"k"法:假定 k_x 在第一挠曲零点 t 以上按抛物线变化,以下为常数。该法由前苏联学者盖尔斯基于 20 世纪 30 年代提出。

③"m"法:假定 k_x 随深度线性增加,即 $k_x = mz$。我国铁道部门首先采用这一方法,近年来在建筑工程和公路桥涵的桩基设计中逐渐推广。

④"c 值"法:假定地基水平抗力系数沿深度按抛物线的规律分布,即 $k_x = cz^{0.5}$（c 为比例常数）。该法由日本久宝浩一提出,在我国多用于公路部门。

1）计算参数

单桩在水平荷载作用下所引起的桩周土的抗力不仅分布于荷载作用平面内,而且受桩截面形状的影响。计算时简化为平面受力,故取桩的截面计算宽度 b_0 为

$$b_0 = \begin{cases} k_p(d+1), & d > 1\text{m} \\ k_p(1.5d+0.5), & d \leqslant 1\text{m} \end{cases}$$

式中:k_p ——桩的形状系数,方形截面桩 $k_p = 1.0$,圆形截面桩 $k_p = 0.9$;

d ——桩的直径,方形截面时为桩的边长 b。

计算钢筋混凝土桩桩身抗弯刚度 EI 时,桩身弹性模量 E 可采用混凝土的弹性模量 E_c 的 0.85 倍。

"m"法中,如果无试验资料时,m 值可参考表 3-12 选用。

表 3-12 地基土水平抗力系数的比例系数 m 值

序号	地基土类别	预制桩、钢桩		灌注桩	
		$m(\text{MN/m}^4)$	相应单桩在地面处水平位移（mm）	$m(\text{MN/m}^4)$	相应单桩在地面处水平位移（mm）
1	淤泥，淤泥质土，饱和湿陷性黄土	2～4.5	10	6	6～12
2	流塑($I_L>1$)、软塑($0.75<I_L\leqslant1$)状黏性土，$e>0.9$ 粉土、松散粉细砂，松散填土	4.5～6.0	10	6～14	4～8
3	可塑状($0.25<I_L\leqslant0.75$)黏性土，$e=0.75～0.9$ 粉土，湿陷性黄土，稍密、中密填土，稍密细砂	6.0～10	10	14～35	3～6
4	硬塑($0<I_L\leqslant0.25$)、坚硬($I_L\leqslant0$)状黏性土，湿陷性黄土，$e<0.75$ 粉土，中密中粗砂，密实老填土	10～22	10	35～100	2～5
5	中密、密实的砾砂，碎石类土	2～4.5		100～300	1.5～3

注：①当桩顶水平位移大于表列数值或当灌注桩配筋率较高（$\geqslant0.65\%$）时，m 值应适当降低；当预制桩的横向位移小于 10mm 时，m 值可适当提高。

②当水平荷载为长期或经常出现的荷载时，应将表列数值乘以 0.4 降低采用。

③当地基为可液化土层时，表列数值尚应乘以有关系数。

2）单桩挠曲微分方程及解答

设单桩在桩顶竖向荷载 N_0，水平荷载 H_0，弯矩 M_0 和地基水平抗力 $b_0\sigma_x$ 作用下产生挠曲（见图 3-26），根据材料力学中梁的挠曲微分方程得到：

$$EI\frac{\mathrm{d}^4x}{\mathrm{d}z^4}+N_0\frac{\mathrm{d}^2x}{\mathrm{d}z^2}=-\sigma_xb_0=k_xxb_0 \tag{3-12}$$

一般竖向荷载 N_0 的影响很小，可忽略不计。在上列方程中，按不同的 k_x 图示求解，就得到不同的计算方法。"m"法假定，代入（3-13）得桩的挠曲微分方程为

$$\frac{\mathrm{d}^4x}{\mathrm{d}z^4}+\alpha^5zx=0 \tag{3-13}$$

式中，α——桩的水平变形系数（1/m），$\alpha=\sqrt[5]{\dfrac{mb_1}{EI}}$。

注意到：梁的挠度 x 与转角 φ、弯矩 M 和剪力 F_Q 的微分关系，对式（3-13）进行幂级数积分后可得到桩身各截面的内力（M,F_Q）和位移（x,φ）以及水平抗力 σ_x，如图 3-26 所示。

3）桩身最大弯矩及其位置

要设计水平受荷桩的截面配筋，必须求出桩身最大弯矩值及其相应的截面位置。计算步骤如下：

①引进无量纲系数 $C_{\mathrm{I}}=\alpha M_0/H_0$，由系数 C_{I} 从表 3-13 查得相应得换算深度 $\bar{z}$（$\bar{z}=\alpha z$），则桩身最大弯矩截面的深度 $z_{\max}=\bar{z}/\alpha$。

②由系数 C_{I} 或 $\bar{z}$ 从表 3-13 中查得相应的系数 C_{II}，即桩身最大弯矩 $M_{\max}=C_{\mathrm{II}}M_0$。

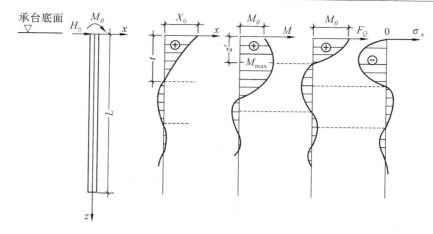

图 3-26 单桩的内力与位移曲线

表 3-13 计算桩身最大弯矩位置和最大弯矩的系数 C_I 和 C_{II}

$\bar{z}=\alpha z$	C_I	C_{II}	$\bar{z}=\alpha z$	C_I	C_{II}
0.0	∞	1.00000	1.4	-0.14479	-4.59637
0.1	131.25234	1.00500	1.5	-0.29866	-1.87585
0.2	34.18640	1.00382	1.6	-0.43385	-1.12838
0.3	15.54433	1.01248	1.7	-0.55497	-0.73996
0.4	8.78145	1.02914	1.8	-0.66546	-0.53030
0.5	5.53903	1.05718	1.9	-0.76797	-0.39600
0.6	3.70896	1.10130	2.0	-0.86474	-0.30361
0.7	2.56562	1.16902	2.2	-1.04845	-0.18678
0.8	1.79134	1.27365	2.4	-1.22954	-0.11795
0.9	1.23825	1.44071	2.6	-1.42038	-0.07418
1.0	0.82435	1.72800	2.8	-1.63525	-0.04530
1.1	0.50303	2.29939	3.0	-1.89298	-0.02603
1.2	0.24563	3.87572	3.5	-2.99386	-0.00343
1.3	0.03381	23.43769	4.0	-0.04450	0.01134

注：此表适用于桩长 $l \geqslant 4.0/\alpha$；当 $l < 4.0/\alpha$ 时，可另查有关设计手册。

一般情况下，桩顶刚接于承台的桩，其桩身所产生的弯矩和剪力的有效深度为 $z = 4.0/\alpha$（对桩周为中等强度的土，直径为 400mm 左右的桩来说，此值约为 $4.5 \sim 5m$），在这个深度以下的桩身内力 M, F_Q 可忽略不计，只需按构造配筋或不配筋。

3.3.4 群桩效应

在实际工程中，除少量采用单柱单桩和疏桩基础（桩距 s 大于 6 倍的桩径 d）外，一般都是群桩基础。在竖向荷载作用下，由于承台、桩、土的相互作用，群桩基础中任一基桩的承载力和沉降性状,往往与相同地质条件、相同设置方法的独立单桩有显著差别,这种现象称为群桩效应。由于承台、桩、地基土的相互作用情况不同,使桩端、桩侧阻力和地基土的反力因桩基类型而异。

1. 群桩的工作性状

(1)端承型群桩基础

由端承桩组成的群桩基础,由承台分配到各桩桩顶的荷载,其大部分由桩身直接传递到桩端。由于桩侧阻力分担的荷载较小,因此桩侧剪应力的相互影响和传递到桩端平面的应力重叠效应较小(见图3-27)。桩端持力层较坚硬,桩的沉降很小,承台底土反力较小,承台底地基土分担荷载的作用可忽略不计。因此,端承型群桩中基桩的性状与单桩相近,桩与桩、承台与土的相互作用都可忽略不计。端承型群桩的承载力可近似取各单桩承载力之和,群桩效应系数 η 可近似取 1。η 的表达式为

$$\eta = \frac{群桩的极限承载力}{n \times 单桩的极限承载力}$$

式中,n——桩数。

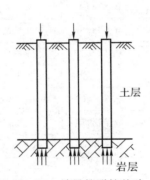

图3-27　端承桩群桩基础

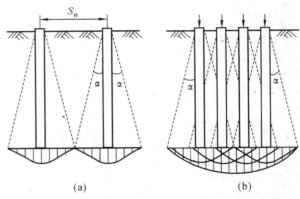

图3-28　摩擦型群桩桩端平面上的压力分布

(2)摩擦型群桩基础

由摩擦桩组成的群桩,在竖向荷载作用下,其桩顶荷载的大部分通过桩侧阻力传到桩周和桩端土层中。当采用工程上常用的桩距($s_a = 3 \sim 4d$)时,桩侧摩阻力引起的土中附加应力通过桩周土体的扩散作用,群桩中各桩传递到桩底处的应力发生叠加,如图 3-28 所示的阴影部分。因此,桩底下土层产生的压缩变形和群桩基础的沉降都比单桩要大,群桩基础承载力小于各单桩承载力之和。当桩数少,桩距 s_a 较大时(如对于疏桩基础 $s_a > 6d$),桩端平面处各桩传来的应力不重叠,此时群桩中各桩的工作性状与单桩一致,此时群桩承载力等于各单桩承载力之和。

但是国内外大量工程实践和试验研究表明,采用单一的群桩效应系数不能准确地反映群桩基础的工作性状,有时会低估群桩基础的承载能力。其原因是:①群桩基础的沉降量只需满足建筑物桩基变形允许值的要求,无需按单桩的沉降量控制;②群桩基础中的基桩与单桩的工作条件不同,其极限承载力也不一样。由于群桩基础成桩时桩侧土体受挤密的程度高,潜在的侧阻大,同时桩间土的竖向变形量比单桩时大,桩与土的相对位移减小,会影响侧阻的发挥。通常,砂土和粉土地基中的桩基,群桩效应使桩的侧阻力提高;而黏性土中的桩

基,群桩效应往往使侧阻降低。

对于低承台桩,由于桩端沉降和桩身的压缩变形,承台底土层会分担一部分荷载,因而承台底面土、桩间土、桩端土都参与作用,形成承台、桩、土相互影响共同作用,群桩的工作性状趋于复杂。群桩基础的承载力不等于各单桩承载力的总和,其群桩效率系数 η 可能小于 1 也可能大于 1。

2. 承台下土的荷载分担作用

在多数情况下,桩顶承台下地基土也分担着一部分荷载,试验表明,承台底土所承担的荷载可达到 20%～60%。由桩和承台底地基土共同承担荷载的桩基称为复合桩基。复合桩基中基桩的承载力考虑了承台底土的反力,称为复合基桩。

承台底土分担荷载的作用随着桩群相对于地基土向下位移幅度的加大而增强。为保证承台与地基土保持接触并提供足够的反力,则桩端必须贯入持力层促使群桩整体下沉。当然,桩身受荷压缩引起的桩—土相对滑移,也会使承台底土反力有所增加,但其作用相对有限。因此,在设计复合桩基时应注意承台底土分担荷载是以桩基的整体下沉为前提。因此,只有在桩基沉降不会危及建筑物的安全和正常使用,且承台底不与软土直接接触时,才可考虑利用承台底土反力的潜力。但在一些实际工程中存在地基土与承台脱空的现象:①承受经常出现的动力作用或反复加卸载,如铁路桥梁桩基;②承台底存在新填土、湿陷性黄土、欠固结土、液化土、高灵敏度土,或由于降水,地基土固结与承台脱空;③由于饱和软土中沉入密集桩群,引起超孔压和土体隆起,随着时间的推移,桩间土逐渐固结下沉与承台脱离。在这些情况下不应考虑承台底土的荷载分担作用。

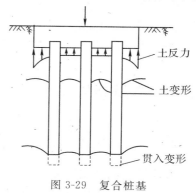

图 3-29　复合桩基

刚性承台底面土反力呈马鞍形分布,如图 3-29 所示。若以桩群外围包络线为界,将承台底面积分为内外两区(见图 3-30),则内区反力比外区小且均匀,桩距增大时内外区反力差明显降低。承台底分担的荷载总值增加时,反力的塑性重分布不显著而保持反力图式基本不变。利用承台底土反力分布的上述特征,可以通过加大外区与内区的面积比(A_c^e/A_c^i)来提高承台分担荷载的比例。

3.3.5　复合基桩竖向承载力

对于端承型群桩,复合基桩的竖向承载力可按独立的单桩来考虑。而对于非端承型群桩,理论上,复合基桩的竖向承载力要考虑桩、承台和土的共同作用,但计算相当复杂,很难用于工程实践。

端承型桩基、桩数少于 4 根的摩擦型桩基、土性特殊、使用条件等因素不宜考虑承台效应,单桩竖向承载力特征值 $R=R_a$;当考虑承台效应时,R 的取值为

不考虑地震作用:
$$R = R_a + \eta_c f_{ak} A_c \tag{3-14}$$

考虑地震作用:
$$R = R_a + \frac{\zeta_a}{1.25} \eta_c f_{ak} A_c \tag{3-15}$$

式中:η_c——承台效应系数,按表 3-14 确定;

f_{ak}——地基承载力特征值；

ζ_a——地基抗震承载力调整系数，按《建筑抗震设计规范》GB50011取值；

A_c——承台底面面积。

计算基桩所对应的承台底净面积。$A_c = (A - nA_{ps})/n$，A 为承台总面积，A_{ps} 为桩身截面积。

表 3-14　承台效应系数 η_c

B_c/l ＼ s_a/d	3	4	5	6	＞6
≤0.4	0.06～0.08	0.14～0.17	0.22～0.26	0.32～0.38	0.50～0.80
0.4～0.8	0.08～0.10	0.17～0.20	0.26～0.30	0.38～0.44	
＞0.8	0.10～0.12	0.20～0.22	0.30～0.34	0.44～0.50	
单排桩条形承台	0.15～0.18	0.25～0.30	0.38～0.45	0.50～0.60	

注：①表中 s_a/d 为桩中心距与桩径之比；B_c/l 为承台宽度与桩长之比。当计算基桩为非正方形排列时，$s_a = \sqrt{A/n}$，A 为承台计算域面积，n 为总桩数。

②对于桩布置于墙下的箱、筏承台，η_c 可按单排桩条形承台取值。

③对于单排桩条形承台，当承台宽度小于 $1.5d$ 时，η_c 按非条形承台取值。

④对于采用后注浆灌注桩的承台，η_c 宜取低值。

⑤对于饱和黏性土中的挤土桩基、软土地基上的桩基承台，η_c 宜取低值的 0.8 倍。

3.4　特殊条件下桩基竖向承载力

3.4.1　负摩阻力的产生及影响

1. 负摩阻力的产生原因

桩在轴向荷载作用下，当桩相对于桩侧土体产生向下的位移，土对桩产生向上的摩阻力，称为正摩阻力（见图 3-15）。当桩相对于桩侧土体产生向上的位移，此时土对桩会产生向下的摩阻力，称为负摩阻力（见图 3-30）。可见，桩土之间相对位移的方向决定桩侧摩阻力的方向。通常在下列情况下，应考虑桩侧负摩阻力的产生：

①在桩基周围大面积堆载或桩侧地面局部较大的长期荷载，会引起桩周土的沉降；

②因人工降水或其他原因造成地下水水位下降，桩侧土层中的有效应力增加，造成桩侧土产生显著的压缩沉降；

③当桩穿越较厚的松散填土、欠固结土、自重湿陷性黄土、季节性冻土或可液化土层而支承于坚硬土层中，由于松散填土和欠固结土在自重作用下产生固结沉降，自重湿陷性黄土浸水会产生沉陷，冻土因温度升高产生融沉，可液化土层在动荷载作用下产生液化；

④在打桩施工时，地面会因产生的超静孔隙水压力剧增而隆起，在超静孔隙水压力消散及重塑土固结时会产生固结沉降。

2. 负摩阻力的影响

图 3-30 所示为穿过固结土层支承于坚硬土层的竖向荷载桩的荷载传递情况。桩侧负

摩阻力不一定发生于整个桩身,而是在桩周土相对于桩产生下沉的范围内,它与桩周土的压缩、固结、桩身压缩及桩端沉降等有关。与正摩阻力一样,要了解桩侧负摩阻力的分布情况,只需知道桩土间的相对位移以及负摩阻力与相对位移之间的关系。在图 3-30(b)中,曲线 1 表示不同深度土层的位移,曲线 2 表示不同深度桩身截面的位移。同一深度处,曲线 1 和曲线 2 上相应点位移的差值即为桩土间的相对位移。曲线 1 和曲线 2 的交点(O_1点)就是桩土相对位移为零的截面,称为中性点。图 3-30(c),(d)所示为桩侧摩阻力和桩身轴力曲线,其中 F_n 为桩侧负摩阻力总值;F_p 为中性点以下正摩阻力的总值。中性点是摩阻力、桩土间相对位移和桩身轴力沿桩身变化的特征点。在 l_n 深度内,由于产生负摩阻力,桩身轴力沿深度递增;在 l_n 深度以下,由于产生正摩阻力,桩身轴力沿深度递减。可见,在中性点处,桩身轴力达到最大值($Q+F_n$),而桩端总阻力为 $Q+(F_n-F_p)$。

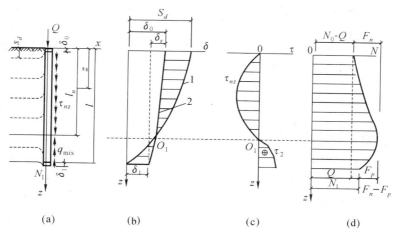

(a)单桩;(b)位移曲线(1——土层竖向位移曲线;2——桩的截面位移曲线);
(c)桩侧摩阻力分布曲线;(d)桩身轴力分布曲线
图 3-30　单桩在产生负摩阻力时的荷载传递

（1）对承载力的影响

由于桩侧负摩阻力的存在,对桩来说相当于施加一附加荷载(下拉荷载),引起桩身轴力的增大,造成单桩承载力的降低和沉降的增大。

对于摩擦型桩基,由于持力层压缩性较大,桩侧负摩阻力的存在增大了桩身轴力,引起桩端沉降。桩端沉降一出现,桩土相对位移减小,引起负摩阻力降低,直至为零。因此,在一般情况下,对摩擦型桩基可近似地按中性点以上的桩侧阻力为零来计算桩基承载力。

对于端承型桩基,由于桩端持力层坚硬,负摩阻力存在不会引起桩端沉降或沉降较小,此时桩侧负摩阻力长期作用于桩身。因此,对于端承型桩基,在计算桩基承载力时,应考虑负摩阻力形成的下拉荷载。

（2）对沉降的影响

当建筑物各桩基周围土层受到不均匀堆载、不均匀降水或土层分布不均时,土层会产生不均匀沉降,各桩基因负摩阻力产生的下拉荷载和沉降也会不均匀,造成建筑物的不均匀沉降。对于一些对不均匀沉降敏感的建筑物,必须考虑负摩阻力对沉降的影响。

3.4.2　桩侧负摩阻力计算

1. 中性点位置的确定

中性点是桩侧正、负摩阻力的分界点。影响中性点位置的因素主要有：

(1)桩周土体性质以及应力历史。桩周欠固结土愈厚、欠固结程度愈大、桩端持力层愈硬，中性点位置愈深。

(2)桩端持力层的刚度。桩端持力层愈硬，中性点位置愈深。

(3)外界条件下(如地面堆载、地下水位下降)引起桩周土层的固结。堆载强度和范围愈大，地下水位的降低幅度和范围愈大，则中性点位置愈深。

(4)桩的长径比愈小，截面刚度愈大，中性点位置愈深。

此外，中性点的位置在初期或多或少会有所变化，它随桩沉降的增加而向上移动，当沉降趋于稳定，中性点才稳定在某一固定的深度 l_n。因此要精确计算中性点的位置比较困难，目前大多采用近似的估算方法，或采用依据一定的试验结果得出的经验值。工程实测表明，在可压缩土层 l_0 范围内，中性点深度可按表 3-15 取值。

表 3-15　中性点深度 l_n

持力层性质	黏性土、粉土	中密以上砂	砾石、卵石	基岩
中性点深度比 l_n/l_0	0.5~0.6	0.7~0.8	0.9	1.0

注：桩穿越自重湿陷性黄土时，按表列数值增大 10%(持力层为基岩除外)。

2. 负摩阻力强度计算

负摩阻力的大小受桩周土层和桩端土强度、变形性质、土层的应力以及地面堆载的大小与范围、地下水位降低的幅度与范围、桩的类型与成桩工艺、桩顶荷载施加时间与发生负摩阻力时间之间的关系等因素的影响。因此，精确计算负摩阻力是复杂而困难的，目前多采用近似和经验公式为主，主要有以下两种：

(1)对于软土及中等强度黏土，可按太沙基建议的方法，取负摩阻力 $\tau_u = q_u/2 = c_u$，q_u 为土的无侧限强度，c_u 为土的不排水抗剪强度，可采用十字板剪切试验确定。

(2)按有效应力法计算：

$$\tau_{ni} = K_i \tan\varphi'_i \sigma'_{vi} = \beta\sigma'_{vi} \tag{3-16}$$

式中：τ_{ni}——第 i 层土桩侧负摩阻力强度。

σ'_{vi}——桩周第 i 层土平均竖向有效覆盖应力，是地面荷载与土的自重应力之和，即 $\sigma'_{vi} = p + \gamma_m z_i$，$p$ 为地面均布荷载；γ_m 第 i 层土层底以上桩周土的加权平均重度，地下水位以下取有效重度；z_i 为自地面起算的第 i 层土中点深度。

K_i——桩周第 i 层土的侧压力系数，可近似取静止土压力系数 K_{0i}。

φ'_i——桩周第 i 层土的有效内摩擦角。

β——桩周土负摩阻力系数，与土的类别和状态有关。对粗颗粒土，β 随土的密度和粒径的增大而提高；对细颗粒土，β 随土的塑性指数、孔隙比和饱和度的增大而降低。β 可按表 3-16 取值。

表 3-16　负摩阻力系数 β

土类	饱和软土	黏性土、粉土	砂土	自重湿陷性黄土
β	0.15~0.25	0.25~0.40	0.35~0.50	0.20~0.35

注：①在同一类土中，对于打入桩或沉管灌注桩，取表中较大值，对于钻（冲）孔灌注桩，取表中较小值；

②填土按其组成取表中同类土的较大值；

③当 τ_{ni} 计算值大于正摩阻力时，取正摩阻力值。

对于砂类土，可按下式估算负摩阻力标准值：

$$\tau_{ni} = N_i/5 + 3 \tag{3-17}$$

式中，N_i——桩周第 i 层土经钻杆长度修正的平均标准贯入试验击数。

3. 桩侧总负摩阻力的计算

桩侧总负摩阻力 F_n 为中性点深度范围内负摩阻力的累计值，按下式计算：

$$F_n = u_p \sum_1^n l_{ni} \tau_{ni} \tag{3-18}$$

式中：u_p——桩的周长；

n——中性点以上土层数；

l_{ni}——中性点以上桩周第 i 层土的厚度。

在桩基设计时，考虑到负摩阻力对桩基承载力和沉降的不利影响，应采取措施来减小负摩阻力。对于预制桩和钢桩，一般在桩表面涂以软沥青涂层来减小负摩阻力。对于灌注桩，可在桩土间填入高稠度膨润土泥浆或铺设塑料薄膜等，在桩身和孔壁之间形成可自由活动的隔离层，从而消除或减小负摩阻力。

3.4.3　抗拔桩承载力计算

对于高耸结构物桩基（如水塔、烟囱、高压输电塔、电视塔等）、承受巨大浮托力作用的基础（如地下室、污水处理池等）以及承受巨大水平荷载的桩结构（如码头、桥台、挡土墙等），桩侧部分或全部承受上拔力，此时需要验算桩的抗拔承载力。

桩的抗拔承载力主要取决于桩身材料强度及桩与土之间的抗拔侧阻力和桩身自重。上拔时形成的桩端真空吸引力所占比例不大，且可靠性不高，可不予考虑。桩的抗拔侧阻力与抗压侧阻力相似，但随着上拔量的增加，产生土层松动和侧面积减少等，其侧阻力会低于抗压侧阻力，故利用抗压侧阻力确定抗拔侧阻力时，需引入抗拔与抗压侧阻力比例系数（抗拔系数 λ_i）。

目前，有关抗拔承载力的机理研究尚不充分。对于一级建筑物，桩的抗拔极限承载力应通过现场单桩上拔静载荷试验确定；对于二、三级建筑桩基，若无当地经验时，可按下式估算单桩抗拔极限承载力标准值 T_k：

$$T_k = \sum \lambda_i q_{sik} u_i l_i \tag{3-19}$$

式中：q_{sik}——桩侧第 i 层土的极限侧阻力标准值，按表 3-3 取值。

u_i——破坏表面周长，对于等直径桩 $u = \pi d$；对于扩底桩按表 3-17 取值。

λ_i——抗拔系数，按表 3-18 取值。

表 3-17　扩底桩破坏表面周长 u_i		
自桩底起算的长度 l_i	$\leqslant(4\sim10)d$	$>(4\sim10)d$
u_i	πD	πd

注:D 为扩大头直径。

表 3-18　抗拔系数 λ_i	
土类	λ_i
砂土	$0.50\sim0.70$
黏性土、粉土	$0.70\sim0.80$

注:桩长 l 与桩径 d 之比小于 20 时,取小值。

例 1　某钻孔灌注桩,直径 $d=1000\text{mm}$,扩底直径 $D=1400\text{mm}$,扩底高度为 1.0m,桩长为 12.5m。桩侧土层分布为:(1)黏土层,层厚 6m,桩侧阻力极限标准值 $q_{sk}=40\text{kPa}$;(2)粉土层,层底埋深为 10.7m,$q_{sk}=44\text{kPa}$;(3)中砂层,层底埋深为 18.6m,$q_{sk}=55\text{kPa}$,$q_{pk}=5500\text{kPa}$。试计算此扩底桩的抗拔极限承载力。

解　对于扩底桩,抗拔极限承载力的计算需分段进行。自桩底起算的长度 $l_i\leqslant5d$ 时,$u=\pi D$;当 $l_i>5d$ 时,$u=\pi d$。所以该桩从桩底往上 5.0m 的 $u=\pi\times1.4=4.4(\text{m})$;其余 7.5m 桩长 $u=\pi\times1.0=3.14(\text{m})$。对于抗拔系数,在黏性土、粉土中取 0.7,对于砂土取 0.5。

将已知数据代入公式(3-19)可得:

$$\begin{aligned}
T_k &= \sum\lambda_i q_{sik} u_i l_i\\
&= 3.14\times(0.7\times40\times6.0+0.7\times44\times1.5)\\
&\quad +4.4\times(0.7\times44\times3.2+0.5\times55\times1.8)\\
&= 1324(\text{kN})
\end{aligned}$$

3.5　桩基沉降计算

在竖向荷载作用下,单桩沉降由下述三部分组成:①桩身弹性压缩引起的桩顶沉降;②桩侧阻力引起桩周土中的附加应力向下传递,引起桩端土体压缩而产生的桩端沉降;③桩端荷载引起桩端土体压缩产生的桩端沉降。

上述各部分沉降的计算,必须知道桩侧、桩端各自分担的荷载比,以及桩侧阻力沿桩身的分布情况。而荷载比和侧阻分布不仅与桩长、桩与土的相对压缩性、土层性质、荷载水平以及荷载作用时间等有关。

《建筑地基基础设计规范》GB50007—2011 中规定下列建筑物桩基应进行沉降计算:①地基基础设计等级为甲级的建筑物桩基;②体型复杂、荷载不均匀或桩端以下存在软弱土层的设计等级为乙级的建筑物桩基;③摩擦型桩基。嵌岩桩、设计等级为丙级的建筑物桩基、对沉降无特殊要求的条形基础下不超过两排桩的桩基、吊车工作级别 A5 及 A5 以下的单层工业厂房桩基(桩端下为密实土层),可不进行沉降计算。当有可靠的地区经验时,对地质条件不复杂、荷载均匀、对沉降无特殊要求的端承型桩基也可不进行沉降计算。

3.5.1　桩基变形允许值

需要计算变形的建筑物,其桩基变形计算值不应大于桩基变形允许值。桩基变形主要采用沉降量、沉降差、倾斜、局部倾斜等指标表示。由于土层厚度与性质不均匀,荷载差异、体型复杂等因素引起的地基变形,对于砌体承重结构应由局部倾斜控制;对于框架结构应由相邻柱基的沉降差控制;对于多层或高层建筑和高耸结构应由倾斜值控制。

建筑物的桩基变形允许值如无当地经验时可按表 3-19 采用,对于表中未包括的建筑物桩基允许变形值,可根据上部结构对桩基变形的适应能力和使用上的要求确定。

表 3-19　建筑物桩基变形允许值

变形特征	地基土类别	
	中、低压缩性土	高压缩性土
砌体承重结构基础的局部倾斜	0.002	0.003
工业与民用建筑相邻柱基的沉降差		
(1)框架	$0.002l$	$0.003l$
(2)砖石墙填充的边排柱	$0.0007l$	$0.001l$
(3)当基础不均匀沉降时不产生附加应力的结构	$0.005l$	$0.005l$
单层排架结构(柱距为 6m)柱基的沉降量(mm)	120	200
桥式吊车轨面的倾斜(按不考虑轨道考虑)		
纵　　向	0.004	
横　　向	0.003	
多层和高层建筑基础的倾斜　$H_g \leqslant 24$	0.004	
$24 < H_g \leqslant 60$	0.003	
$60 < H_g \leqslant 100$	0.0025	
$H_g > 100$	0.0020	
高耸结构基础的倾斜　$H_g \leqslant 20$	0.008	
$20 < H_g \leqslant 50$	0.006	
$50 < H_g \leqslant 100$	0.005	
$100 < H_g \leqslant 150$	0.004	
$150 < H_g \leqslant 200$	0.003	
$200 < H_g \leqslant 250$	0.002	
高耸结构基础的沉降量(mm)　$H_g \leqslant 100$	400	
$100 < H_g \leqslant 200$	300	
$200 < H_g \leqslant 250$	200	

注:l 为相邻柱基的中心距离(mm);H_g 为自室外地面起算的建筑物高度(m)。

3.5.2　群桩沉降计算

群桩基础的沉降主要由桩间土的压缩变形和桩端平面以下土层受群桩荷载共同作用产生的整体压缩变形两部分组成。群桩的沉降性状涉及群桩集合尺寸(如桩间距、桩长、桩数、承台尺寸等)、成桩工艺、沉桩方式、土的性质及承台设置方式等众多复杂因素。《建筑地基基础设计规范》(GB50007—2011)推荐的群桩沉降计算方法,不考虑桩间土的压缩变形对沉降的影响,采用单向压缩分层总和法计算桩基的最终沉降量:

$$s = \psi_p \sum_{j=1}^{m} \sum_{i=1}^{n_j} \frac{\sigma_{j,i} \Delta h_{j,i}}{E_{sj,i}} \qquad (3\text{-}20)$$

式中:s——桩基最终计算沉降量(mm);

　　　m——桩端平面以下压缩层范围内土层总数;

$E_{sj,i}$——桩端平面下第 j 层土第 i 个分层在自重应力至自重应力加附加应力作用段的压缩模量(MPa);

n_j——桩端平面下第 j 层土的计算分层数;

$\Delta h_{j,i}$——桩端平面下第 j 层土的第 i 个分层厚度(m);

$\sigma_{j,i}$——桩端平面下第 j 层土第 i 个分层的竖向附加应力(kPa);

ψ_p——桩基沉降计算经验系数,各地区应根据当地的工程实测资料统计对比确定。

地基内的应力分布宜采用各向同性均质线性变形体理论,按下列方法计算:

(1)实体深基础(桩距不大于 $6d$)

采用实体深基础计算时,实体深基础的底面与桩端平齐,支承面积按图 3-31 采用,并假设桩基础同天然地基上的实体深基础一样工作,按浅基础的沉降计算方法进行计算,计算时需将浅基础的沉降计算经验系数 ψ_s 改为实体深基础的桩基沉降计算经验系数 ψ_p,即

$$s = \psi_p s' \tag{3-21}$$

此时,基底附件应力 p_0 应为桩底平面处的附加应力。实体深基础桩基沉降计算经验系数 ψ_p 应根据地区桩基础沉降观测资料及经验统计确定。在不具备条件时,ψ_p 值可按表 3-20选用。

表 3-20 实体深基础计算桩基沉降经验系数 ψ_p

$\bar{E}_s$(MPa)	$\bar{E}_s \leqslant 15$	25	35	$\geqslant 45$
ψ_p	0.5	0.4	0.35	0.25

注:表内数值可以内插。$\bar{E}_s$ 为变形计算深度范围内压缩模量的当量值,按下式计算:

$$\bar{E}_s = \frac{\sum A_i}{\sum \dfrac{A_i}{E_{si}}}$$

式中,A_i——第 i 层土附件应力系数沿土层厚度的积分值。

实体深基础桩底平面处的基底附加应力 p_{ok} 按下列方法考虑:

1)考虑扩散作用时

$$p_{ok} = p_k - \sigma_c = \frac{F_k + G'_k}{A} - \sigma_c \tag{3-22}$$

式中:p_k——相应于荷载效应准永久组合时的实体深基础底面处的基底反力;

σ_c——实体深基础基底处原有的土中自重应力;

F_k——相应于荷载效应准永久组合时,作用于桩基承台顶面的竖向力;

G'_k——实体深基础自重,包括承台自重、承台上土自重以及承台底面至实体深基础范围内的土重与桩重;$G'_k \approx \gamma A(d+l)$,其中 γ 为承台、桩与土的平均重度,一般取 19kN/m^3,在地下水位以下部分应扣去浮力;

d,l——承台埋深、桩长;

A——实体深基础底面积,$A = (a_0 + 2l\tan\dfrac{\varphi}{4})(b_0 + 2l\tan\dfrac{\varphi}{4})$;

a_0,b_0——桩群外围桩边包络线内矩形的长边、短边。

2)不考虑扩散作用时

$$p_{ok} = p_k - \sigma_c = \frac{F_k + G_k + G_{fk} - 2(a_0 + b_0) \sum q_{sia} l_i}{a_0 b_0} - \gamma_m(d + l) \tag{3-23}$$

式中:G_k——桩基承台自重及承台上土自重;

　　　G_{fk}——实体深基础的桩及桩间土自重;

　　　γ_m——实体深基础底面以上各土层的加权平均重度。

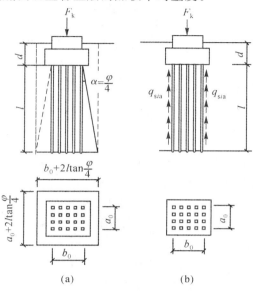

图 3-31　实体深基础的底面积

(a)考虑扩散作用;(b)不考虑扩散作用

(2)明德林应力公式方法

采用明德林应力公式计算地基中某点的竖向附加应力值时,可将各根桩在该点所产生的附加应力逐根叠加按下式计算:

$$\sigma_{j,i} = \sum_{k=1}^{n} (\sigma_{zp,k} + \sigma_{zs,k}) \tag{3-24}$$

Q 为单桩在竖向荷载的准永久组合作用下的附加荷载,由桩端阻力 Q_p 和桩侧摩阻力 Q_s 共同承担,且 $Q_p = \alpha Q$,α 是桩端阻力比。桩的端阻力假定为集中力,桩侧摩阻力可假定为沿桩身均匀分布和沿桩身线性增长分布两种形式组成,其值分别为 βQ 和 $(1-\alpha-\beta)Q$,如图 3-32 所示。

第 k 根桩的端阻力在深度 z 处产生的应力:

$$\sigma_{zp,k} = \frac{\alpha Q}{l^2} I_{p,k} \tag{3-25}$$

第 k 根桩的侧摩阻力在深度 z 处产生的应力:

$$\sigma_{zs,k} = \frac{Q}{l^2} [\beta I_{s1,k} + (1-\alpha-\beta) I_{s2,k}] \tag{3-26}$$

对于一般摩擦型桩可假定桩侧摩阻力全部是沿桩身线性增长的(即 $\beta=0$),则式(3-25)式可简化为

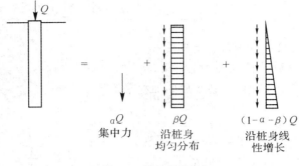

图 3-32 单桩荷载分担

$$\sigma_{zs,k} = \frac{Q}{l^2}(1-\alpha)I_{s2,k} \tag{3-27}$$

式中：l——桩长（m）；

I_p，I_{s1}，I_{s2}——应力影响系数，分别为桩端集中力、桩侧摩阻力沿桩身均匀分布和沿桩身线性增长分布情况下对应力计算点的应力影响系数，按《建筑地基基础设计规范》（GB50007—2011）附录 R 计算。

将式（3-24）~（3-27）代入式（3-20），可得桩基础单向压缩分层总和法最终沉降量的计算公式：

$$s = \psi_p \frac{Q}{l^2} \sum_{j=1}^{m} \sum_{i=1}^{n_j} \frac{\Delta h_{j,i}}{E_{sj,i}} \sum_{k=1}^{n} \left[\alpha I_{p,k} + (1-\alpha)I_{s2,k} \right] \tag{3-28}$$

采用上式计算时，竖向荷载准永久组合作用下附加荷载的桩端阻力比 α 和桩基沉降计算经验系数 ψ_p 应根据当地工程的实测资料统计确定。

3.6 独立承台桩基础设计

桩基础的设计应符合安全适用、经济合理的要求。对桩和承台来说，应具有足够的强度、刚度和耐久性；对地基（主要是桩端持力层）来说，要有足够的承载力和不产生过大的变形。桩基设计的内容和步骤如下：

（1）进行调查研究、场地勘察，收集必要的资料；

（2）综合勘察报告、建筑类型和荷载情况等确定桩基持力层；

（3）确定桩的类型、截面和桩长；

（4）确定单桩承载力设计值；

（5）根据上部结构荷载情况，确定桩数和平面布置；

（6）验算桩基承载力和沉降；

（7）桩身结构设计；

（8）承台设计；

（9）绘制桩基础施工图。

3.6.1 桩型、截面、桩长的选择

桩基设计时，应根据结构类型、层数、荷载情况、土层条件和施工能力等条件，合理选择

桩的类型、桩的几何尺寸、桩端持力层等。

当土中存在大孤石、废金属以及花岗岩残积层中未风化的岩脉时,预制桩将难以穿越;当土层分布很不均匀时,混凝土预制桩的预制长度较难掌握;在土层分布比较均匀时,采用质量易于保证的预应力高强混凝土管桩比较合理。对于软土地区的桩基,需要考虑挤土桩对地基土的扰动,周围环境比较复杂的场地还要考虑挤土效应对邻近建筑物和地下管线的不利影响,此时宜采用承载力高而桩数较少的桩基。

桩长的确定主要取决于桩端持力层的选择。桩端持力层宜选用坚硬土(岩)层。当坚硬土层埋深较深时,可选择中等强度的土层作为桩端持力层。桩端进入持力层的深度,对于黏性土、粉土不宜小于 $2d$,砂类土不宜小于 $1.5d$,碎石类土不小于 d。当存在软弱下卧层时,桩端以下硬持力层厚度不宜小于 $4d$,嵌岩灌注桩嵌入微风化或中风化岩体的最小深度不宜小于 0.5m,而且要求桩端下 $3d$ 范围内无软弱夹层、断裂带、洞穴和空隙分布,这对于荷载很大的单桩单柱基础尤为重要。

当硬持力层较厚且施工条件允许时,桩端进入持力层的深度应尽可能达到桩端阻力的临界深度,以提高桩端阻力(砂与碎石类土为 $3\sim10d$,粉土、黏性土为 $2\sim6d$)。此外,同一建筑物应尽量避免同时采用不同类型的桩。同一基础相邻桩的桩底标高差,对于非嵌岩端承型桩不宜超过相邻桩的中心距;对于摩擦型桩,在相同土层中不宜超过桩长的 1/10。

桩身截面尺寸的选择应考虑成桩工艺和结构荷载情况。从楼层数和荷载大小来看,10层以下的建筑物桩基,可考虑采用 $\phi500\text{mm}$ 左右的灌注桩和 $\phi400\text{mm}$ 左右的预应力管桩;$10\sim20$ 层的可采用 $\phi800\sim\phi1000\text{mm}$ 的灌注桩和 $\phi500\text{mm}$ 左右的预应力管桩;$20\sim30$ 层的可采用 $\phi1000\sim\phi1200\text{mm}$ 的钻(冲、挖)孔灌注桩和直径大于 500mm 的预应力管桩;$30\sim40$ 层的可采用直径大于 1200mm 的钻(冲、挖)孔灌注桩、直径大于 500mm 的预应力管桩和大直径钢管桩。桩型、桩身截面的确定可参考表 3-1。

桩的类型和几何尺寸确定以后,可初步确定承台底面标高。承台埋深的确定主要考虑结构要求和方便施工等因素。

3.6.2　桩的平面布置

1. 桩数的确定

初步估计桩数时,先不考虑群桩效应时确定单桩承载力特征值 R_a。当桩基为轴心受压时,桩数 n 可根据下式估算:

$$n = \frac{F_k + G_k}{R_a} \tag{3-29}$$

式中:F_k——作用在承台上的轴向压力设计值;

G_k——承台及其上方填土的自重。

偏心受压时,若桩的布置使得群桩横截面的形心与荷载合力作用点重合,桩数仍可按式(3-29)估算。否则,将式(3-29)估算的桩数增加 $10\%\sim20\%$。承受水平荷载的桩基,在确定桩数时还应满足桩水平承载力的要求。此时,可以取各单桩水平承载力之和作为桩基的水平承载力,这样偏于安全。

2. 桩的平面布置

桩平面的布置是否合理,对发挥桩的承载力、减小建筑物的沉降至关重要。桩的平面布置可采用方形、三角形、梅花形和环形等,如图 3-33 所示。为使桩基在其承受较大弯矩的方向上有较大的抵抗矩,也可采用不等距排列。对柱下单独桩基和整片式的桩基,宜采用外密内疏的布置方式。

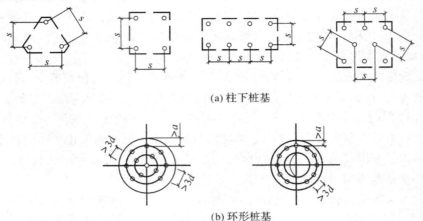

(a) 柱下桩基

(b) 环形桩基

图 3-33　桩的平面布置

为使桩基中各桩受力比较均匀,布桩时应让上部永久荷载的合力中心作用点与群桩的横截面形心重合或接近,并使桩基受水平力和力矩较大的方向有较大的截面模量。布桩时,桩的间距一般采用 $(3\sim4)d$。间距太大会增加承台的体积,太小则使摩擦型桩基沉降量增加。桩的最小中心距应符合表 3-21 的要求。

表 3-21　桩的最小中心距

土类与成桩工艺		排数不少于 3 排且桩数不少于 9 根的摩擦型桩基	其他情况
非挤土灌注桩		3.0d	3.0d
部分挤土桩	非饱和土、饱和非黏性土	3.5d	3.0d
	饱和黏性土	4.0d	3.5d
挤土桩	非饱和土、饱和非黏性土	4.0d	3.5d
	饱和黏性土	4.5d	4.0d
钻、挖孔扩底桩		2D 或 D+2.0m (当 $D>2$m)	1.5D 或 D+1.5m (当 $D>2$m)
沉管夯扩、钻孔挤扩桩	非饱和土、饱和非黏性土	2.2D 且 4.0d	2.0D 且 3.5d
	饱和黏性土	2.5D 且 4.5d	2.2D 且 4.0d

注:1. d——圆桩设计直径或方桩设计边长,D——扩大端设计直径。

　　2. 当纵横向桩距不相等时,其最小中心距应满足"其他情况"一栏的规定。

　　3. 当为端承桩时,非挤土灌注桩的"其他情况"一栏可减小至 2.5d。

3.6.3　基桩竖向承载力验算

1. 单桩承载力验算

以承受竖向力为主的群桩基础的单桩桩顶荷载可按下列公式计算:

（1）在轴心竖向力作用下，桩顶荷载为

$$Q_k = \frac{F_k + G_k}{n} \tag{3-30}$$

应满足

$$Q_k \leqslant R_a \tag{3-31}$$

（2）偏心竖向力作用下，桩顶荷载为

$$Q_{ik} = \frac{F_k + G_k}{n} \pm \frac{M_{xk} y_i}{\sum y_i^2} \pm \frac{M_{yk} x_i}{\sum x_i^2} \tag{3-32}$$

除满足式（3-31）外，尚应满足

$$Q_{k\max} \leqslant 1.2 R_a \tag{3-33}$$

式中：Q_k——相应于荷载效应标准组合轴心竖向力作用下任一单桩的竖向力标准值；

　　　n——桩基中桩数；

　　　Q_{ik}——相应于荷载效应标准组合偏心竖向力作用下第 i 根桩的竖向力标准值；

　　　M_{xk}，M_{yk}——相应于荷载效应标准组合作用于承台底面通过桩群形心的 x，y 轴的弯矩标准值；

　　　x_i，y_i——第 i 根基桩至桩群形心的 y，x 轴的距离，如图 3-34 所示。

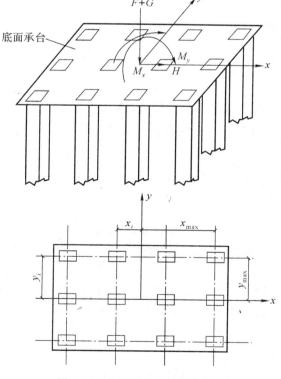

图 3-34　桩顶荷载的计算简图

式（3-32）满足的前提条件为：①承台是刚性的；②各桩刚度 K_i（$K_i = Q_{ik}/s_i$，s_i 为 Q_{ik} 作用下的桩顶沉降）相同；③x，y 是桩基平面的惯性主轴。

（3）水平力作用下，桩顶水平荷载为

$$H_{ik} = H_k/n \tag{3-34}$$

应满足

$$H_{ik} \leqslant R_{Ha} \tag{3-35}$$

式中：H_k——相应于荷载效应标准组合时，作用于承台底面的水平力标准值；

　　　H_{ik}——相应于荷载效应标准组合时，作用于任一单桩的水平力标准值；

　　　R_{Ha}——基桩水平承载力特征值。

抗震设防区的桩基应按现行《建筑抗震设计规范》GB50011 有关规范执行。根据地震震害调查结果，不论桩周土的类别如何，单桩的竖向抗震承载力均可提高 25%。因此，对于抗震设防区必须进行抗震验算的桩基，可按下列公式验算：

在轴心荷载作用下，

$$Q_k \leqslant 1.25R_a \tag{3-36}$$

在偏心荷载作用下，除满足式（3-36）外，还应满足

$$Q_{ik\max} \leqslant 1.5R_a \tag{3-37}$$

按上列各式验算不满足要求时，则需重新确定桩数和桩位平面布置，直至验算满足要求。

2. 桩基软弱下卧层验算

当桩基持力层下存在软弱下卧层时，尤其是当桩基的平面尺寸较大、桩基持力层的厚度相对较薄时，应考虑桩端平面下受力层范围内软弱下卧层发生强度破坏的可能性。对于桩距 $s \leqslant 6d$ 的非端承群桩基础，以及 $s > 6d$ 但各单桩桩端冲剪锥体扩散线在硬持力层中相交重叠的非端承群桩基础，桩基下方有限厚度持力层的冲剪破坏，一般可按整体冲剪破坏考虑。此时，桩基软弱下卧层承载力验算常将桩与桩间土的整体视作实体深基础，实体深基础的底面位于桩端平面处，实体深基础底面的基底附加应力可按式（3-22）和（3-23）计算，但作用于桩基承台顶面的竖向力应按荷载效应标准组合计算。与浅基础的软弱下卧层验算类似。

3.6.4　桩身承载力与裂缝控制

1. 桩身配筋

计算混凝土桩在轴心荷载下的桩身强度，可按式（3-5）计算。偏心受压荷载作用下，可先计算桩身最大弯矩及其位置，根据《混凝土结构设计规范》按偏心受压构件确定桩身的配筋。

灌注桩的混凝土强度等级一般不小于 C20，混凝土预制桩尖不小于 C30。当桩身混凝土强度满足桩顶轴向荷载和水平力共同作用时，桩身可按构造配筋。对于一级建筑桩基，最小配筋率 $\rho_{\min} \geqslant 0.2\%$，钢筋笼主筋为 $6 \sim 10$ 根 $\phi 12 \sim \phi 14$，锚入承台不小于 30 倍主筋直径，伸入桩身长度不小于 10 倍桩身直径，且不小于承台下软弱土层层底深度；对于二级建筑桩基，钢筋笼主筋至少为 $4 \sim 8$ 根 $\phi 10 \sim \phi 12$，锚入承台不小于 30 倍主筋直径，伸入桩身长度不小于 5 倍桩身直径，对于沉管灌注桩，配筋长度不应小于承台软弱土层层底厚度；三级建筑桩基可不配构造钢筋。主筋的混凝土保护层厚度不应小于 35mm，水下灌注混凝土不得小于 50mm。

预制桩的混凝土强度等级一般不宜小于 C30，采用静压法沉桩时，可适当降低，但不宜

小于 C20；预应力混凝土桩的混凝土强度等级不宜小于 C40。预制桩的主筋应按计算确定并根据断面的大小及形状选用 4～8 根直径为 14～25mm 的钢筋。最小配筋率 ρ_{min} 宜大于 0.8%，静压法沉桩时宜大于 0.4%。箍筋直径可取 6～8mm，间距小于 200mm，在桩顶和桩尖处应适当加密，如图 3-35 示。用锤击法沉桩时，桩顶应设置三层 $\phi6@40～70mm$ 的钢筋笼，层距为 50mm。主筋的混凝土保护层应大于 30mm，桩上需埋设吊环，位置由计算确定。

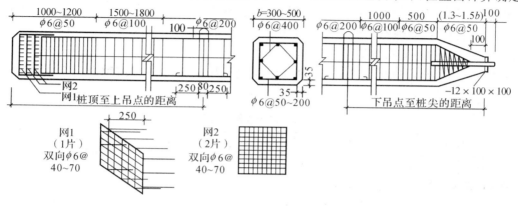

图 3-35　钢筋混凝土预制桩

2. 桩身裂缝控制

对于受长期或经常出现的水平力或上拔力的建筑桩基，应验算桩身的裂缝宽度，其最大裂缝宽度不得超过 0.2mm。处于腐蚀介质中的桩基，应控制桩基不出现裂缝；当桩基处于含有酸、氧等介质的环境中时，则其防护要求还应根据介质腐蚀性的强弱符合有关专门规范的规定采取专门的防护措施，保证桩基的耐久性。

预制桩桩身配筋可按计算确定。吊运时单吊点和双吊点的设置，应按吊点（或支点）跨间正弯矩与吊点处的负弯矩相等的原则进行布置。考虑预制桩吊运时可能受到冲击和振动的影响，计算吊运弯矩和吊运拉力时，宜将桩身重力乘以 1.3 的动力系数。

对于一级建筑桩基、桩身有抗裂要求和处于腐蚀性土质中的打入式预制混凝土桩、钢桩，当无实测资料时，锤击压应力可按下式计算：

$$\sigma_p = \frac{\alpha\sqrt{2eE\gamma_p H}}{\left[1+\dfrac{A_c}{A_H}\sqrt{\dfrac{E_c\cdot\gamma_c}{E_H\cdot\gamma_H}}\right]\left[1+\dfrac{A}{A_c}\sqrt{\dfrac{E\cdot\gamma_p}{E_c\cdot\gamma_c}}\right]} \tag{3-38}$$

式中：σ_p——桩的锤击压应力；

α——锤型系数，自由落锤 $\alpha=1$，柴油锤 $\alpha=\sqrt{2}$；

e——锤击效率系数，自由落锤 $e=0.6$，柴油锤 $e=0.8$；

A_H, A_c, A——锤、桩垫、桩的实际断面积；

E_H, E_c, E——锤、桩垫、桩的纵向弹性模量；

$\gamma_H, \gamma_c, \gamma_p$——锤、桩垫、桩的重度；

H——锤落距。

对于钢桩，锤击压应力应小于钢材的屈服强度值；对于混凝土桩，锤击压应力应小于桩材的轴心抗压强度设计值。

对于预制混凝土桩,为防止沉桩过程中出现冲击疲劳现象,应对沉桩总锤击数加以限制。总锤击数可根据打桩机类型及结构、地质条件、锤击能量、桩材及截面面积、桩垫材料等综合考虑后加以确定。

对于一级建筑桩基和桩身有抗裂要求或处于腐蚀性土质中的打入式混凝土预制桩、钢桩,若遇到以下的情况之一时,应进行锤击拉应力验算:①沉桩路径中,桩需穿越软弱土层;②变截面桩的截面变化处和组合桩不同材质的连接处;③桩最终入土深度 20m。锤击产生的拉应力值应小于桩身材料的抗拉强度设计值。锤击拉应力包括:①在锤击作用下,沿桩身轴向的最大拉应力;②在锤击作用下,与最大锤击压力相应的某一横截面的环向拉应力(圆形或环形截面)或侧向拉应力(方形或矩形截面)。当无实测资料时,锤击拉应力可根据表3-22 确定。

表 3-22 锤击拉应力建议值

应力类别	桩类	建议值(kPa)	出现部位
桩轴向拉应力值	钢管桩	$(0.33\sim0.5)\sigma_p$	①桩刚穿越软土层时 ②距桩尖$(0.5\sim0.7)l$处,l为桩入土深度
	混凝土及预应力混凝土桩	$(0.25\sim0.33)\sigma_p$	
桩截面环向拉应力或侧向拉应力	钢管桩(环向)	$0.25\sigma_p$	最大锤击压应力相应的截面
	混凝土及预应力混凝土桩(侧向)	$(0.22\sim0.25)\sigma_p$	

3.6.5 承台设计

承台是把上部结构和桩联成整体,将上部结构传来的荷载分配于各桩。桩基承台可分为柱下独立承台、梁式承台(柱下或墙下条形承台)、筏板承台和箱形承台等。承台设计包括:承台的几何形状及其尺寸、承台的材料及其强度等级、承台的承载力计算(受弯、受剪、受冲切计算)和局部受压计算等。

1. 构造要求

承台的平面尺寸一般由上部结构、桩的布置形式和桩数确定,可采用矩形或三角形。承台的宽度不小于 500mm,承台的厚度应不小于 300mm,承台的埋深不小于 500mm。为满足桩顶嵌固及抗冲切的要求,边桩中心至承台边缘的距离不宜小于桩的直径或边长,且桩的外边缘至承台边缘的距离不小于 150mm。

承台的混凝土强度等级不应低于 C20,纵向钢筋的混凝土保护层厚度不应小于 70mm;当有混凝土垫层时,不应小于 50mm。对于矩形承台,钢筋应按双向均匀通长布置,钢筋直径不宜小于 10mm,间距不宜大于 200mm;对于三角形承台,钢筋应按板带均匀布置,且最里面的三根钢筋围成的三角形应在柱截面范围内,如图 3-36 所示。

为保证群桩与承台之间连接的整体性,桩顶应嵌入承台一定长度,对于大直径桩不宜小于 100mm;对于中等直径桩不宜小于 50mm。混凝土桩的桩顶主筋应伸入承台内,其锚固长度不宜小于 35 倍钢筋直径;对于抗拔桩基不应小于 40 倍钢筋直径。

对于两桩桩基的承台,宜在其短向设置联系梁;单桩承台,宜在两个互相垂直方向设置联系梁。联系梁顶面宜与承台顶平齐,梁宽不小于 250mm,梁高可取承台中心距的 1/15～

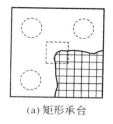
(a) 矩形承台

(b) 三桩承台

图 3-36　承台配筋示意图

1/10。联系梁的主筋应按计算确定，纵向钢筋直径不应小于 12mm 且不小于 2 根，并按受拉要求锚入承台。

2. 承台结构设计

(1)受弯计算

根据承台模型试验资料，柱下多桩矩形承台在配筋不足情况下将产生弯曲破坏，其破坏特征呈梁式破坏，挠曲裂缝在平行于柱边两个方向交替出现，承台在两个方向交替呈梁式承担荷载，最大弯矩产生在平行于柱边两个方向的屈服线上，如图 3-37 所示。

根据极限平衡原理，承台正截面弯矩计算如下：

1)柱下多桩矩形承台

柱下多桩矩形承台弯矩计算截面取在柱边和承台高度变化处(杯口外侧或台阶边缘)，按下式计算：

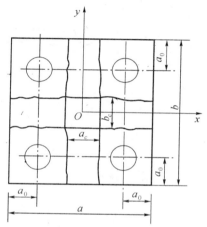
图 3-37　四桩承台弯曲破坏模式

$$M_x = \sum N_i y_i$$
$$M_y = \sum N_i x_i$$
（3-39）

式中：M_x，M_y——垂直 x，y 轴方向计算截面处的弯矩设计值；

x，y——垂直 y，x 轴方向自桩轴线到相应计算截面的距离(见图 3-38)；

N_i——扣除承台和承台上土自重后相应于荷载效应基本组合时为第 i 桩竖向净反力设计值；当不考虑承台效应时，则为第 i 桩竖向总反力设计值。

2)柱下三桩三角形承台

柱下三桩三角形承台分等边和等腰两种形式，其受弯破坏模式有所不同，如图 3-38 所示。

①等边三桩承台

取图 3-39(a)和(b)两种破坏模式所确定的弯矩平均值作为设计值：

$$M = \frac{N_{max}}{3}\left(s - \frac{\sqrt{3}}{4}c\right)$$
（3-40）

式中：M——由承台形心至承台边缘距离范围内板带的弯矩设计值；

N_{max}——扣除承台和其上填土自重后的三桩中相应于荷载效应其本组合时的最大单桩竖向力设计值；

s——桩距；

c——方桩边长，圆桩时 $c = 0.866d$(d 为圆柱直径)。

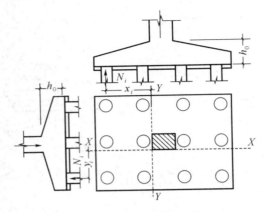

图 3-38　矩形承台弯矩计算图

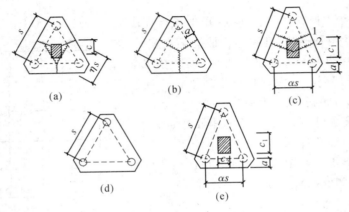

图 3-39　三桩三角形承台

(a),(b),(c)为承台破坏模式;(d),(e)为承台弯矩计算示意图

②等腰三桩承台

等腰三桩承台呈明显的梁式破坏特征,承台弯矩按下式计算:

$$M_1 = \frac{N_{\max}}{3}\left(s - \frac{0.75}{\sqrt{4-\alpha^2}}c_1\right) \tag{3-41}$$

$$M_2 = \frac{N_{\max}}{3}\left(\alpha s - \frac{0.75}{\sqrt{4-\alpha^2}}c_2\right) \tag{3-42}$$

式中:M_1,M_2——分别为由承台形心到承台两腰和底边的距离范围内板带的弯矩设计值;

　　　s——长向桩距;

　　　α——短向桩距与长向桩距之比,当 α 小于 0.5 时,应按变截面的二桩承台设计;

　　　c_1,c_2——分别为垂直于、平行于承台底边的柱截面边长。

(2)受冲切计算

当桩基承台有效高度不足时,承台将产生冲切破坏。其破坏方式包括柱对承台的冲切(沿柱边)和角桩对承台的冲切,如图 3-40 所示。柱边冲切破坏锥体斜面与承台底面的夹角大于或等于 45°,冲切破坏锥体的顶面位于柱与承台交接处或承台变阶处,底面位于相应的桩顶内边缘处,如图 3-41 所示。角桩对冲切破坏锥体的顶面在角桩内边缘处,底面在承台上方,如图 3-42 所示。

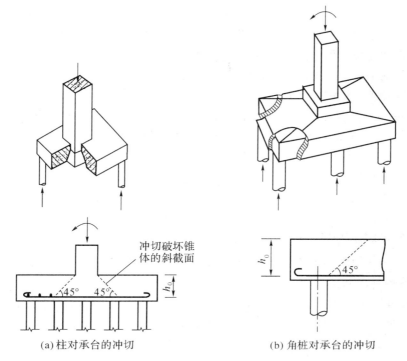

(a)柱对承台的冲切　　　　　　　　(b) 角桩对承台的冲切

图 3-40　冲切破坏模式

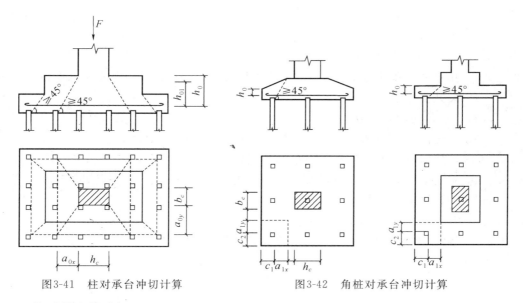

图3-41　柱对承台冲切计算　　　　　图3-42　角桩对承台冲切计算

1)柱对承台的冲切

对于柱下矩形独立承台受柱冲切的承载力可按下列公式计算:

$$F_l \leqslant 2[\beta_{0x}(b_c + a_{0y}) + \beta_{0y}(h_c + a_{0x})]\beta_{hp}f_t h_0 \qquad (3\text{-}43)$$

$$F_l = F - \sum N_i \qquad (3\text{-}44)$$

$$\beta_{0x} = 0.84/(\lambda_{0x} + 0.2) \tag{3-45}$$

$$\beta_{0y} = 0.84/(\lambda_{0y} + 0.2) \tag{3-46}$$

式中：F_l——扣除承台及其上填土自重，作用在冲切破坏锥体上相应于荷载效应基本组合的冲切力设计值，冲切破坏锥体应采用自柱边或承台变阶处至相应桩顶边缘连线构成的锥体，锥体与承台底面的夹角不小于 45°。

　　　　h_0——冲切破坏锥体的有效高度。

　　　　β_{hp}——受冲切承载力截面高度影响系数，当 h 不大于 800mm 时，β_{hp} 取 1.0；当 h 大于等于 2000mm 时，β_{hp} 取 0.9，其间按线性内插法取用。

　　　　β_{0x}，β_{0y}——冲切系数。

　　　　λ_{0x}，λ_{0y}——冲跨比，$\lambda_{0x} = a_{0x}/h_0$，$\lambda_{0y} = a_{0y}/h_0$，$a_{0x}$ 和 a_{0y} 为柱边或变阶处至桩边的水平距离。当 $a_{0x}(a_{0y}) < 0.25h_0$ 时，$a_{0x}(a_{0y}) = 0.25h_0$；当 $a_{0x}(a_{0y}) > h_0$ 时，$a_{0x}(a_{0y}) = h_0$。

　　　　F——柱根部轴力设计值。

　　　　$\sum N_i$——冲切破坏锥体范围内各桩的净反力设计值之和。

2）角桩对承台的冲切

对位于柱冲切破坏锥体以外的基桩，还应考虑单桩对承台的冲切承载力计算。

①多桩矩形承台受角桩冲切的承载力按下列公式计算：

$$N_l \leqslant \left[\beta_{1x} \left(c_2 + \frac{a_{1y}}{2} \right) + \beta_{1y} \left(c_1 + \frac{a_{1x}}{2} \right) \right] \beta_{hp} f_t h_0 \tag{3-47}$$

$$\beta_{1x} = \frac{0.56}{\lambda_{1x} + 0.2} \tag{3-48}$$

$$\beta_{1y} = \frac{0.56}{\lambda_{1y} + 0.2} \tag{3-49}$$

式中：N_l——扣除承台和其上填土自重后的角桩桩顶相应于荷载效应基本组合时的竖向力设计值；

　　　　β_{1x}，β_{1y}——角柱冲切系数；

　　　　λ_{1x}，λ_{1y}——角桩冲跨比，其值满足 0.25～1.0，$\lambda_{1x} = a_{1x}/h_0$，$\lambda_{1y} = a_{1y}/h_0$；

　　　　c_1，c_2——从角桩内边缘至承台外边缘的距离；

　　　　a_{1x}，a_{1y}——从承台底角桩内边缘引 45°冲切线与承台顶面或承台变阶处相交点至角桩内边缘的水平距离；

　　　　h_0——承台外边缘的有效高度。

②三桩三角形承台可按下列公式计算受角桩冲切的承载力：

底部角桩

$$N_l \leqslant \beta_{11} (2c_1 + a_{11}) \tan \frac{\theta_1}{2} \beta_{hp} f_t h_0 \tag{3-50}$$

$$\beta_{11} = \frac{0.56}{\lambda_{11} + 0.2} \tag{3-51}$$

顶部角桩

$$N_l \leqslant \beta_{12} (2c_2 + a_{12}) \tan \frac{\theta_2}{2} \beta_{hp} f_t h_0 \tag{3-52}$$

$$\beta_{12} = \frac{0.56}{\lambda_{12} + 0.2} \tag{3-53}$$

式中：λ_{11}，λ_{12}——角桩冲垮比，$\lambda_{11} = a_{11}/h_0$，$\lambda_{12} = a_{12}/h_0$；

a_{11}，a_{12}——从承台底角桩内边缘向相邻承台边 45° 冲切线与承台顶面相交点至角桩内边缘的水平距离；当柱位于该 45° 线以内时，则取柱边与桩内边缘连线为冲切锥体的锥线，如图 3-43 所示。

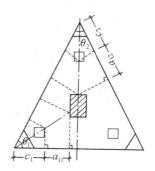

图 3-43　三桩三角形承台角桩冲切计算

（3）受剪切计算

桩基承台斜截面受剪承载力计算与一般混凝土结构斜截面承载力计算一致。但由于桩基承台多属小剪跨比（$\lambda < 1.4$），故需将一般混凝土结构所限制的剪跨比（$\lambda = 1.40 \sim 3.00$）延伸到 $0.3 \sim 1.4$ 的范围。

桩基承台的剪切破坏面为一通过柱边与桩边连线所形成的斜截面，如图 3-44 所示。当柱外有多排桩形成多个剪切斜截面时，对每一个斜截面都应进行受剪承载力计算。

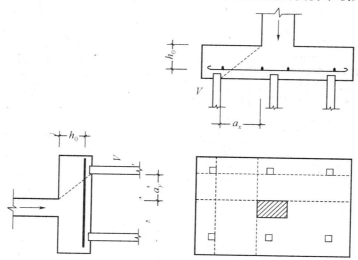

图 3-44　承台斜截面受剪计算

柱下等厚承台斜截面受剪承载力按下列公式计算：

$$V \leqslant \beta_{hs}\beta f_t b_0 h_0 \tag{3-54}$$

$$\beta = \frac{1.75}{\lambda + 1.0} \tag{3-55}$$

式中: V——扣除承台及其上填土自重后相应于荷载效应基本组合时斜截面的最大剪力设计值。

b_0——承台计算截面处的计算宽度。

h_0——计算宽度处的承台有效高度。

β——剪切系数。

β_{hs}——受剪切承载力截面高度影响系数, $\beta_{hs} = (800/h_0)1/4$。当 h_0 小于 800mm 时, h_0 取 800mm; h_0 大于 2000mm 时, h_0 取 2000mm。

λ——计算截面的剪跨比。 $\lambda_x = a_x/h_0, \lambda_y = a_y/h_0$。 a_x, a_y 为柱或承台变阶处至 x, y 方向计算一排桩的桩边的水平距离。当 $\lambda < 0.25$ 时, 取 $\lambda = 0.25$; 当 $\lambda > 3$ 时, 取 $\lambda = 3$。

f_t——混凝土轴心抗拉强度设计值。

对于阶梯形承台应在变阶处(A_1—A_1, B_1—B_1)及柱边(A_2—A_2, B_2—B_2)进行斜截面受剪切计算, 如图 3-45 所示。计算变阶处截面 A_1—A_1, B_1—B_1 处斜截面受剪承载力时, 其截面有效高度均为 h_{01}, 截面计算宽度分别为 b_{y1} 和 b_{x1}。当计算柱边截面 A_2—A_2, B_2—B_2 处的斜截面受剪承载力时, 其截面有效高度均为 $h_{01} + h_{02}$, 截面计算宽度分别为:

对于 A_2—A_2
$$b_{y0} = \frac{b_{y1} \cdot h_{01} + b_{y2} \cdot h_{02}}{h_{01} + h_{02}} \tag{3-56}$$

对于 B_2—B_2
$$b_{x0} = \frac{b_{x1} \cdot h_{01} + b_{x2} \cdot h_{02}}{h_{01} + h_{02}} \tag{3-57}$$

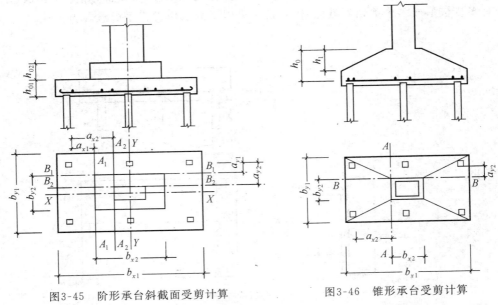

图3-45　阶形承台斜截面受剪计算　　　　图3-46　锥形承台受剪计算

对于锥形承台应对 A—A, B—B 两个截面进行受剪承载力计算, 如图 3-46 所示, 截面有效高度均为 h_0, 截面的计算宽度分别为:

对于 A—A
$$b_{y0} = \left[1 - 0.5 \frac{h_1}{h_0} \left(1 - \frac{b_{y2}}{b_{y1}} \right) \right] b_{y1} \tag{3-58}$$

对于 B—B $\qquad b_{x0} = \left[1 - 0.5\dfrac{h_1}{h_0}(1 - \dfrac{b_{x2}}{b_{x1}})\right]b_{x1}$ (3-59)

(4)局部受压计算

对于柱下桩基承台,当混凝土强度等级低于柱的强度等级时,应按现行《混凝土结构设计规范》GB50010 验算承台的局部受压承载力。

3.6.6 工程设计实例

某多层住宅桩基础采用先张法预应力管桩,某柱子截面尺寸为 650×850,相应于荷载效应基本组合时上部结构传至桩基顶面的最大荷载为:轴向力 $F_N = 7560\text{kN}$,弯矩 $M = 185\text{kN}\cdot\text{m}$,剪力 $F_Q = 44\text{kN}$。桩身相应位置钻孔为 ZK1,各土层的分布情况和土性指标如表 3-23 所示。试设计该桩基础。

表 3-23 ZK1 各土层分布及物理力学指标

土层编号	层顶标高	土层	γ (kN/m³)	w (%)	预制桩参数（特征值）		钻孔灌注桩参数（特征值）	
					q_{sa} (kPa)	q_{pa} (kPa)	q_{sa} (kPa)	q_{pa} (kPa)
0	0.00	杂填土	—	—	—	—	—	—
1	−2.00	黏土	18.1	41.6	18	—	16	—
2	−4.00	淤泥质黏土	17.4	47.5	7	—	6.3	—
3	−16.00	淤泥质粉质黏土	17.84	42.1	10	—	9	—
4	−20.00	粉质黏土	18.9	31.4	18	—	16	—
5	−31.00	黏土	19.1	26	25	1100	17	800
6	−48.00	粉质黏土	19.6	31	30	2000	20	1800
7	−78.00	黏土夹粉砂	19.5	36	35	1500	24	1180

解:(1)选择持力层,确定桩的尺寸

根据地质条件,以第 6 层粉质黏土为桩端持力层。采用 ϕ500 的预应力管桩。桩尖进入持力层 $2d\text{m}(1.0\text{m})$,桩长为 47m,承台埋深为 2.0m。

(2)确定单桩竖向承载力特征值 R_a

单桩竖向承载力特征值 R_a 根据经验公式(3-5-c)估算:

$$R_a = u\sum q_{sia}l_i + q_{pa}A_p$$

桩周长 $u = \pi \times 0.5 = 1.571\text{m}$,桩横截面积 $A_p = \dfrac{\pi}{4} \times 0.5^2 = 0.196\text{m}^2$。

则:$R_a = 1.571 \times (18 \times 2 + 7 \times 12 + 10 \times 4 + 18 \times 11 + 25 \times 17 + 30 \times 1) + 2000 \times 0.196 = 1277 + 393 = 1670\text{kN}$

(3)桩数及其平面布置

相应于荷载效应标准组合时上部结构传至柱基顶面的最大荷载为:

$F_{Nk} = F_N/1.35 = 5600\text{kN}$,$M_k = M/1.35 = 137\text{kN}\cdot\text{m}$,$F_{Qk} = F_Q/1.35 = 32.6\text{kN}$

先不考虑群桩效应，初估桩数 n_1 为：$n_1 = \dfrac{F_{Nk}}{R_a} =$

$\dfrac{5600}{1670} = 3.4$ 根，暂取桩数 $n = 4$ 根。

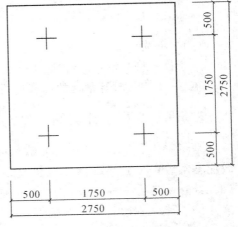

桩按矩形进行布置，桩距 $s_a = 3.5d = 3.5 \times 0.5$ $= 1.75\text{m}$，取边桩中心至承台边缘距离为 $1d =$ 0.5m，桩的布置及承台尺寸如图 3-47 所示。承台底面尺寸为 $2.75\text{m} \times 2.75\text{m}$。

（4）基桩竖向承载力和水平承载力验算

承台及其以上土平均重度 γ_g 为 20kN/m^3，其自重 $G_k = 2.75 \times 2.75 \times 20 \times 2 = 302.5\text{kN}$。

桩顶平均竖向作用力为：

图 3-47　桩的布置及承台尺寸

$$Q_k = \frac{F_{Nk} + G_k}{n} = \frac{5600 + 302.5}{4}$$
$$= 1476\text{kN} < R_a = 1670\text{kN}$$

桩基中单桩最大受力 $Q_{\max}$ 为：

$$Q_{\max} = \frac{F_{Nk} + G_k}{n} + \frac{M_y x_i}{\sum x_i^2} = 1476 + \frac{(137 + 32.6 \times 2.0) \times 0.875}{4 \times 0.875^2}$$
$$= 1476 + 57.8 = 1533.8\text{kN} < 1.2R_a = 2004\text{kN}$$

桩基中单桩最小受力 $Q_{\min}$ 为：

$$Q_{\min} = \frac{P_k + G_k}{n} - \frac{M_y x_i}{\sum x_i^2} = 1476 - 57.8 = 1418.2\text{kN} > 0$$

基桩竖向承载力满足要求。

桩基受水平力 $F_{Qk} = 32.6\text{kN}$，竖向力的合力与竖直线的夹角 $\tan\theta = 32.6/5600 = 0.006$，$\theta = 0.33°$。一般地，当水平荷载和竖向荷载的合力与竖直线的夹角不超过 $5°$（相当于荷载的大小为竖向荷载的 $1/10 \sim 1/12$）时，竖直桩的水平承载力不难满足设计要求，可不对水平承载力进行验算。

（5）承台抗冲切验算

承台采用锥形现浇结构，剖面形状如图 3-48 所示，钢筋混凝土保护层厚 100mm。

1）柱对承台的冲切验算

根据式（3-43）～（3-46）进行计算。冲切锥体有效高度 $h_0 = 1050\text{mm}$，承台选用 C30 混凝土，$f_t = 1.43\text{MPa}$。

冲切力：$F_l = F - \sum N_i = 7560\text{kN}$

受冲切承载力截面高度影响系数 β_{hp} 为：

$$\beta_{hp} = 1 - \frac{1 - 0.9}{2000 - 800} \times (1150 - 800) = 0.97$$

冲垮比 λ 与系数 α 为：

$$\lambda_{0x} = a_{0x}/h_0 = (875 - 650/2 - 250)/1050 = 0.286$$
$$\beta_{0x} = 0.84/(\lambda_{0x} + 0.2) = 0.84/(0.286 + 0.2) = 1.73$$

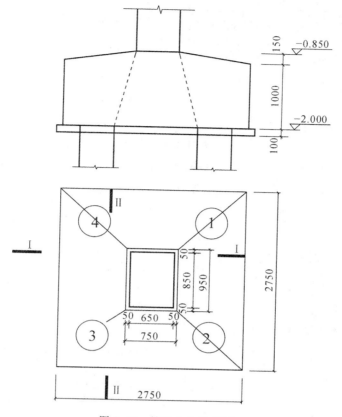

图 3-48　桩基承台示意图

$\lambda_{0y} = a_{0y}/h_0 = (875 - 850/2 - 250)/1050 = 0.19 < 0.25$，取 $\lambda_{0y} = 0.25$

$\beta_{0y} = 0.84/(\lambda_{0y} + 0.2) = 0.84/(0.25 + 0.2) = 1.87$

$2[\beta_{0x}(b_c + a_{0y}) + \beta_{0y}(h_c + a_{0x})]\beta_{hp}f_t h_0$

$\qquad = 2 \times [1.73 \times (0.65 + 0.2) + 1.87 \times (0.85 + 0.3)] \times 0.97 \times 1430 \times 1.05$

$\qquad = 10548\text{kN} > f_t = 7560\text{kN}$

满足要求。

2）角桩冲切验算

冲切锥体有效高度 $h_0 = 900\text{mm}$。根据式（3-47）～（3-49），$c_1 = c_2 = 0.75\text{m}$，$\alpha_{1x} = 300$，$\lambda_{1x} = 0.33$，$\alpha_{1y} = 200$，$\lambda_{1y} = 0.22 < 0.25$，取 $\lambda_{1y} = 0.25$。

$$\beta_{1x} = \frac{0.56}{\lambda_{1x} + 0.2} = \frac{0.56}{0.33 + 0.2} = 1.06$$

$$\beta_{1y} = \frac{0.56}{\lambda_{1y} + 0.2} = \frac{0.56}{0.25 + 0.2} = 1.24$$

$$\beta_{hp} = 1 - \frac{1 - 0.9}{2000 - 800} \times (1000 - 800) = 0.983$$

$$N_l = Q_{\max} = \frac{F_N}{n} + \frac{(M + F_Q h)x_{\max}}{\sum x_i^2}$$

$$= \frac{7560}{4} + \frac{(185 + 44 \times 2.0) \times 0.875}{4 \times 0.875^2} = 1890 + 78 = 1968 \text{kN}$$

$$\left[\beta_{1x} \left(c_2 + \frac{a_{1y}}{2} \right) + \beta_{1y} \left(c_1 + \frac{a_{1x}}{2} \right) \right] \beta_{hp} f_t h_0$$

$$= [1.06 \times (0.75 + 0.2/2) + 1.24 \times (0.75 + 0.3/2)] \times 0.983 \times 1430 \times 0.9$$

$$= 2552 \text{kN} > N_l = 1968 \text{kN}$$

（6）承台抗剪验算

根据式(3-54)、(3-55)进行计算。从图 3-48 可知，Ⅰ—Ⅰ截面为控制截面，Ⅰ—Ⅰ截面左侧两根桩轴力都达到最大值 $N_{\max}$。两桩净反力为：$V = 1968 \times 2 = 3936 \text{kN}$。

受剪切承载力截面高度影响系数 β_{hs} 为：

$$\beta_{hs} = (800/h_0)^{1/4} = (800/1050)^{1/4} = 0.934$$

对 Ⅰ—Ⅰ 斜截面

$$\lambda_y = \lambda_{0y} = 0.25$$

剪切系数

$$\beta = \frac{1.75}{\lambda + 1.0} = \frac{1.75}{0.25 + 1.0} = 1.4$$

承台 Ⅰ—Ⅰ 截面处的计算宽度为：

$$b_0 = \left[1 - 0.5 \frac{h_1}{h_0} \left(1 - \frac{b_{y2}}{b_{y1}} \right) \right] b_{y1} = \left[1 - 0.5 \frac{0.15}{0.9} \left(1 - \frac{0.75}{2.75} \right) \right] \times 2.75 = 2.58 \text{m}$$

$$\beta_{hs} \beta f_t b_0 h_0 = 0.934 \times 1.4 \times 1430 \times 2.58 \times 1.05 = 5065 \text{kN} > V = 3936 \text{kN}$$

满足要求。

（7）承台受弯计算及配筋

Ⅰ—Ⅰ 截面：$M_{\text{I}} = \sum N_y \cdot x = 3936 \times 0.45 = 1771.2 \text{kN} \cdot \text{m}$

采用 HRB400 钢筋，$f_y = 360 \text{N/mm}^2$。

$$A_{s1} = \frac{M_{\text{I}}}{0.9 f_y h_0} = \frac{1771.2}{0.9 \times 360 \times 1.05} \times 10^3 = 5206 \text{mm}^2$$

因此，选用 HRB400 ⊈ 16 @100，$A_s = 5429 \text{mm}^2$，平行长边方向均匀布置，间距满足构造要求。

Ⅱ—Ⅱ 截面：$M_{\text{II}} = \sum N_x \cdot y = 2 \times 1890 \times 0.55 = 2079 \text{kN} \cdot \text{m}$

$$A_{s\text{II}} = \frac{M_{\text{II}}}{0.9 f_y h_0} = \frac{2079}{0.9 \times 360 \times 1.05} \times 10^3 = 6111 \text{mm}^2$$

因此，短边方向选用 HRB400 ⊈ 20@110，$A_s = 6284 \text{mm}^2$，平行短边方向均匀布置，间距满足构造要求。承台配筋如图 3-49 所示。

至此，桩基设计完毕。

3.7 梁式承台桩基设计

桩基承台形式可分为板式承台(柱下独立承台)和梁式承台两种。梁式承台桩基主要包括墙下条形基础和柱下条形基础。梁式承台桩基础设计步骤与 3.6 节相同。其中，桩型、截

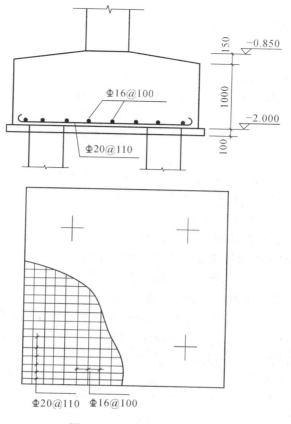

图 3-49　承台结构配筋图

面、桩长的选择、基桩承载力计算、桩基构造、承台构造、局部受压计算等都可参照独立承台桩基设计相关内容。

3.7.1　桩的平面布置

对于柱(墙)下桩基,桩的布置沿墙(柱)的分布方向成条状,具体的布置可采用方形、三角形、梅花形和环形等,可布置探头桩,如图 3-50 所示。

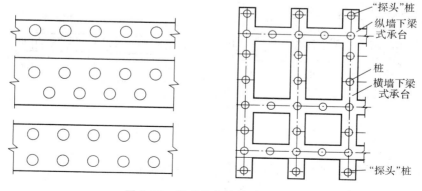

图 3-50　梁式承台桩基平面布置

3.7.2 承台设计

1. 受弯计算

对于柱下条形承台梁可按弹性地基梁(地基计算模型应根据地基土层特性选取)进行分析计算。当桩端持力层较硬且桩柱轴线不重合时,可将桩视为不动支座,按倒置的连续梁进行计算。

对于墙下条形基础承台梁,由于对梁上墙体荷载分布假定不同,即产生不同的内力计算方法。

①不考虑墙、承台梁的共同作用,将墙体荷载作为承台梁上的均布荷载,按普通连续梁计算弯矩及剪力,此时认为各桩桩顶没有相对沉降。

②按钢筋混凝土过梁的荷载取值方法确定承台梁上的荷载。例如:当首层门窗洞口下墙体高度 $h_w \leqslant L/3$(L 为桩的净距)时,取 h_w 范围内全部墙体重作为均布荷载;当 $h_w > L/3$ 时,取 $L/3$ 高度范围内全部墙体重作为均布荷载,按连续梁计算弯矩、剪力。

③倒置弹性地基梁法。将承台梁上墙体视为半无限平面弹性地基,承台梁视为桩顶荷载作用下的倒置弹性地基梁,按弹性理论求解梁的反力,经简化后作为承台梁上的荷载,在按连续梁计算弯矩和剪力。对于承台上的砖墙,还应验算桩顶以上部分砌体的局部承压强度。

工程实践表明,当承台梁各跨的跨度较小时,按①、③两种方法计算的结果较接近,而按②种方法得到的结果偏小。对于大直径桩且桩距较大时,可考虑按③种方法计算。

采用倒置弹性地基梁法计算内力时,设三角形荷载图形底边端点到桩边距离为 a_0,则可按 $a_0 < L/2$,$L > a_0 \geqslant L/2$,$L/2 > a_0 > l$(l 为门洞边至桩中心距离)和 $a_0 > L$ 四种情况得出承台梁上荷载分布形式,如图 3-51 所示。各种计算简图按普通梁计算出支座弯矩、跨中弯矩和最大剪力,其内力计算公式见表 3-24 所示。

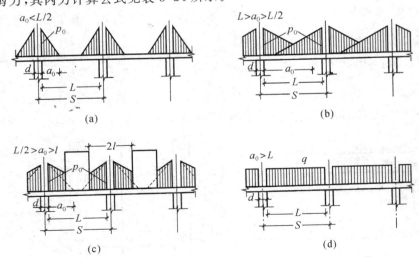

图 3-51　墙下条形桩基承台梁计算简图

表 3-24 的公式中,p_0 为线荷载的最大值(kN/m),按下式确定

$$p_0 = qL_c/a_0 \tag{3-60}$$

式中:L_c——计算跨度,$L_c = 1.05L$;

q——承台梁底面以上均布荷载。

由于图 3-51 中中间跨及边跨的荷载分布情况不同,a_0 可按下式确定:

中间跨

$$a_0 = 3.14\sqrt[3]{\frac{E_n I}{E_k b_k}} \tag{3-61}$$

边跨

$$a_0 = 2.4\sqrt[3]{\frac{E_n I}{E_k b_k}} \tag{3-62}$$

式中:$E_n I$——承台梁的抗弯刚度。E_n 为承台梁混凝土弹性模量,I 为梁横截面惯性矩。

　　E_k——墙体的弹性模量。

　　b_k——墙体的宽度。

当门窗口下布设桩,且承台梁顶面至门窗口的砌体高度小于门窗口的净宽时,则应按倒置的简支梁计算该段梁的弯矩,取门窗净宽的 1.05 倍为计算跨度,取窗口下桩顶荷载作为集中荷载进行计算。

表 3-24　墙下条形桩基承台梁内力计算公式

内力	计算简图编号	内力计算公式
支座弯矩	(a)、(b)、(c)	$M = p_0 \dfrac{a_0^2}{12}\left(2 - \dfrac{a_0}{L_c}\right)$
	(d)	$M = \dfrac{q L_c^2}{12}$
跨中弯矩	(a)、(c)	$M = p_0 \dfrac{a_0^3}{12 L_c}$
	(b)	$M = \dfrac{p_0}{12}\left[L_c\left(6 a_0 - 3 L_c + 0.5\dfrac{L_c^2}{a_0}\right) - a_0^2\left(4 - \dfrac{a_0}{L_c}\right)\right]$
	(d)	$M = \dfrac{q L_c^2}{24}$
最大剪力	(a)、(b)、(c)	$Q = \dfrac{p_0 a_0}{2}$
	(d)	$Q = \dfrac{q L}{2}$

注:当承台梁少于 6 跨时,其支座与跨中弯矩应按实际跨数和图 3-51 求计算公式。

2. 受冲切计算

对于墙下承台梁,当梁受到桩反力作用后,由于墙体与承台梁的共同作用,承台梁具有较高的抵抗桩冲切的能力,一般不需验算桩对承台梁的冲切作用。

对于柱下承台梁,其抗冲切计算可参照柱下独立承台的受冲切计算方法,需分别考虑柱对承台的冲切和桩对承台的冲切作用。

3. 受剪切计算

当计算墙下承台梁的受剪承载力时,承台梁的最大剪力发生在桩的附近,最大剪力的计算方法由表 3-24 确定。斜截面的受剪承载力分别按式(3-54)计算。

对于柱下承台梁,其构造与一般连续梁相似,受荷载后的最大剪力发生在柱与最近一根桩之间,斜截面的受剪承载力也按式(3-54)计算。须注意,对承台梁的柱和桩边缘处,承台梁宽、高改变处等位置的截面,都应对承台梁斜截面的受剪承载力进行计算。

3.7.3　设计实例

某宿舍楼工程 4 层,上部结构采用砖混结构,横墙承重,采用梁式承台桩基,工程桩采用

$\phi 377$ 沉管灌注桩。试设计该基础承台梁。

解:(1)桩位平面布置

桩位平面布置基本采用等距布置,桩距约为 1.8m,桩位平面如图 3-52 所示。

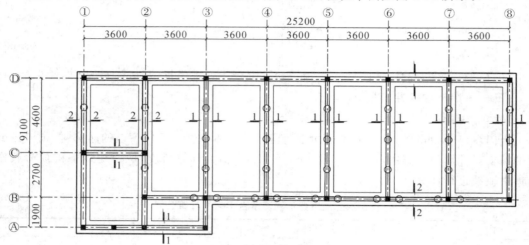

图 3-52　桩位平面图

(2)承台设计

1)受弯计算

取承台梁尺寸为 350×600,如图 3-53 所示。计算时不考虑墙、承台梁的共同作用,将墙体荷载作为承台梁上的均布荷载,可将桩视为不动支座,按连续梁进行计算。以④轴为例,上部结构传到承台梁的荷载为 220kN/m,计算简图如图 3-54 所示。

根据《静力计算手册》,最大弯矩 $M_{max} = \dfrac{1}{11} \times 220 \times 1.8^2 = 64.8 (\text{kN} \cdot \text{m})$,最大剪力 $F_Q = \dfrac{3}{5} \times 220 \times 1.8 = 238 \text{kN}$。

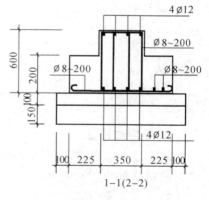

图 3-53　承台梁及配筋图

采用 II 级钢,$A_{sI} = \dfrac{M_{max}}{9.8 f_y h_0} = \dfrac{64.8}{0.9 \times 300 \times 560} \times 10^6 = 429 \text{mm}^2$,配筋率为 0.2%。

因此,长边方向选用 $4\phi12$,$A_s = 453 \text{mm}^2$,平行长边方向均匀布置,间距满足构造要求,如图 3-53 所示。

2)受冲切、受剪切计算

对于墙下承台梁,由于墙体与承台梁的共同作用,承台梁具有较高的抵抗桩冲切的能力,一般不需验算桩对承台梁的冲切作用和承台梁的受剪切作用。

(3)桩身的设计

根据承台梁的计算简图,可计算出桩顶的轴向力和弯矩,根据 3.6.6 节的方法和偏压构件进行桩身设计。采用 $\phi 377$ 沉管灌注桩,根据最大桩身轴力 $F_{Qmax} = 238 \text{kN}$,因此根据场地

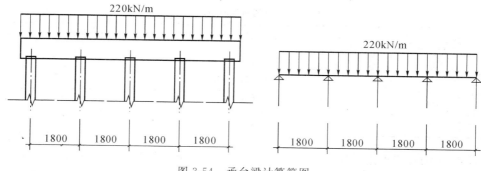

图 3-54　承台梁计算简图

工程地质勘察资料,取桩长约为 15m,单桩承载力特征值约为 450kN。

3.8　桩基检测及验收

3.8.1　成桩过程检验

桩基的设计确定后,怎样确保施工质量,使其在设计要求范围内,就成为最主要的问题。只有严格控制成桩过程、进行沉桩后的检测和验收,合格后才能进入下一道工序。成桩过程检验是桩基质量控制的第一关,不同桩型有不同的要求,分述如下。

1. 灌注桩成桩过程检验

按图施工,轴线控制点和水准基点设在不受施工影响的部位,妥善保护并经常复测,确保不发生大面积桩偏位事件。灌注桩成孔施工的允许偏差应满足表 3-25 的要求。

表 3-25　灌注桩施工允许偏差

序号	成孔方法		桩径偏差（mm）	垂直度允许偏差（％）	桩位允许偏差（mm）	
					单桩、条形桩基沿垂直轴线方向和群桩基础中的边桩	条形桩基沿轴线方向和群桩基础中间桩
1	泥浆护壁冲（钻）孔桩	$d \leqslant 1000mm$	$-0.1d$ 且 $\leqslant -50mm$	1	$d/6$ 且不大于 100	$d/4$ 且不大于 150
		$d > 1000mm$	-50		$100 + 0.01H$	$150 + 0.01H$
2	锤击（振动）沉管、振动冲击管成孔	$d \leqslant 500mm$	-20	1	70	150
		$d > 500mm$	-20		100	150
3	螺旋钻、机动洛阳铲钻孔扩底		-20	1	70	150
4	人工挖孔桩	现浇混凝土护壁	± 50	0.5	50	150
		长钢套管护壁	± 20	1	100	200

注:①桩径允许偏差的负值是指个别断面;
　　②采用复打、反插法施工的桩径允许偏差不受本表限制;
　　③H 为施工现场地面标高与桩顶设计标高的距离;d 为设计桩径。

除了控制孔位,钢筋笼的制作也有具体要求。一般除了符合设计要求外,钢筋笼的制作允许偏差尚应符合表 3-26 的规定。

表 3-26 钢筋笼制作允许偏差

项次	项目	允许偏差（mm）
1	主筋间距	±10
2	箍筋间距或螺旋筋螺距	±20
3	钢筋笼直径	±10
4	钢筋笼长度	±50

混凝土粗的骨料可选用卵石或碎石，其最大粒径对于沉管灌注桩不宜大于 50mm，并不得大于钢筋间最小净距的 1/3；对于素混凝土，不得大于桩径的 1/4，并不宜大于 70mm。

对钻孔灌注桩，在灌注混凝土之前，孔底沉碴厚度指标应符合下列规定：端承桩不大于 50mm；摩擦端承、端承摩擦桩不大于 100mm；摩擦桩不大于 300mm。对锤击沉管灌注桩，拔管速度要均匀，对一般土层以 1m/min 为宜，在软弱土层和软硬土层交界处宜控制在 0.3 ~0.8m/min；对振动沉管灌注桩，桩管内灌满混凝土后，先振动 5~10s，再开始拔管，应边振边拔，每拔 0.5~1.0m 停拔振动 5~10s；如此反复，直至桩管全部拔出，在一般土层内，拔管速度宜为 1.2~1.5m/min，用活瓣桩尖时宜慢，用预制桩尖时可适当加快；在软弱土层中，宜控制在 0.6~0.8m/min。

2. 混凝土预制桩成桩过程检验

桩制作时，桩的表面应平整、密实，制作允许偏差应符合表 3-27 的规定。

表 3-27 预制桩制作允许偏差

桩型	项目	允许偏差（mm）
钢筋混凝土实心桩	①横截面边长	±5
	②桩顶对角之差	10
	③保护层厚度	±5
	④桩身弯曲矢高	不大于 1%桩长且不大于 20
钢筋混凝土实心桩	⑤桩尖中心线	10
	⑥桩顶平面对桩中心线的倾斜	≤3
	⑦锚筋预留孔深	0~20
	⑧浆锚预留孔位置	5
	⑨浆锚预留孔径	±5
	⑩锚筋孔的垂直度	≤1%
钢筋混凝土管桩	①直径	±5
	②管壁厚度	−5
	③抽心圆孔中心线对桩中心线	5
	④桩尖中心线	10
	⑤下节或上节桩的法兰对中心线的倾斜	2
	⑥中节桩两个法兰对桩中心线倾斜之和	3

混凝土预制桩达到设计强度的 70％方可起吊，达到 100％才能运输。禁在场地上以直接拖拉桩体方式代替装车运输，桩堆放层数不宜超过四层。

桩的连接方法有焊接、法兰接及硫黄胶泥锚接三种，前两种可用于各类土层；硫黄胶泥锚接适用于软土层，且对一级建筑桩基或承受拔力的桩宜慎重选用。采用焊接接桩时，应先将四角点焊固定，然后对称焊接，并确保焊缝质量和设计尺寸。硫黄胶泥锚接桩时，锚筋刷清并调直；锚筋孔内有完好螺纹，无积水、杂物和油污；接桩时接点的平面和锚筋孔内应灌满胶泥；灌注时间不得超过两分钟；灌注后停歇时间符合规定。

在沉桩过程中，桩插入时的垂直度偏差不得超过 0.5％。对于密集桩群，打桩顺序为自中间向两个方向或向四周对称施打；当一侧毗邻建筑物时，由毗邻建筑物处向另一方向施打；基础设计标高不同时，先深后浅；桩的规格不同时，先大后小，先长后短。施工完毕后，要校核桩位，桩位允许偏差，应符合表 3-28 的规定。

表 3-28　预制桩（钢桩）位置的允许偏差

序号	项　目		允许偏差（mm）
1	单排或双排桩条形桩基	（1）垂直条形桩基纵轴方向	100
		（2）平行条形桩基纵轴方向	150
2	桩数为 1～3 根桩基中的桩		100
3	桩数为 4～16 根桩基中的桩		1/3 桩径或 1/3 边长
4	桩数大于 16 根桩基中的桩	（1）最外边的桩	1/3 桩径或 1/3 边长
		（2）中间桩	1/2 桩径或 1/2 边长

3. 预制钢桩成桩过程检验

钢桩制作容许偏差不得超过表 3-29 的规定。

表 3-29　钢桩制作的容许偏差

序号	项　目		容许偏差（mm）
1	外径或断面尺寸	桩端部	±0.5％外径或边长
		桩身	±1％外径或边长
2	长度		＞0
3	矢高		≤?％桩长
4	端部平整度		≤2％（H 型桩≤1％）
5	端部平面与桩身中心线的倾斜值		≤2％

端部的浮锈、油污等脏物必须清除，保持干燥；下节桩顶经锤击后的变形部分应割除；上下节桩焊接时应校正垂直度，对口的间隙为 2～3mm；焊接质量应符合国家钢结构施工与验收规范和建筑钢结构焊接规程，每个接头除应进行外观检查外，还应按接头总数的 5％作超声或 2％作 X 拍片检查，在同一工程内，探伤检查不得少于 3 个接头。

钢桩应按规格、材质分别堆放，堆放层数不宜太高，对钢管桩，φ900 直径放置三层；φ600 放置四层；φ400 放置五层；对 H 型钢桩最多为六层；支点设置应合理，钢管桩的两侧应用木楔塞住，防止滚动。

　　H 型钢桩断面刚度较小,锤重不宜大于 4.5t 级(柴油锤),且在锤击过程中桩架前应有横向约束装置,防止横向失稳。地表层如有大块石、混凝土块等回填物,则应在插入 H 型钢桩前进行触探并清除桩位上的障碍物,保证沉桩质量。

3.8.2　单桩静荷载试验

　　成桩过程检验是质量控制的重要步骤。施工完毕后,对桩成品的检测是质量把关的最后一个环节,也是判定桩质量是否合格的决定性环节。桩基检测的方法有多种,包括静荷载实验、低应变法、高应变法、声波透射法、钻芯法等。

　　检测完成后,要提供检测结果评价,包括承载力是否满足设计要求和桩身完整性类别两个方面。其中静载和高应变能检测承载力是否符合设计要求,低应变、高应变和声波透射能检测桩身完整性。在所有检测方法中,静载试验是最直观、最有说服力的试验,也是桩基检测最主要的手段,其已在 3.3.2 节中有详细叙述。根据桩作用的不同,可分为竖向抗压静载试验、竖向抗拔静载试验和水平静载试验,前者是应用最广泛的试验,竖向抗拔静载试验和水平静载试验与竖向抗压静载试验大同小异。

3.8.3　基桩低应变检测

　　桩基低应变动测就是对桩顶施加激振能量,引起桩身和桩周土体的微幅振动,通过仪表记录桩顶的速度或加速度,利用波动理论对记录进行分析,用以判断桩身的完整性。其具有快速、经济的特点,是目前工程界广泛使用的方法。

　　力锤对桩土体系施加一个机械激振 $F(t)$,使桩的质点受迫面振动并产生弹性波沿桩体向下传播,在 1.5 倍桩径范围外,桩内传播的波可视为平面波,当桩身存在某些缺陷而造成桩身砼密度、截面积或速度变化时,必然引起波阻抗的差异,从而产生波的反射和叠加,这些信号被放置在桩顶的传感器所接收,这个过程受桩的弹性模量、土的剪切模量及桩土体系刚度等诸多因素的影响,如图 3-55 所示。通过对记录波形的时域(相位、频率、波幅、旅行时、波速)分析和频谱分析就可综合判定桩身质量和缺陷界面,并对照规范给出的桩基质量类别可划分桩的质量等级。

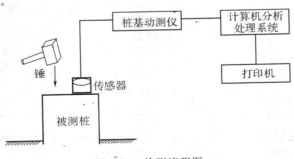

图 3-55　检测流程图

　　从检测流程图可以看出,低应变检测设备主要由激振设备、传感器以及信号采集分析仪组成。激振设备通常用手锤,锤头的重量与材料都可以更换,一般长桩用重锤;短桩用轻锤,铁锤波传递距离短;橡胶锤波传递距离长。传感器有速度和加速度两种类型可以选择使用,加速度传感器接收的波形积分一次,即可得速度传感器接收的波形。信号采集分析仪包括信号放大器、数据采集器、记录存储器、数字计算分析软件等，是一个集合体。低应变检测现场如图 3-56 所示。

图 3-56　低应变检测现场

低应变检测的关键在曲线分析上，分析曲线时，主要根据反射波相位与入射波相位之间的关系，判别界面波阻抗的性质，可以简单表述为：若分析部位桩质量好于桩顶，则反射波表现为反相位，例如桩端为基岩或桩身扩径均表现为反射波反相位；若分析部位桩质量比桩顶差，则反射波表现为同相位，如摩擦桩的桩端、缩径、离析或断裂等，均表现为反射波同相位。由此判断桩身质量以及缺陷位置，进而根据缺陷程度给出桩身质量等级，基桩质量评定等级分类如表 3-30 所示。

表 3-30　桩基质量评定等级

桩基质量等级	分　类　标　准
Ⅰ 类	无缺陷的完整桩
Ⅱ 类	有轻度缺陷，但不影响或基本不影响原设计桩身结构强度的桩
Ⅲ 类	有明显缺陷，影响原设计桩身结构强度的桩
Ⅳ 类	有严重缺陷的桩、断桩

前两类桩为合格桩；后两类桩为不合格桩，需进行特殊处理。工程中常遇到的桩的波形类型与缺陷情况如表 3-31 所示。

表3-31   不同缺陷桩波形特征

缺陷	典型曲线	曲线特征
完整		① 短桩：桩底反射R与入射波频率相近，振幅略小 ② 长桩：桩底反射振幅小，频率低 ③ 摩擦桩的桩底反射与入射波同相位，端承桩的桩底反射与入射波反相位
扩径		① 曲线中期则，可见桩间反射，扩径第一反射子波与入射波反相位；后续反射子波与入射波同相位，反射子波的振幅与扩径尺寸正相关 ② 可见桩底反射
缩径		① 曲线小规则，可见桩间反射，缩径第一反射子波与入射波同相位，后续反射子波与入射波反向位。反射子波的振幅大小与缩径尺寸正相关 ② 一般可见桩底反射
离析		① 曲线不规则，一般见不到桩底反射 ② 离析的第一反射子波与入射波同相位，幅值视离析呈正相关，但频率明显降低 ③ 中、浅部严重离析，可见到多次反射子波
断裂		① 浅部断裂（<2m）由于受钢筋和下部桩影响反映为锯齿状子波叠加在低频背景上脉冲子波，峰—峰为A± ② 中浅部断裂为一多次反射子波等距出现，振幅和频率逐次下降 ③ 深部断裂似桩底反射曲线，但所计算的波速远大于正常波速 ④ 一般见不到桩底反射
夹泥空洞微裂		① 曲线不规则，一般可见到桩底反射 ② 缺陷的第一反射子波与入射波同相位，并反射子波与入射波反相位 ③ 子波的幅值与缺陷的程度呈现相关
桩底沉渣		桩底存在沉渣，桩底反射与入射波同相位，其幅值大小与沉渣的程度呈正相关

    不过,桩身完整性的影响因素众多、桩身缺陷多种多样,表中列举的是一些典型缺陷类型及缺陷的波形,实测时要复杂得多。因此,在具体工作中,要结合工地的工程地质条件、施工工艺和过程等情况,对所测得的曲线认真地进行分析研究,合理解释缺陷的性质及程度。

    下面列举几个工程桩实例。

桩基础类型	基桩参数	工程地点	评价
人工挖孔桩	ϕ500mm, L=22.0m, C30	杭二高速公路某标段	Ⅳ（严重高析桩）

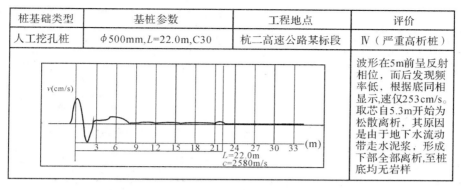

波形在5m前呈反射相位，而后发现频率低，根据底同相显示,速仅253cm/s。取芯自5.3m开始为松散离析，其原因是由于地下水流动带走水泥浆，形成下部全部离析，至桩底均无岩样

桩基础类型	基桩参数	工程地点	评价
钻孔灌注桩	ϕ800mm, L=15.2m, C25	杭州某中心二期	Ⅲ(断柱)

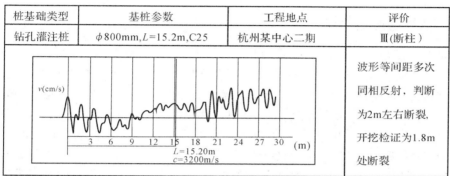

波形等间距多次同相反射，判断为2m左右断裂，开挖检证为1.8m处断裂

桩基础类型	基桩参数	工程地点	评价
钻孔灌注桩	600mm, L=6.1m, C25	兰溪电厂	Ⅰ扩径桩

桩底反射显，波速3090m/s,在2.8m处因粉砂层引起塌孔子扩径非常明显

桩基础类型	基桩参数	工程地点	评价
钻孔灌注桩	ϕ426mm, L=18.0m, C25, 钢筋笼长6m	杭州蒋村某教工宿舍	Ⅱ(缩径)

6.5~7m处存在缩径或局部离析,其原因为成桩时拔管太快,导致在钢筋笼底部存在缺陷但桩底基本可见,属Ⅱ类桩

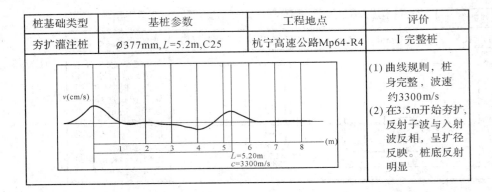

桩基础类型	基桩参数	工程地点	评价
夯扩灌注桩	Ø377mm,L=5.2m,C25	杭宁高速公路Mp64-R4	Ⅰ 完整桩

评价栏内容：
(1) 曲线规则，桩身完整，波速约3300m/s
(2) 在3.5m开始夯扩，反射子波与入射波反相，呈扩径反映。桩底反射明显

3.8.4　基桩高应变检测

高应变检测是用很重的锤(一般锤重为几吨到十几吨)给桩顶施加一个竖向冲击荷载，在桩两侧距桩顶一定距离的位置对称安装力传感器和加速度传感器，测量力和桩、土系统响应信号，从而计算分析桩身结构完整性和单桩承载力。桩顶的锤击作用力接近桩的实际应力水平，桩身应变近似工程桩实际应变，冲击力的作用使桩、土之间产生相对位移，使桩侧摩阻力发挥比较充分，端阻力也相应被激发，因而测量信号含有承载力信息。桩顶力是瞬间力，荷载作用时间为20ms左右，因而使桩体产生显著的加速度和惯性力。当然，动态响应信号反映桩土承载力特性的同时，也和动荷载作用强度、频谱成分和持续时间密切相关。

高应变检测最常用的方法有CASE法与曲线拟合法，两者以波传播理论为依据，量测桩顶力和加速度时程波形，但对测量信号的分析处理方法不同。其他高应变检测方法还有静动法和改进动力打桩公式法，相对用得较少。高应变检测，几个检测细节比较重要。

1. 桩头处理要求

为确保检测时锤击力的正常传递，对混凝土灌注桩、桩头严重破损的混凝土预制桩和桩头已出现屈服变形的钢桩，检测前应对桩头进行修复或加固处理。桩顶面应水平、平整，桩头中轴线与桩身中轴线应重合，桩头截面积应与原桩身截面积相同。桩头主筋应全部直通至桩顶混凝土保护层之下，不能突出桩顶平面，各主筋应在同一高度上，如图3-57所示。桩头混凝土强度等级宜比桩身混凝土提高1~2级，且不得低于C30。

2. 锤击设备

打桩机械或类似的装置都可作为锤击设备，也可以采用高应变检测专用锤。重锤要求质量均匀、形状对称、锤底平整、用铸钢或铸铁制作。当采用自由落锤时，锤的重量应大于预估的单桩极限承载力的1%。桩顶应设锤垫，锤垫可采用胶合板、细砂、纸板箱壳等材料，采用时应根据实际情况选择，如图3-58所示。

3. 仪器安装

应变传感器和加速度传感器各两个，在桩的两侧对称布置，用来消除偏心的影响。传感器离桩顶不能太近，因为桩顶接触面不平整所产生的高频信号会对传感器造成明显的干扰。但也不能离桩顶太远，因为离得太远会给测试带来许多困难。传感器一般装在离桩顶1~2倍桩径的桩侧。应变传感器与加速度传感器在同一水平面上，且加速度传感器在应变传感器的中心水平线上，两者水平距离约为10cm。安装时必须关注传感器与桩身接触面的平整度。对于不平整的表面应凿平、磨光，以保证传感器的轴线与桩轴线平行。安装传感器部位

图 3-57　平整桩头后铺细沙

图 3-58　锤击设备

的材质和截面尺寸应与原桩等同。传感器与桩的连接一般采用膨胀螺栓,螺栓孔与轴线垂直,螺栓拧的松紧程度应适宜,不能太紧或太松。因为太紧会导致应变传感器初始值超限,太松会损失部分信号,如图 3-59 所示。

4. 锤重与落高

锤重与落高对实验成功是否非常重要。对摩擦力为主的桩,一般锤子重量达到预估最大极限承载力的 1‰;若是端承为主的桩,锤重需要更大,标准是可以把桩打出一定的贯入度。锤子自由落体的高度,简称落高,落高的大小是影响桩速度和加速度反应的主要因素之

一。一般情况下落高在 1～2m 之间,最高不能大于
2.5m。落高太小,锤击能量不足;落高过大,容易
产生锤击偏心,也容易使力最大值过大,击碎桩顶,
即使不碎,也使应变值偏高,加大应变传感器误差。
一般采用重锤低落的原则。当桩承载力较大,采用
重锤高落,以获得高的锤击能时,一般应配套使用
导向架,可以把偏心等不利影响降到最低,同时提
高安全性。

图 3-59　传感器安装

　　室外作业完成后,就是比较复杂的室内曲线分
析。处理时经验占很大成分,这里不作详细论述。
下面列举一个工程实例的操作过程与结果。

　　杭州市萧山区外环南路一期工程桥桩共 24
根,全部进行底应变检测和超声波检测,以判定桩
身的完整性。单桩承载力特征值为 1600kN,若做
静载实验检测承载力,则需堆载 3500kN 以上。因
为桥桩位于河边,没有堆载条件,为了检测桩身承载力,选取 1 根桩做高应变。

　　选用 3.2t 重钢锤,武汉岩海公司的全套大应变仪器,现场采集曲线如图 3-60 所示。

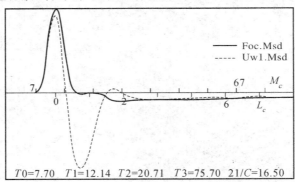

T0=7.70　　T1=12.14　　T2=20.71　　T3=75.70　21/C=16.50

图 3-60　实测曲线

　　经过曲线拟合,得到模拟土参数作用下,力曲线与速度曲线如图 3-61 所示。

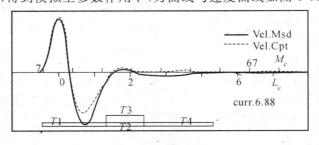

图 3-61　拟合曲线

　　根据模拟土参数,可以推出模拟的静载实验结果,其 Q-S 曲线如图 3-62 所示。

　　根据模拟 Q-S 曲线,结合静载实验极限值取法,可知本桩极限承载力为 3413kN。

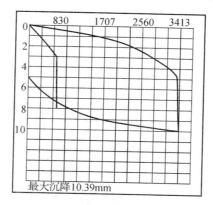

图 3-62　模拟静载荷试验

思考题

3-1　何谓端承桩和摩擦桩？

3-2　按施工方法不同,桩可分为哪几种类型？并说明各种类型桩的适用范围。

3-3　简述单桩在竖向荷载作用下的荷载传递机理。

3-4　在工程中,确定单桩竖向极限承载力有哪几类方法？

3-5　何谓群桩效应？

3-6　简述水平荷载作用下单桩的工作性能及其破坏性状。

3-7　在哪些情况下会产生桩侧负摩阻力？

3-8　哪些建筑桩基需要验算桩基沉降？

3-9　简述独立承台和梁式承台设计的异同。

3-10　桩基础设计包括哪些内容？其设计步骤如何？

3-11　桩的检测手段有哪些,作用分别是什么？

3-12　高应变检测时,应该遵照重锤低落原则,为什么？

习题

3-1　某场地从天然地面起往下的土层分布如下:①淤泥质土,厚度 $l_1 = 5m$, $q_{s1a} = 9kPa$;②硬塑黏土,$l_1 = 7.5m$,$q_{s1a} = 26kPa$;③密实砂土,$q_{s3a} = 35kPa$,$q_{pa} = 2300kPa$。现采用截面为 350mm×350mm 的预制桩,承台埋深为 1m,桩端进入砂土层的深度为 1.5m,试确定预制桩单桩承载力特征值。

3-2　已知某桩基础,一承台下有 8 根桩,桩的截面尺寸为 300mm×300mm,桩长为 8.5 m,其他条件如习题 3-2 图所示,试验算单桩竖向承载力是否满足要求？（不考虑群桩效应）

3-3　某场地土层分布情况自上而下为:①杂填土,厚度为 1.0m;②淤泥,软塑状态,厚度 6.5m;③粉质黏土 $I_L = 0.25$,厚度较大。上部结构柱传至地面处的荷载设计值为:竖向力 $F = 2500kN$,弯矩 $M = 180kN \cdot m$,水平力 $H = 100kN$。初选预制桩截面为 350mm×350mm。试设计该桩基础。

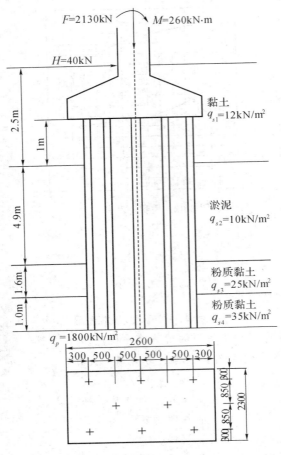

习题 3-2 图

3-4　已知某沉管灌注桩静载实验时,加载大小、时间与沉降量关系和卸载大小、时间与沉降量关系如习题 3-4 表所示。根据实测数据,绘制该桩 Q-S 曲线和 S-$\lg t$ 曲线,并判断其承载力极限值。

习题 3-4 表

荷载(kN) 时间(min)	0	240	360	480	600	720	840	960	1080	1200
0	0.00	0.00	1.10	1.81	2.75	4.12	5.72	7.68	9.92	12.44
5		1.03	1.77	2.68	4.00	5.59	7.52	9.75	12.28	15.29
15		1.07	1.79	2.72	4.06	5.66	7.60	9.84	12.36	15.50
30		1.09	1.80	2.73	4.09	5.70	7.63	9.89	12.41	15.59
45		1.10	1.80	2.73	4.10	5.71	7.66	9.91	12.43	15.63
60		1.10	1.81	2.75	4.12	5.72	7.68	9.92	12.44	15.65

荷载（kN） 时间（min）	960	720	480	240	0
0	15.65	15.37	14.73	13.61	11.90
5	15.40	14.77	13.69	12.03	9.75
15	15.38	14.74	13.63	11.94	9.62
30	15.37	14.74	13.61	11.90	9.56
60				9.15	

3-5　根据下面 2 根桩的低应变曲线，试判其桩身完整性等级，并给出桩是否合格。

桩基础类型	基桩参数	工程地点
钻孔灌注桩	$\phi 1000mm, L=26.5m, C25$	浙江湖州某交通桥桩

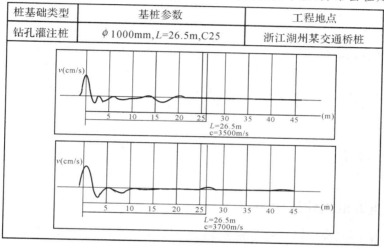

习题 3-5 图

第4章 沉井基础与地下连续墙

学习要点：

①了解沉井基础的工作原理与构造；②掌握沉井基础的设计、验算方法；③掌握地下连续墙的设计要点。

沉井基础及地下连续墙的施工工艺及措施详见《土木工程施工》一书。

4.1 沉井基础

4.1.1 沉井的工作原理与特点

在深基础施工中，为保证开挖边坡稳定，并减少开挖土方工程量，利用一井状筒形结构物，将其沉入地下并用作结构物的基础，称为沉井基础。施工时，从井筒内挖土，筒体在自重作用下克服井壁摩阻力下沉，直至设计标高，经混凝土封底而成。沉井基础的工作原理如图 4-1 所示。

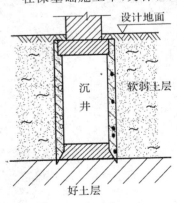

图 4-1　沉井基础示意图

从施工阶段角度看，沉井是土体开挖的支护体系，作为挡土防水的结构物；从使用阶段角度看，它是基础结构的组成部分；有时为利用沉井的空间，将其作为地下构筑物。例如水泵站，利用井筒内空间，作为水泵房。

沉井基础的特点是埋深可以很大，结构的整体性强、稳定性好，有较大的承载面积，抗水平荷载和垂直荷载性能较好。沉井有其独特的优点：在技术上，操作方便、可靠，无需专用设备，无需其他围护结构，造价低；占地面积小，土方开挖量少，施工时对邻近建筑物影响小；沉井内部空间还可以作为地下构筑物的空间利用。其缺点是：工期较长，如果遇到饱和粉细砂类土，在井内抽水易发生流砂现象，导致沉井倾斜；若沉井下沉过程中遇地下大漂石等障碍物或倾斜较大的岩面，均会给施工带来一定的困难。

上海宝钢电厂水泵房钢筋混凝土矩形沉井建于高压缩性的软黏土中，平面尺寸为 39.8m×39.45m，深度为 16.2m，壁厚为 1.5m，井内设纵横隔墙 7 道，总重达 17500t。据不完全统计,国内大型圆形钢筋混凝土沉井直径可做到接近 70m,矿用沉井下沉已超过 100m。

图 4-2　杭州湾跨海大桥承台施工围堰——钢沉箱

杭州湾大桥承台施工采用组合式沉井,底节采用混凝土沉井,内径为 12m,壁厚为 0.3m,高度为 3.8m,顶节为钢沉井(钢套箱),高度为 3m,由 4 片组装而成,拼装后整体运抵安装,底部与混凝土沉井螺栓连接。如图 4-2 所示为杭州湾跨海大桥承台施工沉井。

"南海一号"考古打捞沉船采用整体打捞方案,预先在陆地上制作一个沉井,用驳船运至海上古沉船位置上方,然后将沉井缓缓压入淤泥,整体罩住沉船及其周围淤泥,然后再从上沉井底部两侧穿引 36 根钢梁,形成一个封底的沉箱,从而把"南海一号"整体打捞出海。图 4-3 所示为沉井吊运,该沉井平面呈长方形,长为 35.7m,宽为 14.4m,高为 12m,重达 530t。井壁采用封闭式双壁空心钢结构烧焊而成。

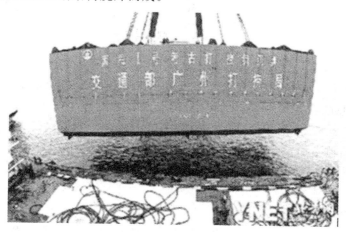

图 4-3　"南海一号"考古打捞沉井下水

沉井基础广泛应用于:桥梁墩台基础、取水构筑物、泵站、大型设备基础、地下库房、人防掩蔽所、矿用竖井、水中施工围堰等,通常在下列情况下,可考虑采用沉井基础:

①埋设较深且无大开挖条件的构筑物,如临近原有建筑物的深基础;场地狭窄或受周围建筑物等限制不宜大开挖的场地;

②地下水位较高,易产生涌土、流砂,或易塌陷的不稳定土层中的构筑物;

③江心和岸边的给水、排水构筑物;

④桥墩、桥台等重型结构物基础；

⑤矿用竖井、大型设备基础；

⑥市政工程管道顶进的工作井，基础托换工程施工中的工作井。

不适用的场合如下：

①土层中夹有大孤石、旧基础等障碍物；

②饱和粉细沙、粉土层；

③基岩面层倾斜起伏大。

4.1.2 沉井的类型与构造

1.沉井的类型

(1)按平面形状分类，常用的有圆形、矩形、圆端形。根据井孔的布置，有单孔型、双孔型和多排孔型，如图 4-4 所示。

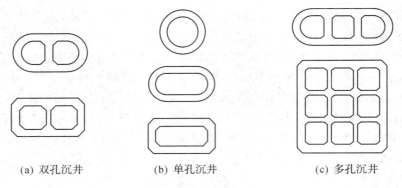

(a) 双孔沉井　　　　(b) 单孔沉井　　　　(c) 多孔沉井

图 4-4　沉井基础平面形状

①圆形沉井

与其他类型的沉井相比，圆形沉井在下沉过程中易控制方向，更能保证刃脚均匀受力；当侧压力均匀作用时，井壁只受轴向力作用；阻水力小，承受水平土压力和水压力性能最好。

②矩形沉井

矩形沉井具有制造简单，基础受力有利的特点，其与矩形墩台等底面形状为矩形的结构物吻合较好。但矩形沉井在侧压力作用下，井壁受较大的挠曲力矩，通常要在井内设置隔墙以提高沉井刚度。在流水中阻力大、冲刷较严重。

③圆端形沉井

圆端形沉井控制下沉、受力条件、阻水等情况均较矩形沉井有利，制作稍复杂。

对于平面尺寸较大的沉井，可在沉井内部设置隔墙，变成双孔、多孔沉井，以提高沉井的整体稳定性。

(2)按立面形状可分为直筒式、阶梯式和锥式，如图 4-5 所示。

外壁竖直的沉井，井壁接长比较简单，模板可重复利用，沉井下沉深度不大时当优先考虑直筒式。锥式或有台阶形井壁可有效减小井壁摩阻力，锥式沉井井壁坡度一般为 1/20～1/40，阶梯式沉井井壁的台阶宽度约为 100～200cm。

(3)按沉井材料可分为素混凝土沉井、钢筋混凝土沉井、钢沉井和其他沉井。

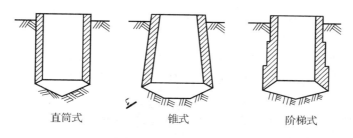

图 4-5　沉井基础立面形状

①素混凝土沉井:只适用于下沉深度不大的松软土层,通常做成圆形。

②钢筋混凝土沉井:井壁的抗压、抗拉强度较高,适用于下沉深度大(10 米甚至几 10 米)、平面尺寸较大的沉井。

③钢沉井:井壁强度更高、刚度大,却重量轻,易于拼装施工,但用钢量较大、成本高,常用于水中施工围堰,如图 4-2 和图 4-3 所示。

④其他沉井:有竹筋混凝土、砖砌沉井等。应用最广泛的是钢筋混凝土沉井。

(4)按沉井工作环境可分为旱地沉井、水中筑岛沉井和浮运沉井。

2. 沉井的构造

不同形式的沉井基础,在构造上均由刃脚、井壁、井孔、凹槽、隔墙(双孔、多孔井)、混凝土封底、顶盖等组成,如图 4-6 所示。

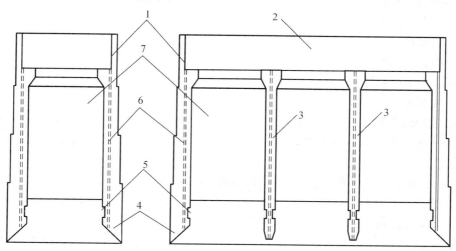

1—井壁　2—顶盖　3—内隔墙　4—刃脚　5—凹槽　6—射水管　7—井孔
图 4-6　沉井构造示意图

(1)刃脚

第一节沉井井壁下端形如刀刃的部位,便于切土下沉,常用钢筋混凝土刃脚。当下沉深度较大,或需要穿越坚硬土层时,可采用端部包型钢的加强形式。

(2)井壁

井壁是沉井的主体,在沉井下沉过程中提供重力以克服土对井壁的摩阻力和刃脚踏面底部土的阻力,同时承受周围的土压力、水压力。当工程完工后,沉井作为深基础,井壁直接将上部荷载传递至地基。因此,井壁必须具有足够的强度、刚度和重量。

（3）井孔

较大型井筒内部的空间被隔墙分割成若干小间,空间大小要能容纳挖土工人操作或挖土机械工作,在平面布置上,井孔宜对称布置,便于对称挖土,使沉井均匀下沉。

（4）凹槽

凹槽位于刃脚上方,沿井筒内壁水平向一圈,其作用是使封底混凝土与井壁更好地咬合联接,若井孔内全部填实,可不设凹槽。

（5）隔墙、底梁

大型沉井需增加内部隔墙以提高其整体刚度,减小沉井外壁受弯时的计算跨度。隔墙与底梁的底面应高出刃脚踏面 0.5～1m,避免阻碍刃脚切土下沉。

（6）混凝土封底

当沉井下沉到设计标高后,需用混凝土封底,以阻止地下水、土体进入井筒内。沉井作为深基础功能时,封底混凝土相当于基础地板,需有足够的抗弯、抗剪强度。

（7）顶盖

沉井是否要设置井盖,按功能需要而定。

4.1.3　沉井设计

沉井的设计计算包括:

①沉井尺寸拟定;

②计算水压力、土压力;

③施工过程中沉井各部位结构强度计算;

④使用过程中作为深基础设计验算。

1. 一般规定

沉井的平面形状及尺寸应根据上部构筑物底面形状与尺寸来确定,并应考虑阻水小、受力简洁、施工方便等要求。井孔棱角处宜做成圆角或钝角,减少应力集中现象,避免转角取土困难。

沉井的高度应根据沉井用途、上部结构荷重、工程地质和水文地质条件、施工方法等综合考虑,高度大的沉井因分节制作下沉,一般每节高度不宜大于 5m。井壁厚度按计算要求定,大型沉井厚达 2m,采用薄壁沉井则厚度可以减少。

刃脚踏面（也叫削面）宽度一般不小于 15cm,刃脚内侧斜面与水平面夹角不小于 $45°$,刃脚高度视井壁厚度而定,一般为 0.5～2.0m,如图 4-8 所示。

2. 计算沉井外荷载

（1）水压力:

$$p_w = \alpha \gamma_w h_w \qquad (4\text{-}1)$$

式中:α——折减系数,在排水下沉时,砂性土取 1.0,黏性土施工阶段取 0.7,使用阶段取 1.0;在不排水下沉时,内侧水压力取 0.5,外侧水压力取 1.0。

γ_w——水的重度。

h_w——水位高度。

（2）土压力：按郎肯理论计算作用于井壁单位面积上的土压力

$$p_a = \gamma h \tan^2(45° - \frac{\varphi}{2}) - 2c\tan(45° - \frac{\varphi}{2}) \tag{4-2}$$

式中：γ——计算高度 h 范围内土的加权平均重度，水位以下取浮重度；

　　　φ——土的加权平均内摩擦角；

　　　c——土的加权平均内聚力。

3. 沉井施工过程中结构强度计算

从底节沉井抽除垫木、挖土下沉、接高再下沉、清底到混凝土封底、作盖板，完成沉井施工的全过程。在此过程中，沉井各部位受到不同外力作用，应按照相应的最不利受力情况和施工要求，确定计算模式，验算强度与稳定。

（1）沉井自重验算

验算沉井自重是否满足下沉要求。一般当下沉系数 $K_1 \geqslant 1.15 \sim 1.25$ 时满足要求。

$$K_1 = \frac{G}{R_f} \tag{4-3}$$

式中：G——沉井自重，不排水时应扣除浮力；

　　　R_f——土对井壁的总摩阻力。

土对井壁的摩阻力数值与沉井入土深度、土的性质、井壁外形及施工方法等因素有关，有条件的话应根据试验资料确定，若无试验资料，可参照表 4-1 取值。考虑到沉井四周地表土松动，摩阻力可不计，简化计算时地表 5m 范围内摩阻力按三角形分布，5m 深度以下可取各土层厚度单位摩阻力加权平均值，如图 4-7 所示。

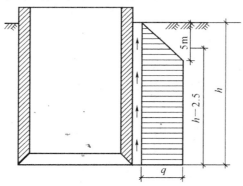

图 4-7　沉井侧壁摩阻力简化图

总摩阻力为

$$R_f = u(h - 2.5)f \tag{4-4}$$

式中：u——沉井的周长，m；

　　　h——沉井入土深度，m；

　　　f——各土层厚度 h_i 单位摩阻力加权平均值，kPa。按下式计算：

$$f = \frac{\sum f_i h_i}{\sum h_i} \tag{4-5}$$

表 4-1　沉井外壁摩阻力 f

土的名称	摩阻力 f(kPa)
砂卵石	18～30
砂砾石	15～20
砂土	12～25
硬塑黏性土、粉土	25～50
软塑、可塑黏性土、粉土	12～25
流塑黏性土、粉土	10～12
泥浆润滑套	3～5

(2)底节沉井的挠曲验算

底节沉井在拆除垫木时,相当于支承在底部四个支点上,此时将沉井看做深梁,验算支座、跨中截面处混凝土拉应力,使其控制在允许范围内。

圆形沉井一般按支承于相互垂直的径向四个支点验算,计算公式如下:

$$支座反力 \qquad\qquad R = \frac{\pi}{2}rq \qquad\qquad\qquad (4\text{-}6)$$

$$支座处截面剪力 \qquad\qquad Q = \frac{\pi}{4}rq \qquad\qquad\qquad (4\text{-}7)$$

$$跨中弯矩 \qquad\qquad M_1 = \left(\frac{\pi}{4\sin45°} - 1\right)r^2 q \qquad\qquad (4\text{-}8)$$

$$支座弯矩 \qquad\qquad M_2 = -\left(\frac{\pi\cot45°}{4} - 1\right)r^2 q \qquad\qquad (4\text{-}9)$$

式中:q——底节沉井单位周长自重;

r——底节沉井计算半径。

若验算结果混凝土拉应力超过其允许值,则应加大底节沉井高度或增加水平钢筋配置。

(3)刃脚受力验算

刃脚受力分别简化为竖向和水平向,按不同的受力简图验算刃脚根部的竖向挠曲和刃脚水平钢筋。

①沉井下沉过程中,应根据沉井接高等具体情况,取最不利位置,按刃脚切入土中 1m,验算刃脚根部向外挠曲强度。此时刃脚受力简图如图 4-8 所示。图中符号表示如下:

　　　R——刃脚下土的竖向反力,其值等于单位周长的沉井自重减去单位周长的井壁摩阻力;

　　　T_1——刃脚高度范围单位周长的摩阻力;

　　　E_{a+w}——刃脚高度范围土压力及水压力;

　　　H——刃脚斜面上的水平反力。

按三角形分布,H 合力为

$$H = v_2 \tan(\theta - \delta) \qquad\qquad\qquad (4\text{-}10)$$

$$v_2 = R - v_1 \qquad\qquad\qquad (4\text{-}11)$$

$$v_1 = \frac{2a_1 R}{2a_1 - b_2} \qquad\qquad\qquad (4\text{-}12)$$

式中: θ——刃脚斜面对水平面的倾角;

　　　δ——刃脚斜面与土的外摩擦角,其值可取内摩擦角 φ;

　　　υ_1——刃脚踏面下的竖向反力;

　　　υ_2——刃脚斜面下的竖向反力。

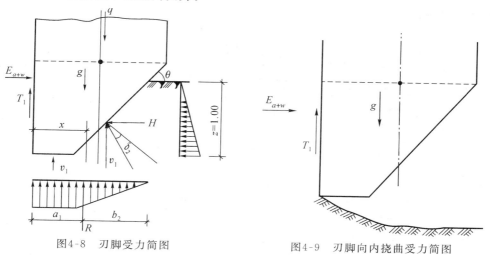

图4-8　刃脚受力简图　　　　　　　　图4-9　刃脚向内挠曲受力简图

　　计算出上述各力的大小、方向、作用点后,再计算各力对刃脚根部截面(如图 4-8 中虚线所示的部位)的弯矩、轴力和剪力,据此验算刃脚根部应力,并计算刃脚内侧所需竖向钢筋用量。

　　②刃脚向内挠曲计算:取其最不利受力情况,即沉井已下沉至设计标高且刃脚下面土被挖空,如图 4-9 所示。其中: g 为刃脚自重; T_1, E_{a+w} 同上述。可视刃脚为固定于井壁上的癣鼻梁,计算各力对刃脚根部截面的弯矩、轴力、剪力,并计算刃脚外侧所需竖向钢筋用量。

　　③刃脚水平钢筋计算:在如图 4-9 所示的受力状态下,刃脚受到的水平力最大,将刃脚看成按水平框架,计算控制截面上的内力。不同框架形式的内力可按结构力学的有关知识计算。

　　(4)井壁受力验算

　　当刃脚下部土体被掏空,上部沉井受四周土体侧摩阻力作用而被"箍住",此时下部沉井处于悬吊状态,应验算井壁竖向拉应力。若采用泥浆润滑套下沉沉井,则不会产生"箍住"现象,此时并不需要计算拉应力。

　　井壁在水平荷载作用下,按水平框架验算其水平向挠曲,配置水平钢筋。

　　(5)混凝土封底计算

　　当水下混凝土封底后,再将沉井中的地下水抽干,此时封底混凝土受到基底反力和水压力的作用,底板作为支承在井壁和隔墙底梁上的双向板(一般按简支承考虑,若底板与井壁、底梁有可靠的整体连接,可按弹性嵌固计算),验算底板抗弯、抗剪强度,确定底板厚度及配筋,详细计算参照混凝土结构设计规范。

4. 沉井作为深基础设计验算

　　当沉井在使用阶段时,要按照整体基础验算地基承载力与变形、稳定,验算沉井的抗浮、抗滑移和抗倾覆稳定。

根据沉井埋置深度不同,可分为以下两种情况计算。

①当埋深小于 5m 时,可忽略基础侧面土的横向反力,按天然地基上刚性浅基础设计,验算地基承载力和沉降及稳定,可参见第 2 章。

②当埋深大于 5m 且计算深度 $ah \leqslant 2.5$ 时,须考虑基础侧面土的水平抗力影响,将沉井视为刚性墩基础,可按"m"法计算。

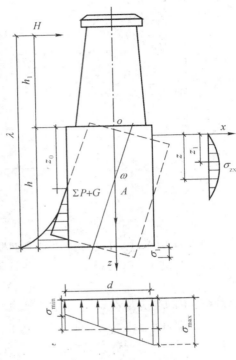

图 4-10　沉井使用阶段受力简图

假定在竖向力 $\sum P + G$、水平力 H 的共同作用下,沉井围绕地面以下深度 z_0 的 A 点转动,旋转角度 ω,如图 4-10 所示。在地面以下深度 z 处,基础水平位移 Δx、水平土压力 σ_{zx} 分别为

$$\Delta x = (z_0 - z)\tan\omega \tag{4-13}$$

$$\sigma_{zx} = mz(z_0 - z)\tan\omega \tag{4-14}$$

式中:z_0——转动中心离地面的距离;

ω——旋转角度;

m——地基水平抗力系数的比例系数(MN/m^4)。

按静力平衡条件:

由 $\sum X = 0$,得到

$$H - b_1 m\tan\omega \int_0^h z(z_0 - z)dz = 0 \tag{4-15}$$

由 $\sum M = 0$,得到

$$Hh_1 - \int_0^h \sigma_{zx} b_1 z \mathrm{d}z - H\lambda = 0 \tag{4-16}$$

式中，b_1——基础计算宽度，计算方法同"m"法桩基计算宽度。

求解式(4-15)和(4-16)可以得到地面以下深度 z 处基础截面弯矩为

$$M_z = H(\lambda - h + zA) - \frac{Hb_1 z^3}{2hA}(2A_0 - z) \tag{4-17}$$

式中：A——计算参数，$A = \dfrac{\beta b_1 h^3 + 18Wd}{2\beta(3\lambda - h)}$；

β——深度 h 处沉井侧面地基水平抗力系数与沉井地面地基竖向抗力系数比值，$\beta = mh/c$；

W——基底截面模量。

其余符号见图示尺寸。

基底压力为

$$\sigma_{\substack{max \\ min}} = \frac{\sum P + G}{A_0} \pm \frac{H\lambda}{W} \tag{4-18}$$

验算：

①基底竖向压应力 $\sigma_{max} \leqslant$ 地基承载力；

②横向抗力 $\sigma_{zx} \leqslant 4(\gamma z \tan\varphi - c)\cos\varphi$；

③按 M_z 验算基础抗弯强度。

此外，水下混凝土封底后，待混凝土强度达到设计要求后，再将井内积水抽干，此时还须验算沉井抗浮稳定性，要求抗浮稳定系数 $K_2 \geqslant 1.05$：

$$K_2 = \frac{G + R_f}{P_w} \tag{4-19}$$

式中，P_w——地下水总浮力。

5. 沉井下沉过程中常遇到的问题及其处理方法

沉井在下沉过程中常会遇到特殊问题，要求加强现场监测，发现问题及时采取措施，进行纠正。

(1)沉井倾斜、偏移

倾斜和偏移是沉井施工中较常遇见的问题，其原因有多种，如场地土层软硬不均、刃脚不平整、挖土不对称、沉井侧面受力不均匀或刃脚下局部有障碍物等。当沉井发生倾斜时可立即采取陶土法、不对称配重法、不对称射水法、水平向拉力扶正等措施。对于局部障碍物，应先进行人工排除后下沉。

(2)停沉、下沉困难

导致停沉的原因主要有：

①开挖深度不足，阻力太大；

②发生偏斜；

③遇到障碍物或坚硬土层；

④井壁无有效减阻措施。

解决停沉的方法可以利用配重法、清障法等方法。

（3）突然下沉

产生突沉的主要原因有：

①出现流塑土；

②挖土太深；

③排水迫沉。

可以通过控制挖土深度，或临时增设底面支承装置解决。

4.2　地下连续墙

4.2.1　概述

地下连续墙是利用专用的成槽机械开挖出一条狭长的深槽，槽内置放钢筋笼，灌注混凝土，使在地基中筑成连续的混凝土或钢筋混凝土墙体，具有支护、防渗、承重等多重功能。

自 20 世纪四五十年代，由意大利首次采用桩排式地下连续墙施工工艺以来，地下连续墙逐渐在各国得到应用推广。我国也于 20 世纪 50 年代末开始将排桩式地下连续墙应用于大坝防渗墙，之后，上海基础工程公司和上海隧道工程公司于 1976 年起系统地研究了地下连续墙施工工艺，并于 1977 年成功研制出导板抓头和多头钻成槽机，进一步推广了地下连续墙的应用。

随着城市用地的日益紧张，地下室施工工程越来越多。在市区进行深基坑开挖，周围多为密集建筑群和密集地下管线，基坑的围护工程显得特别重要，近几年多采用地下连续墙作为基坑开挖施工的围护结构。

地下连续墙的用途范围很广，主要有以下几种：

①用作基坑支护结构，可以与预应力锚杆或内支撑结构联合使用，也可单独形成悬臂式地下连续墙。

②用作竖向承重结构，如地下室外墙、地铁站台、地下防渗墙等。

地下连续墙的特点有：

①墙体刚度大，可用作刚性基础；

②用于基坑围护工程，可以兼作挡土与止水，防渗效果好；

③施工过程振动小，噪音低，对环境影响较小；

④适用于多种地基条件，可用于逆作法施工；

⑤占地少、工效高。

传统地下连续墙施工工艺存在以下亟待解决的问题：

①泥浆污染问题；

②槽段连接部位成为墙体受力与渗漏的薄弱点；

③墙体厚度有最小限制；

④槽底沉渣处理难度较大；

⑤水下灌注混凝土质量问题等。

为解决上述难题，近几年来，地下连续墙施工工艺不断得到创新、发展。如干取土薄壁地下连续墙，利用专门取土设备，在软土地基上取土开槽，避免混凝土水下灌注，并且墙体厚度可以做到小于 60cm。

4.2.2　地下连续墙的设计

1. 一般规定

普通连续墙厚一般不宜小于 600mm，单元槽段的长度一般为 4～6m，形状如图 4-11 所示。相邻槽段之间用接头管连接。合理划分槽段，划分原则是保证槽壁稳定性，考虑工程地质条件、后续工序的施工能力、地面施工荷载、地下水位及开挖深度，同时兼顾附近已有建筑物等情况，尽可能减少接头数量。当地下水位变动频繁或槽壁孔可能发生坍塌时，应进行成槽试验及槽壁的稳定性验算。

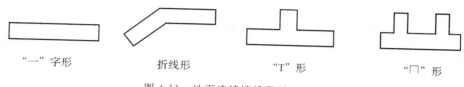

　　"一"字形　　　　　折线形　　　　　　"T"形　　　　　　"⊓"形

图 4-11　地下连续墙槽段平面形状

2. 地下连续墙构造

导墙——作用是保证开挖槽段竖直，防止挖槽机械碰撞槽壁。导墙位于地下连续墙的墙面线两侧，顶面略高于施工地面。导墙深度一般为 1～2m，内墙面应竖直，内外导墙墙面间距为地下连续墙设计厚度。

槽段开挖——槽段宽度由内外导墙间距确定，槽段的长度考虑保证槽壁的稳定性，同时兼顾挖槽机械工作效率、钢筋笼重量等因素，尽量减少接头。

泥浆护壁——起防止孔壁坍塌作用，槽内泥浆面必须高于地下水位面 0.5m 以上，使泥浆压力足以平衡槽壁的土压力与水压力。泥浆渗入槽壁土体空隙，形成泥皮，增加槽壁的稳定性。

接头管——槽段施工，分段开挖，前后施工段之间用接头管连接。

地下连续墙的构造应符合以下要求：

①墙体混凝土的强度等级不应低于 C20。

②受力钢筋应采用Ⅱ级钢筋，直径不宜小于 20mm。构造钢筋可采用Ⅰ级或Ⅱ级钢筋，直径不宜小于 14mm。竖向钢筋的净距不宜小于 75mm。构造钢筋的间距不应大于 300mm。单元槽段的钢筋笼宜装配成一个整体；当必须分段时，宜采用焊接或机械连接，应在结构内力较小处布置接头位置，接头应相互错开。

③钢筋的保护层厚度，对临时性支护结构不宜小于 50mm；对永久性支护结构不宜小于 70mm。

④竖向受力钢筋应有一半以上通长配置。

⑤当地下连续墙与主体结构连接时，预埋在墙内的受力钢筋。连接螺栓或连接钢板，均应满足受力计算要求。锚固长度满足《混凝土结构设计规范》CB50010 的要求。预埋钢筋采用Ⅰ级钢筋，直径不宜大于 20mm。

⑥地下连续墙顶部应设置钢筋混凝土圈梁，梁宽不宜小于墙厚尺寸；梁高不宜小于 500mm，总配筋率不应小于 0.4%，墙的竖向主筋应锚入梁内。

⑦地下连续墙墙体混凝土的抗渗等级不得小于 0.6MPa，两层以上地下室不宜小于

0.8MPa。当墙段之间的接缝不设置止水带时,应选用锁口圆弧型、槽型或 V 型等可靠的防渗止水接头,接头面应严格清刷,不得存有夹泥或沉渣。

3. 设计计算简介

地下连续墙内力与变形计算可分施工阶段和使用阶段两种情况。

(1)施工阶段的设计计算:采用常规的基坑围护结构计算方法(详见第 6 章)。

(2)使用阶段的设计计算:地下连续墙作为整体结构的一部分,应分别考虑以下两种情况:

①假定上部结构的竖向荷载全部通过结构柱传至基础、地基,在一般情况下只考虑地下连续墙承受水平荷载,按围护结构进行设计。

②当上部结构柱直接置于地下连续墙顶部时,则地下连续墙将取代桩基来传递竖向荷载。有试验研究表明,地下连续墙的承载机理与桩的承载机理相同,墙端部阻力和侧壁摩阻力可按相同地质条件、相类似开挖条件下的钻孔灌注桩参数取值。

值得注意的是,地下连续墙的接头形式选用是墙体设计的一个重要环节,接头形式选用不合理或施工质量不能保证,则会造成墙体渗漏甚至开裂。

常用的接头形式分为柔性接头、刚性接头和半刚性接头,如图 4-12 所示。当仅用作基坑支护结构时,可选用柔性接头;当用作竖向承重结构时,则多采用刚性与半刚性接头。

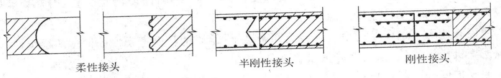

柔性接头　　　　　半刚性接头　　　　　刚性接头

图 4-12　地下连续墙常用接头形式

思考题

4-1　沉井有哪些部分组成? 各部分的作用如何发挥?

4-2　沉井的设计与计算内容是什么?

4-3　什么叫做下沉系数? 如果下沉系数达不到要求,应采取什么措施?

4-4　导致沉井倾斜的主要原因有哪些? 如何有效纠偏?

4-5　为什么说地下连续墙在接缝处是抗弯、抗剪、防渗的薄弱环节?

第 5 章 挡土墙

学习要点:

本章主要介绍重力式挡土墙的设计,并附有工程设计实例。要求掌握重力式挡土墙的设计,了解其他类型挡土墙的设计要点。

5.1 概　述

5.1.1 挡土墙及其应用

挡土墙是用来支撑侧向土体的构筑物。

为了防止土坡发生滑坡或坍塌,需要采用各类挡土结构物加以支挡,挡土墙是最常用的支挡结构物,因此被广泛应用于工业与民用建筑、水利水电工程、铁路、公路、桥梁、港口及航道等各类土木工程中。

图 5-1 所示为挡土墙应用的举例。如工业与民用建筑中的基坑围护结构,如图 5-1(a)所示;房屋地下室外墙,如图 5-1(b)所示;保证建筑物稳定防止土体坍塌的挡土墙,如图 5-1(c)所示;铁路公路中的隧道支挡结构,如图 5-1(d)所示;边坡挡土墙,如图 5-1(e)所示;桥梁工程的岸边桥台,如图 5-1(f)所示;水利水电工程中的大堤挡土墙,如图 5-1(g)所示;港口的码头岸墙,如图5-1(h)所示。

5.1.2 挡土墙类型

按结构形式可把挡土墙分为重力式挡土墙、悬臂式挡土墙、扶壁式挡土墙、锚定板式挡土墙、锚杆式挡土墙和加筋式挡土墙,如图 5-2 所示。

按建筑材料可把挡土墙分砖砌挡土墙、块石挡土墙、素混凝土挡土墙和钢筋混凝土挡土墙。材料选择的依据是挡土墙的规模与重要性。

随着工程建设和材料科学的发展,还出现了土工合成材料挡土墙以及自嵌式景观挡土墙等新兴挡土墙类型。

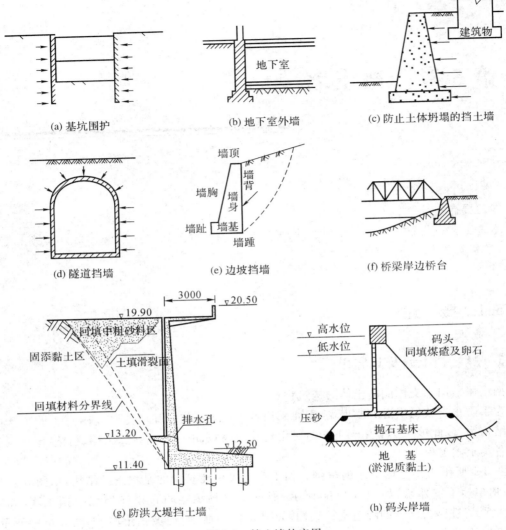

(a) 基坑围护　　　　(b) 地下室外墙　　　　(c) 防止土体坍塌的挡土墙

(d) 隧道挡墙　　　　(e) 边坡挡墙　　　　(f) 桥梁岸边桥台

(g) 防洪大堤挡土墙　　　　(h) 码头岸墙

图 5-1　挡土墙的应用

5.1.3　挡土墙上的土压力

作用在挡土墙上的土压力是挡土墙设计的重要依据。

土压力的大小及分布与作用在挡土结构上的土体性质、挡土结构本身的材料及挡土结构的位移有关,其中挡土结构的位移情况是影响土压力性质的关键因素。

按挡土结构的位移方向、大小及土体所处的三种极限平衡状态,土压力可分为三种,即主动土压力、被动土压力和静止土压力。土压力的计算是个复杂的问题,在一定的理论假设前提下,土压力大小的计算可通过朗肯土压力理论和库仑土压力理论得到。挡土墙后为无黏性土时,一般采用库仑土压力理论计算土压力;当墙后土体为黏性土且填土水平时,采用朗肯土压力理论计算土压力。具体计算方法详见《土力学》中土压力理论部分。

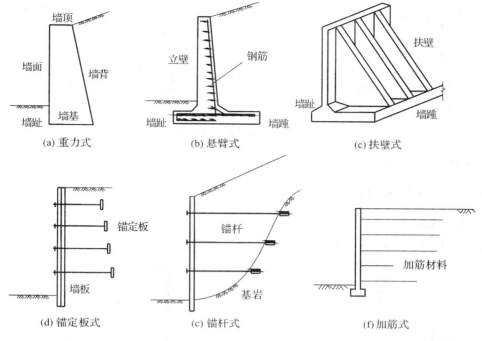

图 5-2　挡土墙的结构分类

5.1.4　挡土墙设计的一般规定

挡土墙设计内容包括结构类型选择、构造措施及计算。

在挡土墙形式选定后,可以初定其尺寸,然后进行试算直至满足要求;同时对挡土墙采用适当的构造措施,使之满足工程及结构的要求。

挡土墙类型选择应综合考虑水文地质与工程地质条件、荷载作用情况、环境条件、施工条件、工程造价及应用条件等因素,设计时应遵循相应各行业的技术规范。如工业与民用建筑工程中,边坡挡土墙的设计及山区地基土质边坡挡土墙的设计应符合《建筑边坡工程技术规范》GB50330—2002 及《建筑地基基础设计规范》GB50007—2011 的要求;公路挡土墙设计应符合《公路路基设计规范》JTG D—30—2004 等。

5.2　重力式挡土墙

5.2.1　重力式挡土墙类型及基本特点

重力式挡土墙是以墙身自重来维持挡土墙在土压力作用下的稳定,它是我国目前最常用的一种挡土墙形式。重力式挡土墙的墙背可做成俯斜、仰斜、垂直、凸形折线和衡重式五种,如图 5-3 所示。

由于重力式挡土墙依靠自身重力来维持平衡稳定,因此墙身断面大,圬工数量也大,在软弱地基上修建往往受到承载力的限制。如果墙过高,材料耗费多,因而亦不经济,故适用于高度 $H \leqslant 6 \sim 8m$ 的挡土墙。当地基较好,墙不很高,且当地又有石料时,一般优先选用重

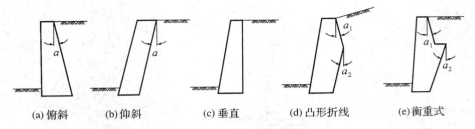

(a)俯斜　　　(b)仰斜　　　(c)垂直　　　(d)凸形折线　　　(e)衡重式

图 5-3　重力式挡土墙型式

力式挡土墙。

5.2.2　重力式挡土墙计算

1. 稳定性验算

包括抗倾覆稳定和抗滑移稳定。

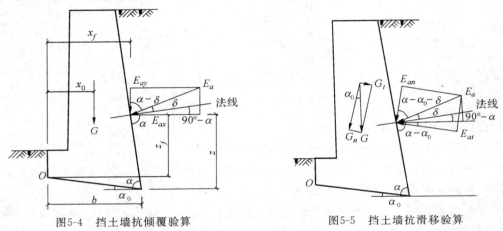

图5-4　挡土墙抗倾覆验算　　　　　　图5-5　挡土墙抗滑移验算

（1）抗倾覆稳定验算是保证挡土墙在土压力的作用下不发生绕墙趾 O 点的倾覆，如图 5-4 所示。有

$$K_t = \frac{G \cdot x_0 + E_{az} \cdot x_f}{E_{ax} \cdot z_f} \geqslant 1.6$$

$$E_{ax} = E_a \cdot \sin(\alpha - \delta)$$

$$E_{az} = E_a \cdot \cos(\alpha - \delta) \tag{5-1}$$

$$x_f = b - z_f \cdot \cot\alpha$$

$$z_f = z - b \cdot \tan\alpha_0$$

式中：K_t——每沿米抗倾覆安全系数；

　　　G——每沿米挡土墙的重力，kN/m；

　　　E_{ax}，E_{az}——每沿米主动土压力的水平分力和垂直分力；

　　　x_0，x_f，z_f——分别为 G，E_{ax}，E_{az} 至墙趾 O 点的距离；

　　　b——基底的水平投影宽度；

　　　z——土压力作用点离墙踵的高度；

　　　α——墙背与水平线之间的夹角；

α_0——基底与水平线之间的夹角。

若验算结果不能满足要求,可按以下措施处理:①增大挡土墙断面尺寸,使 G 增大,但工程量也相应增大;②加大 x_0,伸长墙趾。但墙趾过长,若厚度不够,则需配置钢筋;③墙背做成仰斜,可减小土压力;④在挡土墙垂直墙背上做卸荷台。

(2)抗滑移验算是保证挡土墙有足够的抗滑移安全系数,如图 5-5 所示。有

$$K_s = \frac{(G_n + E_{an}) \cdot \mu}{E_{at} - G_t} \geqslant 1.3$$

$$G_n = G \cdot \cos\alpha_0$$

$$G_t = G \cdot \sin\alpha_0 \qquad\qquad (5\text{-}2)$$

$$E_{an} = E_a \cdot \cos(\alpha - \alpha_0 - \delta)$$

$$E_{at} = E_a \cdot \sin(\alpha - \alpha_0 - \delta)$$

式中:K_s——抗滑移安全系数;

　　　G_n——垂直于基底的重力分力;

　　　G_t——平行于基底的重力分力;

　　　E_{an}——垂直于基底的土压力分力;

　　　E_{at}——平行于基底的土压力分力;

　　　μ——挡土墙基底对地基的摩擦系数,由试验确定;无试验资料时,参考表 5-1。

若验算不能满足要求,可采取以下措施:

①修改挡土墙断面尺寸,以加大 G 值;

②墙基底面做成砂、石垫层,以提高 μ 值;

③墙底做成逆坡,利用滑动面上部分反力来抗滑;

④在软土地基上,当其他方法无效或不经济时,可在墙踵后加拖板,利用拖板上土重来抗滑,土板与墙之间应用钢筋连接。

对于软土地基,由于超载等因素,还可能出现沿地基中某一曲面滑动,这时应采用圆弧法进行地基稳定性验算。

表 5-1　土对挡土墙基底的摩擦系数

土 的 类 别		摩擦系数
黏 性 土	可　塑	0.25~0.30
	硬　塑	0.30~0.35
	坚　硬	0.35~0.40
粉　土	$S_r \leqslant 0.5$	0.30~0.40
中砂、粗砂、砾粒		0.40~0.50
碎石土		0.40~0.60
软质岩石		0.40~0.60
表面粗糙的硬质岩石		0.65~0.75

注:对风化的软质岩石和 $L_r > 22$ 的黏性土,v 值应通过试验测定;对碎石土,可根据其密实度、填充物状况、风化程度等确定。

2. 地基承载力验算

挡土墙地基承载力验算与一般偏心受压基础的验算方法相同,挡土墙在自重及土压力

的垂直分力作用下,基底压力按线性分布。若其垂直分力对基底形心的偏心距为 e,则可根据偏心受压公式计算基底压力并进行验算。

当基底压力超过地基土的承载力特征值时,可增大底面宽度。

3. 挡土墙墙身强度验算

挡土墙墙身验算取墙身薄弱截面进行,墙身材料强度应满足《混凝土结构设计规范》和《砌体结构设计规范》中相关要求。

5.2.3　重力式挡土墙构造

重力式挡土墙构造应符合下列要求:

①重力式挡土墙适用于高度小于 6～8m,地层稳定、开挖土石方时不会危及相邻建筑物安全的地段。

②重力式挡土墙可在基底设置逆坡。对于土质地基,基底逆坡坡度不宜大于 1∶10;对于岩质地基,基底逆坡坡度不宜大于 1∶5。

③场地挡土墙的墙顶宽度不宜小于 400mm;混凝土挡土墙的墙顶宽度不宜小于 200mm。

④重力式挡土墙的基础埋置深度,应根据地基承载力、水流冲刷、岩石裂隙发育及风化程度等因素进行确定。在特强冻胀、强冻胀地区应考虑冻胀的影响。在土质地基中,基础埋置深度不宜小于 0.3m。

⑤重力式挡土墙应每间隔 10～20m 设置一道缩缝。当地基有变化时宜加设沉降缝。在挡土结构的拐角处,应采取加强的构造措施。

⑥挡土墙常因排水不良而大量积水,使墙后土的抗剪强度指标下降,土压力增大,导致挡土墙破坏。挡土墙的排水措施包括泄水孔、滤水层、排水明沟、地表防水、地基面层黏土夯实等,如图 5-6 所示。泄水孔:间距宜取 2～3m,外斜 5%,孔眼尺寸宜大于 $\phi100mm$。墙后要做好反滤层和必要的排水盲沟,在墙顶地面宜铺设防水层。

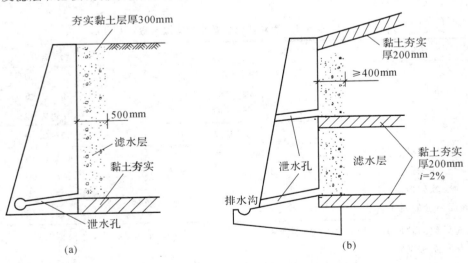

图 5-6　挡土墙排水措施

5.3　其他类型挡土墙简介

5.3.1　悬臂式挡土墙

1. 悬臂式挡土墙及其特点

悬臂式挡土墙是指由钢筋混凝土制成的悬臂板式的挡土墙,它由立臂、墙趾悬臂和墙踵悬臂三块悬臂板组成,如图 5-2(b)所示,靠墙踵悬臂上的土重维持稳定,墙体内拉应力由钢筋承担。

悬臂式挡土墙充分利用了钢筋混凝土的受力特性,墙体截面较小。悬壁式挡土墙一般适用于墙高大于 5m、地基土质较差、当地缺少石料的情况,多用于市政工程及贮料仓库。

2. 悬臂式挡土墙的计算

(1)墙身内力及配筋计算

墙身按下端嵌固在基础板中的悬臂板进行,每沿米设计弯矩

$$M = \gamma_0 \left(\gamma_G E_{a1} \cdot \frac{H}{3} + \gamma_Q E_{a2} \cdot \frac{H}{2} \right) \tag{5-3}$$

式中:γ_0——结构重要性系数,重要结构为 1.1,一般结构为 1.0,次要结构为 0.9;

γ_G——墙后填土的荷载分项系数,可取 1.2;

γ_Q——墙面均布活荷载分项系数,可取 1.4;

E_{a1}——墙后土体产生的土压力;

E_{a2}——填土面上均布荷载产生的土压力。

受力钢筋数量可按下式计算:

$$A_s = \frac{M}{\gamma_s f_y h_0} \tag{5-4}$$

式中:A_s——受拉钢筋截面面积;

γ_s——系数,与受压区相对高度有关;

f_y——受拉钢筋设计强度;

h_0——截面有效高度。

(2)基础板的内力及配筋计算

墙趾截面上产生的弯矩:

$$M_1 = \frac{1}{6}(2p_{max} + p_1)b_1^2 - M_a \tag{5-5}$$

式中,M_a——墙趾板自重及其上土体重量作用下产生的弯矩。

墙踵产生的弯矩:

$$M_2 = \frac{1}{6}[2(q_1 - p_{min}) + (q_1 - p_2)]b_2^2 \tag{5-6}$$

式中,q_1——墙踵自重及土体重量和均布活荷载产生的均布荷载。

(3)稳定性验算

抗倾覆验算:
$$K_t = \frac{G_1 a_1 + G_2 a_2 + G_3 a_3}{E'_{a1} \cdot \dfrac{H'}{3} + E'_{a2} \cdot \dfrac{H'}{2}} \geqslant 1.6 \tag{5-7}$$

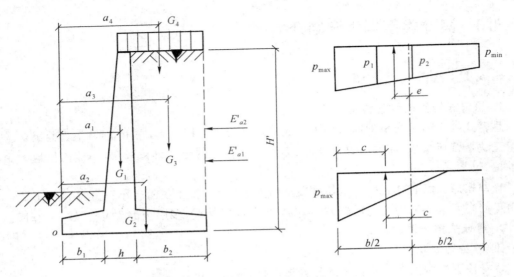

图 5-7　悬臂挡土墙基础板的内力及配筋计算

式中：G_1，G_2——墙身自重及基础板自重；

　　　G_3——墙踵上填土重。

抗滑移验算：
$$K_s = \frac{(G_1 + G_2 + G_3) \cdot \mu}{E'_{a1} + E'_{a2}} \geqslant 1.3 \qquad (5\text{-}8)$$

（4）地基承载力验算

当合力的偏心距 $e \leqslant \dfrac{b}{6}$ 时，截面全部受压 $p_{\substack{max \\ min}} = \dfrac{\sum G}{b}\left(1 \pm \dfrac{6e}{b}\right)$

当合力的偏心距 $e < \dfrac{b}{6}$ 时，截面部分受压 $p_{max} = \dfrac{2\sum G}{3c}$

式中：$\sum G$——为墙身自重、基础板自重、墙踵板宽度内的土重及墙面活荷载；

　　　c——合力作用点至 o 点的距离。

要求满足条件：　$p_{\substack{max \\ min}} \leqslant 1.2 f_a$

　　　　　　　　$\dfrac{p_{min} + p_{max}}{2} \leqslant f_a$

式中，f_a——修正后的地基承载力特征值。

5.3.2　扶壁式挡土墙

当悬臂式挡土墙高度大于 10m 时，墙体立壁挠度较大，为了增强立壁的抗弯刚度，沿墙体纵向每隔一定距离（$0.3\sim0.6h$）设置一道加劲扶臂，故称为扶臂式挡土墙，如图 5-2（c）所示。其一般用于重要的大型土建工程。

扶壁式挡土墙的计算包括墙身计算、基础底板计算和扶壁计算。当 $l_y/l_x \leqslant 2$ 时，近似按三边固定、一边自由的双向板计算墙身的内力及配筋；当 $l_y/l_x > 2$ 时，按连续单向板计算墙身的内力及配筋。

基础底板墙趾板按向上弯曲的悬臂板计算；墙踵板的计算方法和墙身相同。

扶壁与墙身连成一起整体工作,按固定在基础底板的一个变截面悬臂 T 形梁计算。

5.4　重力式挡土墙设计实例

5.4.1　设计资料

毛石砌筑重力式挡土墙,墙高 H 为 5m,墙背垂直光滑,墙后填土面水平,挡土墙采用 M5 水泥砂浆,MU10 毛石砌筑,砌体重度 $\gamma_k = 22 kN/m^3$,填土内摩擦角 $\varphi = 30°$,黏聚力 $c = 0$,填土重度 $\gamma = 18 kN/m^3$,地面荷载为 2.5kPa,基底摩擦系数 $\mu = 0.5$,地基承载力特征值 $f_a = 200 kPa$,试设计此挡土墙。

5.4.2　挡土墙断面尺寸

通过试算,选择断面尺寸如图 5-8 所示。

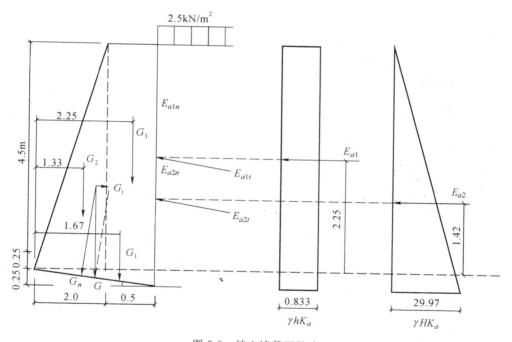

图 5-8　挡土墙截面尺寸

5.4.3　主动土压力计算

将地面荷载换算成土层的厚度 $h = \dfrac{q}{\gamma} = \dfrac{2.5}{18} = 0.139(m)$,由于墙背垂直

$$K_a = \tan^2\left(45° - \frac{\varphi}{2}\right) = 0.333$$

$$\gamma \cdot h \cdot K_a = 18 \times 0.139 \times 0.333 = 0.833(kPa)$$

$$\gamma(h + H)K_a = 18(0.139 + 5) \times 0.333 = 30.8(kPa)$$

$$30.8 - 0.833 = 29.97(\text{kPa})$$

主动土压力合力 $E_a = \dfrac{1}{2}(0.833 + 30.8) \times 5 = 79.1(\text{kN/m})$

$$E_{a1} = 0.833 \times 5 = 4.17(\text{kN/m})(\text{矩形面积})$$

$$E_{a2} = \dfrac{1}{2} \times 29.97 \times 5 = 74.93(\text{kN/m})(\text{三角形面积})$$

5.4.4 稳定性验算

1. 抗倾覆验算

$$G_1 = \dfrac{1}{2} \times 2.5 \times 0.25 \times 22 = 6.875(\text{kN/m})$$

$$G_2 = \dfrac{1}{2} \times 2 \times 4.75 \times 22 = 104.5(\text{kN/m})$$

$$G_3 = 0.5 \times 4.75 \times 22 = 52.25(\text{kN/m})$$

抗倾覆安全系数 $K_t = \dfrac{(6.875 \times 1.67) + (104.5 \times 1.33) + (52.25 \times 2.25)}{(4.17 \times 2.25) + (74.93 \times 1.43)} = \dfrac{268.029}{116.53}$

$= 2.3 > 1.6$，满足要求。

2. 抗滑移验算

$$\tan\alpha_0 = \dfrac{0.25}{2.5} = 0.1$$

$$\sin\alpha_0 = \dfrac{0.25}{\sqrt{2.5^2 + 0.25^2}} = 0.0995$$

$$\cos\alpha_0 = \dfrac{2.5}{\sqrt{2.5^2 + 0.25^2}} = 0.995$$

$$E_{a1t} = E_{a1}\cos\alpha_0 = 4.17 \times 0.995 = 4.149(\text{kN/m})$$

$$E_{a1n} = E_{a2}\sin\alpha_0 = 4.17 \times 0.0995 = 0.415(\text{kN/m})$$

$$E_{a2t} = E_{a2}\cos\alpha_0 = 74.93 \times 0.995 = 74.555(\text{kN/m})$$

$$E_{a2n} = E_{a2}\sin\alpha_0 = 74.93 \times 0.0995 = 7.4555(\text{kN/m})$$

$$\sum G = G_1 + G_2 + G_3 = 6.875 + 104.5 + 52.25 = 163.625(\text{kN/m})$$

$$G_t = \sum G \cdot \sin\alpha_0 = 16.281(\text{kN/m})$$

$$G_n = \sum G \cdot \cos\alpha_0 = 162.81(\text{kN/m})$$

抗滑移安全系数 $K_s = \dfrac{(162.81 + 0.415 + 7.456) \times 0.5}{4.149 + 74.555 - 16.281} = 1.367 > 1.3$，满足要求。

5.4.5 地基承载力验算

基底反力合力 N 对 O 点的距离

$$c = \dfrac{268.029 - 116.53}{162.81} = 0.931(\text{m})$$

$$e = \dfrac{b'}{2} - c$$

$$b' = \frac{b}{\cos\alpha_0} = \frac{2.5}{0.995} = 2.513(\text{m})$$

$$e = \frac{2.513}{2} - 0.935 = 0.330(\text{m})$$

$$e < \frac{b'}{6} = \frac{2.513}{6} = 0.418(\text{m})$$

基底压力呈梯形分布，其基底压力为

$$p_{\substack{\max \\ \min}} = \frac{N}{b'}\left(1 \pm \frac{6e}{b'}\right) = \frac{162.81}{2.513}\left(1 \pm \frac{6 \times 0.330}{2.513}\right)$$

$$= \frac{115.97}{13.61} < 1.2 \times 200\text{kPa}，满足要求。$$

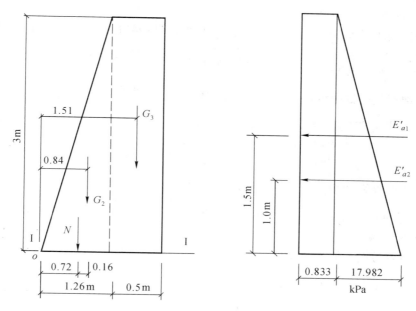

图 5-9　挡土墙墙身强度验算

5.4.6　墙身强度验算(见图 5-9)

1. 抗压强度验算

土压力强度：

墙顶：$\gamma h K_a = 18 \times 0.139 \times 0.333 = 0.833(\text{kPa})$

Ⅰ—Ⅰ截面：$\gamma(h + H)K_a = 18(0.139 + 3) \times 0.333 = 18.815(\text{kPa})$

$18.815 - 0.833 = 17.982(\text{kPa})$

$E'_{a1} = 0.833 \times 3 = 2.499(\text{kN/m})$

$E'_{a2} = \frac{1}{2} \times 3 \times 17.982 = 26.973(\text{kN/m})$

$G_2 = \frac{1}{2} \times 1.26 \times 3 \times 22 = 41.58(\text{kN/m})$

$G_3 = 0.5 \times 3 \times 22 = 33(\text{kN/m})$

合力 N 对 O' 的距离:

$$c = \frac{(41.58 \times 0.84) + (33 \times 1.51) - (2.499 \times 1.5) - (26.973 \times 1)}{74.58}$$

$$= \frac{34.93 + 49.83 - 3.75 - 25.97}{74.58} = 0.74(\text{m})$$

对截面形心偏心距 $e = \frac{b}{2} - c = \frac{1.76}{2} - 0.74 = 0.14(\text{m})$

轴力设计值 $N = 1.2(G_2 + G_3) = 1.2 \times 74.58 = 89.5(\text{kN/m})$

墙身平均厚度 $\bar{h} = \frac{0.5 + 1.76}{2} = 1.13(\text{m})$

抗力调整系数 $\gamma_a = 1.0$

截面积 $A = 1.76 \times 1 = 1.76(\text{m}^2)$

毛石砌体抗压强度设计值 f 取 0.44MPa(按砌体结构设计规范 GB5003−2010)

高厚比 $\beta = \frac{H_0}{h} = \frac{2 \times 3}{1.13} = 5.31$,毛石砌体取 $\beta = 5.31 \times 1.5 = 7.695$

标准荷载产生的偏心距 $e_k = 0.14\text{m}$,附加偏心距 $e_a = \frac{3000}{300} = 10(\text{mm}) < 20\text{mm}$

纵向力的计算偏心距 $e = e_k + e_a = 0.14 + 0.01 = 0.15(\text{m})$

$$\frac{e}{h} = \frac{0.15}{1.13} = 0.13$$

由砂浆强度等级、β 及 $\frac{e}{h}$ 查得纵向力影响系数 $\varphi = 0.58$

$$\gamma_a \varphi A f = 1 \times 0.58 \times 1.76 \times 323 = 329.72(\text{kN}) > 74.58 \times 1.2 = 89.5\text{kN}$$

2. 抗剪强度验算

I−I 截面剪力设计值 $V = 1.2 E'_{a2} + 1.4 E'_{a1} = 35.87(\text{kN/m})$

要求满足 $V \leqslant f_v \cdot \frac{2}{3} A$

毛石砌体抗剪强度设计值 $f_v = 0.11\text{MPa}$

$$V = f_v \cdot \frac{2}{3} A = 110 \times \frac{2}{3} \times 1.76 = 129.1\text{kN},满足要求。$$

思考题

5-1   挡土墙有哪几种类型? 各有哪些适用场合?

5-2   重力式挡土墙设计需做哪些验算?

5-3   如果墙后填土积水,对挡土墙稳定性有什么影响?

习题

5-1　如习题 5-1 图所示，重力式挡土墙设计高度为 5m，墙背直立、光滑，填土表面施工荷载取 20kPa，有排水措施，地基土为可塑黏性土，承载力特征值 f_a 取 160kPa，试选择挡土墙墙身材料并设计挡土墙断面。

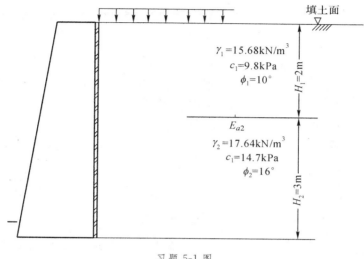

习题 5-1 图

第6章 基坑支护设计

学习要点：

了解各种常见基坑支护结构的形式与特点；掌握悬臂式支护结构设计；掌握内撑式支护结构设计；了解基坑支护监测要点。

本章附有工程设计实例。

6.1 概 述

6.1.1 引 言

随着城市建设的飞速发展，可利用的建设用地越来越紧缺，特别是在闹市区，土地的批租费和拆迁费很高，使得开发商从利润角度考虑时，一方面不得不尽可能地充分利用地上和地下空间，即在有限的土地上增加建筑总高度和地下室层数，从而使基础埋深大大增加；另一方面，建筑高度的增加，使得水平荷载引起的倾覆力矩也相应增加，为减少建筑物的整体倾斜，防止倾覆和水平滑移，对基础埋深也有较高的要求，当在较软弱地基土上修建高层建筑时，更是要求基础有较大埋深。此外，大中型地下市政设施日益增多，地下轨道交通建设的推进，也是基坑工程大量增加的原因之一。目前基坑工程已呈现出"数量多、规模大、深度深、难度大"的趋势。例如杭州市钱江三桥边的第二长途电信枢纽大楼地下室开挖深度已达19.4m；杭州新西湖国际饭店深基坑开挖面积达 18000m²，开挖深度达 14.5～16.5m；杭州解百商城设 3 层地下室，基坑面积约为 8000m²，开挖深度达 15.8～16.6m；杭州地铁一号线车站基坑达到 20m 左右。

基坑工程也是我国当前地基基础领域一个重要的研究方向。基坑工程在我国起步较晚，从 20 世纪 80 年代末才开始较全面、深入地研究与工程实践。但在短短的十几年里，随着我国建设事业的发展，地下室、地下车库、地铁车站、地下隧道等的大量建造，给了工程界一个极好的机遇，我国基坑工程在理论及实践方面有了长足的发展，取得了一系列的研究成果。

基坑工程是一项系统工程，它综合性强、涉及面广。基坑工程的设计与施工密不可分，在设计与施工中，需考虑地下主体结构、支护结构、水文地质条件、基坑周边环境、基坑开挖方式、地下水的处理、施工工艺及机械、工程监测以及工程造价等诸多因素。二十多年的工程实践,也使工程界越来越多的人认识到基坑工程还是一项风险工程,地下施工不可预见的因素多,如果设计或施工中稍有不当,往往就会造成工程事故,不仅影响地下工程施工,更为严重的是波及周边环境。例如,杭州地铁一号线湘湖站基坑施工时,导致路面塌陷长 15m,深 15m,造成 21 人死亡,四座周边房屋倾斜过大成危房。因此,在基坑工程设计与施工中,不仅需要严谨的分析与计算,还需要借鉴以往工程的经验与教训,其中设计尤为重要。所以,基坑支护设计的作用可以概括为:为主体结构的施工提供安全的、无地下水干扰的施工空间,并对邻近的结构和设施提供可靠保护。

在基坑开挖工程中,由于地质条件、荷载条件、材料性质、施工条件和外界其他多种因素的复杂影响,基于各种简化条件下的理论计算值还不能全面、准确地反映工程的各种变化,因而,在理论分析指导下有计划地进行现场监测是十分必要的。特别是对于地基较差、开挖深度较大的大中型工程或对周围环境要求严格的工程,进行现场监测及信息化施工更为重要。深基坑开挖监测技术也随着支护技术的发展而不断完善。

6.1.2 基坑支护设计的基本规定

1. 基坑支护安全等级

《建筑基坑支护技术规程》JGJ120—2012 按支护结构破坏后果的严重程度,将基坑侧壁分为三种安全等级,考虑不同的重要性系数,详见表 6-1 所示。

表 6-1 基坑侧壁安全等级与支护结构重要性系数

安全等级	破坏后果	r_0
一级	支护结构破坏、土体失稳或过大变形对基坑周边环境及地下结构施工影响很大	1.10
二级	支护结构破坏、土体失稳或过大变形对基坑周边环境及地下结构施工影响一般	1.00
三级	支护结构破坏、土体失稳或过大变形对基坑周边环境及地下结构施工影响不严重	0.90

有特殊要求的建筑基坑侧壁安全等级可根据具体情况另行确定。设计时应根据基坑侧壁的不同条件,选用相应的安全等级及重要性系数,因地制宜地进行设计。

2. 设计原则

基坑支护设计应采用以分项系数表示的极限状态设计表达式设计。基坑支护结构极限状态可分为下列两类:

(1)承载能力极限状态

承载能力极限状态即承载能力破坏极限状态,对应于支护结构达到最大承载能力而破坏,或被支护土体的破坏以及基坑周边环境破坏。基坑底失稳、管涌等可能导致土体或支护结构破坏,土体失稳以及过大变形也可能导致支护结构破坏或基坑周边环境破坏。

图 6-1 所示为几种典型的桩锚支护结构的承载能力破坏极限状态。包括:图 6-1(a)所示为挡土结构受弯破坏;图 6-1(b)所示为嵌入深度不足,挡土结构趾部嵌固被动抗力不够造成的破坏;图 6-1(c)所示为上述两种现象伴随发生的破坏;图 6-1(d)所示为锚杆抗拉拔失效及边坡整体失稳;图 6-1(e)所示为地下水造成的坑底隆起或管涌。系统来说,以下八种状态为承载能力极限状态。

1)支护结构构件或连接因超过材料强度而破坏,或因过度变形而不适于继续承受荷载,或出现压屈、局部失稳。

2）支护结构及土体整体滑动；

3）坑底土体隆起而丧失稳定；

4）对支挡式结构，坑底土体丧失嵌固能力而使支护结构推移或倾覆；

5）对锚拉式支挡结构或土钉墙，土体丧失对锚杆或土钉的锚固能力；

6）重力式水泥土墙整体倾覆或滑移；

7）重力式水泥土墙、支挡式结构因其持力土层丧失承载能力而破坏；

8）地下水渗流引起的土体渗透破坏。

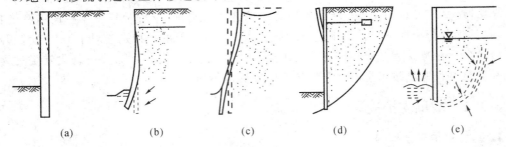

图 6-1　桩锚支护结构的破坏极限状态

（2）正常使用极限状态

正常使用极限状态对应于支护结构的变形已妨碍地下结构施工或影响基坑周边环境的正常使用功能。系统来说，以下四种状态为正常使用极限状态。

1）造成基坑周边建（构）筑物、地下管线、道路等损坏或影响其正常使用的支护结构位移；

2）因地下水位下降、地下水渗流或施工因素而造成基坑周边建（构）筑物、地下管线、道路等损坏或影响其正常使用的土体变形；

3）影响主体地下结构正常施工的支护结构位移；

4）影响主体地下结构正常施工的地下水渗流。

基坑支护设计内容应包括对支护结构计算和验算、质量检测及施工监控的要求。

基坑支护结构设计应考虑其结构水平变形、地下水的变化对周边环境的水平与竖向变形的影响。场地内有地下水时，应根据场地及周边区域的工程地质条件、水文地质条件、周边环境情况和支护结构与基础形式等因素，确定地下水控制方法。当场地周围有地表水汇流、排泻或地下水管渗漏时，应对基坑采取保护措施。

6.1.3 与设计有关的条件

1. 勘查条件

勘查是基坑设计的条件，完整的勘查内容为合适的基坑设计提供基本保障。在主体建筑地基的初步勘察阶段，应根据岩土工程条件，搜集工程地质和水文地质资料，并进行工程地质调查，必要时可进行少量的补充勘察和室内试验，并提出基坑支护的方案。

在建筑地基详细勘察阶段，对需要支护的工程宜按下列要求进行勘察工作：勘察范围应根据开挖深度及场地的岩土工程条件确定，并宜在开挖边界外按开挖深度的 1～2 倍范围内布置勘探点,当开挖边界外无法布置勘探点时,应通过调查取得相应资料。对于软土,勘察范围尚宜扩大;基坑周边勘探点的深度应根据基坑支护结构设计要求确定,不宜小于 1 倍开挖深度,软土地区应穿越软土层;勘探点间距应视土层条件而定,可在 15～30m 内选择,地层变化较大时,应增加勘探点,查明分布规律。

场地水文地质勘察应达到以下要求:查明开挖范围及邻近场地地下水含水层和隔水层的层位、埋深和分布情况,查明各含水层(包括上层滞水、潜水、承压水)的补给条件和水力联系;测量场地各含水层的渗透系数和渗透影响半径;分析施工过程中水位变化对支护结构和基坑周边环境的影响,提出应采取的措施。

岩土工程测试参数宜包含下列内容:土的常规物理试验指标;土的抗剪强度指标;室内或原位试验测试土的渗透系数;特殊条件下应根据实际情况选择其他适宜的试验方法测试设计所需的参数。

基坑周边环境勘查应包括以下内容:查明影响范围内建(构)筑物的结构类型、层数、基础类型、埋深、基础荷载大小及上部结构现状;查明基坑周边的各类地下设施,包括上下水、电缆、煤气、污水、雨水、热力等管线或管道的分布和性状;查明场地周围和邻近地区地表水汇流、排泻情况,地下水管渗漏情况以及对基坑开挖的影响程度;查明基坑四周道路的距离及车辆载重情况。

在取得勘察资料的基础上,针对基坑特点,应提出解决下列问题的建议:分析场地的地层结构和岩土的物理力学性质;地下水的控制方法及计算参数;施工中应进行的现场监测项目;基坑开挖过程中应注意的问题及其防治措施。

2. 其他条件

甲方提供基础平面图、桩位平面图、基础剖面图、基础详图、总图;施工单位提供施工组织设计图。

6.1.4　基坑支护设计相关基本术语

为了后面的论述方便,此处统一列出基坑工程中的术语。

基坑:为进行建(构)筑物地下部分的施工由地面向下开挖出的空间。

基坑周边环境:与基坑开挖相互影响的周边建(构)筑物、地下管线、道路、岩土体及地下水体的统称。

基坑支护:为保护地下主体结构施工和基坑周边环境的安全,对基坑采用的临时性支挡、加固、保护与地下水控制的措施。

支护结构:支挡或加固基坑侧壁的承受荷载的结构。

设计使用期限:设计规定的从基坑开挖到预定深度至完成基坑支护使用功能的时段。

支挡式结构:以挡土构件和锚杆或支撑为主要构件,或以挡土构件为主要构件的支护结构。

锚拉式支挡结构:以挡土构件和锚杆为主要构件的支挡式结构。

支撑式支挡结构:以挡土构件和支撑为主要构件的支挡式结构。

悬壁式支挡结构:以顶端自由的挡土构件为主要构件的支挡式结构。

挡土构件:设置在基坑侧壁并嵌入基坑底面的支护结构竖向构件。例如,支护桩、地下连续墙。

　　排桩:沿基坑侧壁排列设置的支护桩及冠梁所组成的支挡式结构部件或悬臂式支挡结构。

　　双排桩:沿基坑侧壁排列设置的由前、后两排支护桩和梁连接成的刚架及冠梁所组成的支挡式结构。

　　地下连续墙:分槽段用专用机械成槽、浇筑钢筋混凝土所形成的连续地下墙体。亦可称为现浇地下连续墙。

　　锚杆:由杆体(钢绞线、普通钢筋、热处理钢筋或钢管)、注浆形成的固结体、锚具、套管、连接器所组成的一端与支护结构构件连接,另一端锚固在稳定岩土体内的受拉杆件。杆体采用钢绞线时,亦可称为锚索。

　　内支撑:设置在基坑内的由钢筋混凝土或钢构件组成的用以支撑挡土构件的结构部件。支撑构件采用钢材、混凝土时,分别称为钢内支撑、混凝土内支撑。

　　冠梁:设置在挡土构件顶部的钢筋混凝土连梁。

　　腰梁:设置在挡土构件侧面的连接锚杆或内支撑的钢筋混凝土或型钢梁式构件。

　　土钉:设置在基坑侧壁土体内的承受拉力与剪力的杆件。例如,成孔后植入钢筋杆体并通过孔内注浆在杆体周围形成固结体的钢筋土钉,将设有出浆孔的钢管直接击入基坑侧壁土中并在钢管内注浆的钢管土钉。

　　土钉墙:由随基坑开挖分层设置的、纵横向密布的土钉群、喷射混凝土面层及原位土体所组成的支护结构。

　　复合土钉墙:土钉墙与预应力锚杆、微型桩、旋喷桩、搅拌桩中的一种或多种组成的复合型支护结构。

　　重力式水泥土墙:水泥土桩相互搭接成格栅或实体的重力式支护结构。

　　地下水控制:为保证支护结构、基坑开挖、地下结构的正常施工,防止地下水变化对基坑周边环境产生影响所采用的截水、降水、排水、回灌等措施。

　　截水帷幕:用以阻隔或减少地下水通过基坑侧壁与坑底流入基坑和防止基坑外地下水位下降的幕墙状竖向截水体。

　　落底式帷幕:底端穿透含水层并进入下部隔水层一定深度的截水帷幕。

　　悬挂式帷幕:底端未穿透含水层的截水帷幕。

　　降水:为防止地下水通过基坑侧壁与基底流入基坑,用抽水井或渗水井降低基坑内外地下水位的方法。

　　集水明排:用排水沟、集水井、泄水管、输水管等组成的排水系统将地表水、渗漏水排泄至基坑外的方法。

6.2　基坑支护结构形式与特点

6.2.1　常用基坑支护结构形式

　　基坑土壁的支护型式,要根据土体性质、水文地质条件、开挖深度、宽度及边坡堆载、施工作业设备以及施工季节等情况综合考虑后才能选定。在进行浅基础施工时,若基坑暴露时间短,对基坑土壁的稳定性不会出现明显的干扰因素,且当基坑开挖深度不大时,一般都能在不支护的情况下直接进行垂直开挖。如软土不超过 0.75m,稍密以上的碎石土、砂土不超过 1m,可塑及可塑以上的粉土、黏土不超过 1.5m,坚硬黏土不超过 2m 时,可以不设置支护,直接进行垂直开挖。当超过上述深度时,应考虑采用支护结构支护基坑土壁。

基坑支护结构型式可以按不同的标准分类,若从主体结构分类,可以分为放坡、地下连续墙、水泥土墙、土钉墙、排桩等形式。从抵抗水平力的形式分类,可以分为放坡、重力式、悬臂式、内撑式、锚杆式、土钉式、地面拉锚式等。基坑支护常使用几种形式的组合,如放坡加水泥土墙、悬臂灌注排桩加水泥土墙等。并且支护技术还在快速的发展中,不断有新的技术出现。下面介绍几种常见的基坑支护方式。

1. 放坡

放坡开挖是最简单的基坑支护方式之一,有时也加些简易的其他支护结构。需要选择合理的边坡坡度以保证开挖过程中边坡的稳定性,包括坡面自身的稳定性以及边坡的整体稳定性。当地基土性较好,基坑开挖深度不大,施工场地条件允许时可采用,其开挖支护费用一般较低。为了增加基坑边坡的稳定性和减少挖土方量,可在坡脚采用袋装砂土、堆砌块石或设置短桩等简易挡土措施。一般在粉砂土地基上且开挖较浅的基坑可以采用这种支护方式。如上虞市新上海花园基坑就采用的这种支护方式,如图 6-2 所示。但挖填土方量太大致使工期长、费用高时,则不宜采用放坡开挖。

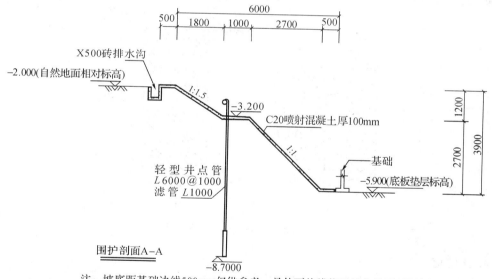

注:坡底距基础边线500mm仅供参考,具体下坎线位置请参见平面图

图 6-2　放坡剖面

2. 地下连续墙

地下连续墙即地下钢筋混凝土墙体。施工时采用特制的挖槽机械沿基坑外围按设计宽度分单元钻挖出基槽,并采用泥浆护壁,成槽至设计标高后将钢筋骨架吊放入槽内,进行水下混凝土灌注,各单元间有特制的接头连接以形成地下连续墙。当地下连续墙为封闭型时,基坑开挖过程中连续墙既挡土也挡水。若仅仅将其作为支护结构,则工程造价太高,若又作为建筑的地下承重结构的组成部分则更为理想。所以,基本上地下连续墙本身既是基础的组成,也是开挖阶段的支护结构。作支护结构时一般应设置内支撑,且尽量采用地下室梁板

结构作为支撑体系,如图 6-3 所示,也可以采用锚固体系而不设置内支撑。地下连续墙的设计可参见第 4 章。

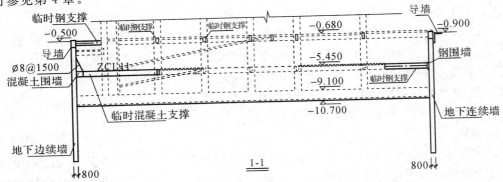

图 6-3　地下连续墙支护结构剖面

3. 水泥土墙

水泥土墙也称重力式支护结构。采用深层搅拌法、旋喷法等形成水泥土桩墙,水泥土桩与其包围的天然土形成重力式挡墙,以支挡周围土体,维护基坑边坡稳定。因水泥土桩抗拉强度低,受荷载后变形较大,所以适于在较浅的基坑工程中应用,如图 6-4 所示。

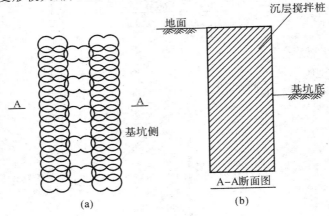

图 6-4　水泥土墙(重力式挡土墙)

4. 土钉墙

土钉墙由被加固土、设置于原位土体中的土钉(螺纹钢筋、型钢等)及附着于坡面厚度约 80~100mm 的配筋喷射混凝土面板组成,形成类似重力式墙的挡土墙,以抵抗墙后土压力等荷载,使边坡维持稳定。

土钉可通过钻孔、插筋及注浆等工序设置,也可用人工或振动冲击钻、液压锤等机具将粗钢筋、型钢等直接打入土体中(打入式土钉不适用于砾石土及密实胶结土,也不适用于使用年限大于 2 年的永久支护工程),土钉外露端与钢垫板及坡面钢筋网焊接,并对钢筋网喷射混凝土形成面板。土钉长度宜为开挖深度的 0.5~1.2 倍,间距为 1~2m,与水平面成 5°~20°夹角。依靠土钉与土体的粘结阻力,与周围土体形成复合土体。当土体变形时,土钉处于被动受拉状态,使土体得以加固,而土钉之间的土体变形通过配筋混凝土面板加以约束。施工过程及成品示意图如图 6-5 和 6-6 所示。

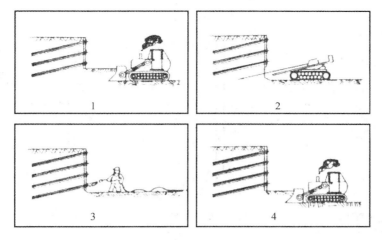

1—开挖；2—钻孔、置钉、注浆；3—喷混凝土；4—下步开挖

图 6-5　土钉支护施工顺序

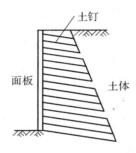

图 6-6　施工完毕示意图

土钉墙施工设备简单，施工速度快，工程造价低，对环境干扰小，适宜在地下水位以上、深度小于 12m 的基坑边坡支护工程中采用，不适宜在含水丰富的粉细砂、砂砾石层、淤泥质土、淤泥及其他饱和软土层中采用。

5. 排桩

排桩式支护结构的主体是单排或多排的支护桩。排桩适用于施工场地狭窄，地质条件较差时的情况，适合的开挖深度在 4～10m 范围内。排桩可采用钻孔灌注桩、人工挖孔桩、预制钢筋混凝土板桩、钢板桩等。排桩是应用最广泛的一种支护主体结构，也是本教材介绍的重点。

排桩按抵抗水平力的形式如下：

（1）悬臂式支护结构。将钢筋混凝土排桩、钢板桩等支护结构埋入基坑底面以下足够深度，基坑内不设内支撑或锚杆，靠支护结构足够的埋深及抗弯能力来维持整体稳定及结构自身安全。适于在土质较好、开挖深度不大的基坑工程中应用，如图 6-7 所示。

（2）内撑式支护结构。由支护结构体系及内撑体系组成，支护结构体系一般为钢筋混凝土排桩，内撑体系采用现浇钢筋混凝土杆件、钢管或型钢等。因内撑体系刚度好、变形小，可用于各类土层的基坑工程中。内撑式根据支撑道数不同再分类，如图 6-8 所示。

（3）锚式支护结构。由支护结构体系及锚固体系组成，支护结构体系为钢筋混凝土排桩，锚固体可分为锚杆式和地面拉锚式两种，锚杆式按基坑开挖深度不同可设单层或多层

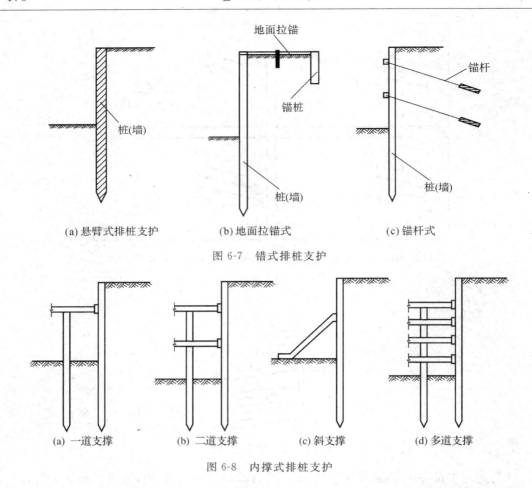

图 6-7 错式排桩支护

(a) 悬臂式排桩支护　　(b) 地面拉锚式　　(c) 锚杆式

(a) 一道支撑　　(b) 二道支撑　　(c) 斜支撑　　(d) 多道支撑

图 6-8 内撑式排桩支护

锚杆,地面拉锚式则需要足够的场地设置锚桩或其他锚固体,如图 6-9 所示。由于锚杆式支护结构需地基土具备足够的摩阻力,除软黏土地基外,一般在砂土、黏性土地基中均可采用。

排桩按排列形式分为:①柱列式排桩,桩的排列较稀疏,桩与桩中心距大于桩的半径,通常采用钻孔灌注桩或挖孔桩作为柱列式排桩用以支护土坡,它适用于边坡土质较好、地下水位较低、可利用土拱作用的情况,也可以在排桩间设置搅拌桩进行支护和止水,适用范围就更广;②连续式排桩,桩的排列很紧密,且可以互相搭接,称之为连续排桩式,采用钻孔灌注桩时可以互相搭接,或在钻孔灌注桩桩身混凝土强度尚未形成时,在相邻桩之间做一根素混凝土树根桩把钻孔灌注桩排连起来;③组合式排桩,将不同形式的排桩组合在一起的形式,如图 6-9 所示。

6. 其他支护结构形式

除了以上几种外,还有其他支护结构形式。如门架式支护结构、拱式组合型支护结构、加筋水泥土挡墙支护结构、沉井支护结构及冻结法支护等,这些一般用得较少。

6.2.2 各种支护结构特点及其适用范围

各种不同基坑支护形式,有不同的特点和相应的适用范围,以列表方式对比说明,如表 6-2 所示。

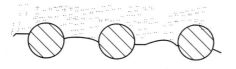

(a) 柱列式排桩（桩间为土）

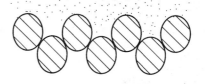

(b) 柱列式排桩（桩间为水泥搅拌桩）

(c) 连续式排桩（桩为钢板桩）

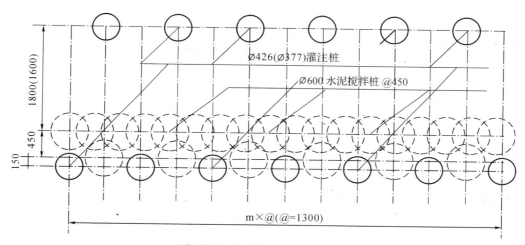

(d) 灌注桩及水泥搅拌桩组合式排桩(桩为沉管灌注桩)

图 6-9　排桩的不同排列形式

表 6-2　支护形式、结构特点与适用范围

支护形式	结构特点	适用范围（条件）
放坡	①通过适当坡度,可以保证坡面稳定和边坡整体稳定 ②土方量增加较多,应引起重视 ③可独立使用,也可与其他支护形式结合使用	①基坑侧壁安全等级宜为三级 ②场地开阔,满足放坡尺寸要求 ③地基土质较好(如粉砂土)、基坑深度较浅 ④当地下水位高于坡脚时,应采取降水措施
地下连续墙	①结构主体一般为钢筋混凝土结构,是建筑结构的组成部分,即承重墙体 ②支撑结构一般为主体建筑的梁板体系,局部增设临时支撑 ③造价高昂 ④水平位移小	①基坑侧壁安全等级为一、二、三级 ②悬臂式在软土地基中时,基坑深度不宜大于 5m ③当地下水位高于基坑底面时,宜采取降水措施

支护形式	结构特点	适用范围(条件)
排桩	①桩体形式有多种,如钢板桩、木桩、钻孔桩、沉管桩或预制桩等 ②造价高、工期长 ③水平位移小	①基坑侧壁安全等级为一、二、三级 ②施工场地狭窄、地质条件差 ③悬臂式在软土地基中时,基坑深度不宜大于 5m,有支撑时深度在 5～10m ④当地下水位高于基坑底面时,宜采取降水措施或加截水帷幕
水泥土墙	①自身厚而重,即为刚性挡土墙 ②结构简单,施工方便,噪音低、振动小 ③止水效果好,造价低 ④缺点是宽度大、墙身位移大	①基坑侧壁安全等级宜为二、三级 ②水泥土桩施工范围内地基土承载力不宜大于 150kPa ③基坑深度不宜大于 6m ④软土地区 ⑤周围建筑物、管线等对基坑开挖要求不高
土钉墙	①速度快、用料省、造价低,成本只有排桩的 1/3 ②地下水位以下的黏性土、粉土、杂填土、非松散砂土、卵石土等效果佳 ③土钉周边通常注入水泥浆 ④与 80～100mm 厚的配筋喷射混凝土面板配套使用	①基坑侧壁安全等级宜为二、三级的非软土场地 ②当地下水位高于基坑底面时,应采取降水措施或加截水帷幕 ③基坑深度不宜大于 12m

6.3 悬臂式支护结构设计

6.3.1 支护结构上的荷载计算

悬臂式支护的主体结构一般采用排桩,也有地下连续墙,相比而言还是排桩更为多见。支护结构上的荷载,与支护结构上的抗力相互平衡。其中作用于支护结构上的荷载有土压力:可能是静止土压力、主动土压力或被动土压力;水压力,有静止水压力、渗流水压力、承压水压力等;影响基坑的其他荷载,包括场地堆载、起重机荷载、邻近区域建(构)筑物影响荷载以及汽车荷载等。部分荷载在土力学等相关课程中有详细介绍,此处只作简单回顾。

1. 土压力及水压力的理论计算

作用于支护结构上的土压力、水压力是一种很重要的荷载。工程上的土压力一般主要采用朗肯土压力理论计算。

(1)主动土压力如图 6-10 所示,其计算公式如下:

无黏性土:
$$\sigma_a = \gamma h \tan^2\left(45° - \frac{\varphi}{2}\right) = \gamma h K_a \qquad (6-1)$$

黏性土及粉土:
$$\sigma_a = \gamma h K_a - 2c\sqrt{K_a} \qquad (6-2)$$

式中:γ——墙后填土重度(kN/m³),地下水位以下取浮重度;

h——计算点离填土面的深度(m);

φ——填土内摩擦角;

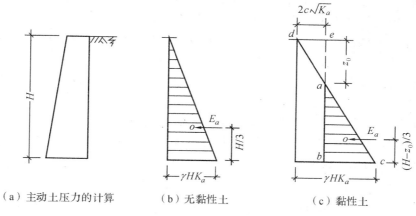

图 6-10　主动土压力计算图

K_a——主动土压力系数，$K_a = \tan^2(45° - \dfrac{\varphi}{2})$；

c——填土的粘聚力（kPa）；

σ_a——计算点处主动压应力。

（2）被动土压力如图 6-11 所示，其计算公式如下：

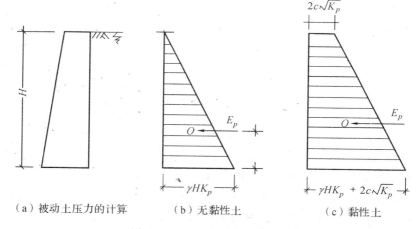

图 6-11　被动土压力计算简图

无黏性土：$\qquad\qquad\qquad \sigma_p = \gamma h \tan^2(45° + \dfrac{\varphi}{2}) = \gamma h K_p \qquad\qquad$ (6-3)

黏性土及粉土：$\qquad\qquad\qquad \sigma_p = \gamma h K_p + 2c\sqrt{K_p} \qquad\qquad\qquad$ (6-4)

式中：K_p——被动土压力系数，$K_p = \tan^2(45° + \varphi/2)$；

σ_p——计算点处被动压应力。

（3）对于地下水位以下的压力计算，可以采用水土侧压力合算的方法，也可以采用水土侧压力分算的方法。前者在以上各计算式中参数采用饱和重度及总应力法内摩擦角等指标计算；后者采用有效重度及有效内摩擦角等指标计算，同时再加上水的侧压力 $\gamma_w h$。

水土分算法与水土合算法的选择涉及的问题较多，难于作出简单的结论，而且各地又有各自的不同工程经验。目前工程界较为能够接受的算法可归纳为：由于无黏性土具有渗透性好的特点，因此不考虑出现超静孔隙水压力的问题，其抗剪强度指标应采用有效应力指标，总应力等于有效应力，故水土分算的方法适合于无黏性土；对于饱和黏性土，常常采用不排水剪指标，且上述两种方法都可使用；对于黏性土，若采用水土合算法，则需采用不固结不排水抗剪强度指标，若采用水土分算法，则采用固结不排水抗剪强度指标。

（4）场地堆载、起重机荷载、邻近区域建（构）筑物影响荷载、汽车荷载等一般统一作为地面有超载情况考虑，当计算其带来的侧压力时，要进行相应变换处理。例如基坑边上有施工道路，若为一般运土汽车通道，则一般应考虑运载 $30kN/m^2$ 计算。

2. 支护结构侧压力理论分析

悬臂式排桩的计算方法采用传统的板桩计算原理，如图 6-12 所示。

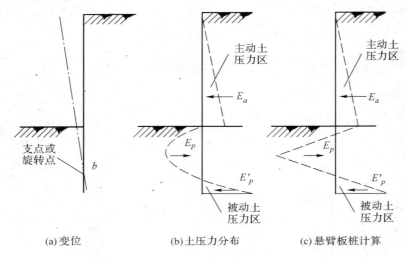

(a)变位　　　　　　(b)土压力分布　　　　　(c)悬臂板桩计算

图 6-12　悬臂板桩墙的变位及土压力分布

悬臂板桩在基坑底面以上图示右侧主动土压力作用下，板桩将向左侧倾移，而下部则产生反向倾移，于是板桩在基坑底必有一点无水平位移，如图 6-12(a)中 b 点所示，称其为零点或临界点。排桩在 b 点以上部分向基坑内侧倾移，b 点以上排桩左侧土体对桩产生被动土压力，b 点以上排桩右侧土体对墙产生主动土压力；同理，b 点以下排桩向基坑右侧倾移，此时 b 点以下排桩左侧土体对排桩产生主动土压力，b 点以下排桩右侧土体对排桩产生被动土压力。

从上面的分析可以看出，作用在桩体上各点的土压力是比较复杂的，部分压力抵消后可计为净土压力，即各点两侧的被动土压力和主动土压力之差，如图 6-12(b)所示。为了计算方便，简化为图 6-12(c)。

3. 支护荷载实用计算方法

真正工程中的支护结构侧压力还与上述理论结果不一致，因为土侧压力不会都从静止土压力发挥到主动（被动）土压力，发挥程度与支护结构的水平位移大小相联系。综合来讲，土压力的计算比较复杂，但也有各种简化方法，如 H·Blum 布鲁姆方法等。工程中规定对水平荷载与水平抗力规定按下列方法计算，这也是各支护结构设计计算程序的编写依据。

（1）水平荷载计算

计算简图如 6-13 所示。

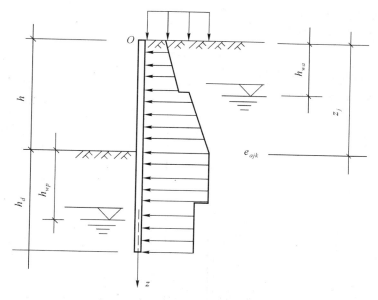

图 6-13 水平荷载标准值计算简图

支护结构水平荷载标准值 e_{ajk} 应按当地可靠经验确定,当无经验时可按下列规定计算(见图 6-13):对于碎石土及砂土,当计算点位于地下水位以上时,

$$e_{ajk} = \sigma_{ajk} K_{ai} - 2c_{ik} \sqrt{K_{ai}} \tag{6-5}$$

当计算点位于地下水位以下时,

$$e_{ajk} = \sigma_{ajk} K_{ai} - 2c_{ik} \sqrt{K_{ai}} + [(z_j - h_{wa}) - (m_j - h_{wa})\eta_{wa} K_{ai}]\gamma_w \tag{6-6}$$

式中:K_{ai}——第 i 层的主动土压力系数;

σ_{ajk}——作用于深度 z_j 处的竖向应力标准值;

c_{ik}——三轴试验(当有可靠经验时可采用直接剪切试验)确定的第 i 层土固结不排水(快剪粘聚力标准值);

z_j——计算点深度;

m_j——计算参数,当 $z_j < h$ 时,取 z_j;当 $z_j \geqslant h$ 时,取 h;

h_{wa}——基坑外侧水位深度;

η_{wa}——计算系数,当 $h_{wa} \leqslant h$ 时,取 1;当 $h_{wa} > h$ 时,取 0;

γ_w——水的重度。

对于粉土及黏性土:

$$e_{ajk} = \sigma_{ajk} K_{ai} - 2c_{ik} \sqrt{K_{ai}} \tag{6-7}$$

当按以上规定计算的基坑开挖面以上水平荷载标准值小于 0 时,应取 0。

基坑外侧竖向应力标准值 σ_{ajk} 可按下列规定计算:

$$\sigma_{ajk} = \sigma_{rk} + \sigma_{0k} + \sigma_{1k} \tag{6-8}$$

式中,σ_{rk}——计算点深度 z_j 处自重竖向应力,按公式 6-9 或 6-10 计算。

1)计算点位于基坑开挖面以上时,

$$\sigma_{rk} = \gamma_{mj} z_j \tag{6-9}$$

式中，γ_{mj}——深度 z_j 以上土的加权平均天然重度。

2）计算点位于基坑开挖面以下时，

$$\sigma_{rk} = \gamma_{mh} h \tag{6-10}$$

式中，γ_{mh}——开挖面以上土的加权平均天然重度。

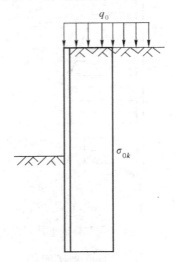

图 6-14　地面均布荷载时基坑外侧竖向附加应力计算简图

σ_{0k} 为附加荷载影响值，当支护结构外侧地面作用满布附加荷载 q_0 时（见图 6-14），基坑外侧任意深度附加竖向应力标准值 σ_{0k} 可按下式确定：

$$\sigma_{0k} = q_0 \tag{6-11}$$

当距支护结构外侧，地表作用有宽度为 b_0 的条形附加荷载 q_1 时（见图 6-15），基坑外侧深度 CD 范围内的附加竖向应力标准值 σ_{1k} 可按下式确定：

$$\sigma_{1k} = q_1 \frac{b_0}{b_0 + 2b_1} \tag{6-12}$$

当上述基坑外侧附加荷载作用于地表以下一定深度时，将计算点深度相应下移，其竖向应力也可按上述规定确定。

第 i 层的主动土压力系数 K_{ai} 应按下式确定：

$$K_{ai} = \tan^2\left(45° - \frac{\varphi_{ik}}{2}\right) \tag{6-13}$$

式中，φ_{ik}——三轴试验（当有可靠经验时可采用直接剪切试验）的第层土固结不排水（快剪内摩擦角标准值）。

（2）水平抗力计算

水平抗力计算简图如图 6-16 所示。

基坑内侧水平抗力标准值 e_{pjk} 宜按下列规定计算（见图 6-16）。

对于砂土及碎石土，基坑内侧抗力标准值下列规定计算：

$$e_{pjk} = \sigma_{pjk} K_{pi} + 2c_{ik} \sqrt{K_{pi}} + (z_j - h_{wp})(1 - K_{pi})\gamma_w \tag{6-14}$$

式中：σ_{pjk}——作用于基坑底面以下深度 z_j 处的竖向应力标准值；

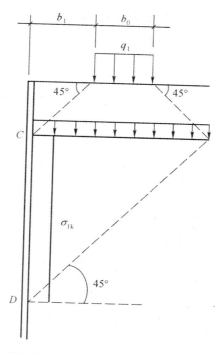

图 6-15　局部荷载作用下基坑外侧竖向附加应力计算简图

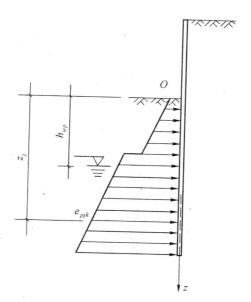

图 6-16　水平抗力标准值计算简图

$$\sigma_{pjk} = \gamma_{mj} z_j \tag{6-15}$$

γ_{mj}——深度 z_j 以上土的加权平均天然重度；

K_{pi}——第 i 层土的被动土压力系数。

$$K_{pi} = \tan^2 \left(45° + \frac{\varphi_{ik}}{2} \right) \tag{6-16}$$

对于粉土及黏性土,基坑内侧水平抗力标准值宜按下式计算:

$$e_{pjk} = \sigma_{pjk}K_{pi} + 2c_{ic}\sqrt{K_{pi}} \tag{6-17}$$

6.3.2　内力分析

确定了支护结构的荷载与抗力,就可以进行其内力分析,从而得出支护结构的最小入土深度,并求其最大弯矩等内力。

1. 内力理论分析

(1)最大弯矩计算

悬臂式板桩既不设内支撑也无锚杆,其安全性和稳定性完全靠板桩结构的抗弯能力及打入土层足够深度来维持。由于悬臂部位的截面弯矩随桩的悬臂长度增加而增长很快(弯矩与桩高的三次方成正比),在没有支撑或锚杆提供反力的情况下,结构的弯矩和位移较大,其最大弯矩是内力的控制点。从支护结构侧压力理论分析可以看出,作用在支护结构上的是大小不等的均布荷载,对悬臂结构,其支点弯矩最大,支点处无水平向位移,即为图 6-12 中 b 点,此处剪力必为 0。

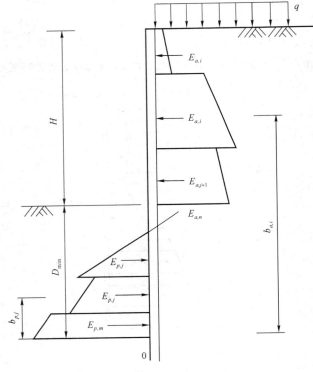

图 6-17　悬臂支护结构受力状态

简化侧压力如图 6-17 所示,剪力为 0 的点,必须满足公式:

$$\sum_{i=1}^{n}E_{a,i} - \sum_{j=1}^{k}E_{p,j} = 0 \tag{6-18}$$

由上式分别取 $k=1,2,\cdots,m$,进行试算。当此式小于 0 时,k 值即为支护结构剪力为 0 的土层,接下来在该层中选取不同厚度即可试算得到满足上式的深度。

求得剪力为 0 的点后,桩身最大弯矩 M_{max} 由下式确定:

$$M_{max} = \sum_{i=1}^{n} E_{ai} Y_i - \sum_{j=1}^{k} E_{pj} Y_j \qquad (6\text{-}19)$$

式中,y_i,y_j——分别为主动土压力、被动土压力作用点距离剪力为 0 点的距离。

（2）嵌固深度计算

确定嵌固深度,应该以桩为研究对象、以桩进入基坑地面的长度为未知量,满足静力平衡条件,即作用于结构上的全部水平荷载的平衡以及对支点（即剪力为 0、弯矩最大的点）取力矩平衡得到,但计算需求解一元四次方程,过于复杂。为了计算方便,假定桩的转动点不是图 6-12 中的 b 点,而是桩底,按经典方法,朗肯土压力分布如图 6-18 所示。

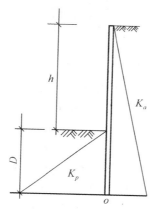

图 6-18　朗肯土压力分布

为了保证桩不绕 O 点转动,其最小埋身应满足弯矩平衡条件:

$$\frac{1}{6}\gamma(h+D)^3 K_a - \frac{1}{6}\gamma D^3 K_p \geqslant 0 \qquad (6\text{-}20)$$

经过简单试算,即可得到最小嵌固深度。

2. 内力实用计算

与荷载分析相对应,《建筑基坑支护技术规程》JGJ120－99 规定了嵌固深度与内力计算的求法。

（1）嵌固深度计算

悬臂式支护结构嵌固深度设计值 h_d 的计算如图 6-19 所示。

计算公式为

$$\frac{E_{pk} z_{pl}}{E_{ak} z_{al}} \geqslant K_{em} \qquad (6\text{-}21)$$

式中:K_{em}——嵌固稳定安全系数;安全等级为一级、二级、三级的悬臂式支挡结构,K_{em} 分别不应小于 1.25、1.2、1.15;

$\quad E_{ak}$、E_{pk}——基坑外侧主动土压力、基坑内侧被动土压力合力的标准值（kN）;

$\quad z_{al}$、z_{pl}——基坑外侧主动土压力、基坑内侧被动土压力合力作用点至挡土构件底端的距离。

当按上述方法确定的悬臂式支护结构嵌固深度设计值不宜小于 $0.8h$。

（2）结构内力计算

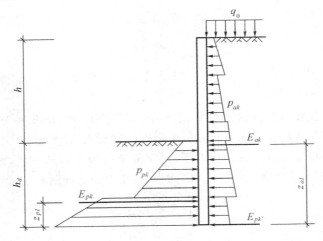

图 6-19　悬臂式支护结构嵌固深度计算简图

排桩上水平荷载计算宽度可取排桩的中心距。结构内力包括截面弯矩计算值和剪力计算值,可以由嵌固深度计算简图根据静力平衡条件获得。

6.3.3　设计实例

悬臂式支护结构设计一般要完成以下工作:桩入土深度计算、桩身最大内力计算(包括弯矩和剪力)、整体稳定验算、坑底抗隆起验算以及抗渗透验算等。由于基坑的不确定因数很多,比如施工阶段不同的工况等,在实际设计时,计算工作量很大,超出了笔算范围,主要是根据规程要求,编制基坑支护设计程序来完成设计。目前市场上比较著名的软件有:北京理正、浙江大学"支护大全"、同济大学"启明星"等。一般基坑设计成果需要经过不少于两种软件计算互校,手算已经退出历史舞台。下面根据程序计算结果,介绍一个工程实例,这个基坑支护既有悬臂式也有放坡。

1. 工程概况

余姚市房地产开发经营有限公司投资兴建的世纪名苑三期工程位于余姚市仓前路北侧,现世纪名苑一、二期南侧。本工程总用地面积约为 8100m²,建筑面积约为 9500m²,其中地下室为一层,地下室建筑面积为 2150m²,工程桩为钻孔灌注桩。本工程地下室基坑开挖面积为 2500m² 左右,支护结构延长约为 225m;±0.000 标高相当于黄海高程 4.550m,基坑周边自然地坪相对标高为 0.060m(西、北侧),−1.400m(东侧),−2.340m(北侧),基坑周圈开挖深度为 4.2~6.3m,局部集水井位置深度达到 7.8m。本地下室东侧为本工程幼儿园的施工场地,局部幼儿园工程桩距离本地下室侧壁距离仅为 2m;南侧为仓前路,路边距离本地下室侧壁距离约为 4m;西、北侧为已建成的世纪名苑一、二期,均建有地下车库,已建地下车库距离本地下室侧壁最近距离约为 6m。

2. 地质条件

根据地质报告,本场地的主要力学指标如表 6-3 所示。

表 6-3 工程地质参数表

层 号	土层名称	重度 γ (kN/m³)	层厚 m (m)	固快指标 C (kPa)	固快指标 φ (°)	W_O (%)
1-1	杂填土	18.0	1.30	10.0	10.0	
1-2	黏土	19.1	0.50	(10.0)	(13.0)	31.8
2	淤泥质黏土	17.5	1.80	6.0	8.5	47.8
3	黏土	19.3	9.60	25.0	16.1	30.7

注:括号内为勘察单位另外提供的本土层抗剪强度指标。

其中 2 号土层淤泥质黏土位于坑底附近,厚度为 0.40~1.80m,流塑~软塑,土性较差。3 号土层黏土层厚度为 8.80~11.60m,该层土性质较好且埋深较浅。

3. 支护方案选择

方案设计基本原则是保证基坑支护结构及土体的整体稳定性,确保支护结构在施工期间安全可靠;土体开挖过程中确保基坑内外工程桩及基坑外建(构)筑物和地下管线正常使用。在确保基坑及周围建(构)筑物安全可靠的情况下,采用最简明的支护手段,达到节省材料、方便施工、加快施工进度、降低工程造价等目的。

基坑支护结构形式的选取必须综合考虑地下室特点、周边环境和地质条件等因素,才能得到既安全可靠、经济合理,又施工方便的基坑支护方案。本工程有以下特点:基坑开挖面积较小,地下室开挖面积为 2500m²;基坑开挖深度较深,基坑周圈开挖深度为 4.2~6.3m;属于 II 级基坑,$\gamma=1.0$;基坑形状是一个比较规则的矩形;工程桩为钻孔灌注桩,对基坑开挖较为有利;基坑东侧为本工程幼儿园施工场地,除局部坑外幼儿园工程桩离地下室侧壁距离较近(2m)外,其余场地条件较好,设计应充分考虑对坑外工程桩的保护;基坑南侧为仓前路,车流量较小,距离地下室侧壁约为 4m;基坑西侧及北侧为已建成的世纪名苑一、二期,且均建有地下车库,已建地下车库距离本地下室侧壁最近距离约为 6m,经与甲方沟通,该侧可放坡至地下车库侧壁;基坑地处闹市区,建筑物众多,特别是南侧马路,需要重点保护。

根据本基坑的上述特点、地质条件、实际施工条件及以往工程经验,经过与业主多次沟通,最后决定选用以下支护体系(详见实例最后设计施工图):

(1)东侧采用大放坡结合木桩加固的方式进行支护。同时通过加大坑外工程桩桩径和配筋的方法,对坑外工程桩进行保护。

(2)南侧主要采用单排悬臂钻孔灌注桩作为支护。南侧距离马路较近,对变形要求较高,设计采用刚度较大的 $\phi600$ 钻孔灌注桩并在东南角设置小角撑,有利于减少支护结构变形,尽可能减少基坑开挖对南侧马路造成的影响。

(3)西侧及北侧采用大放坡结合木桩作为支护。西侧及北侧场地具备良好的放坡条件,在保证整体稳定的前提下,采用大放坡可以节省造价,同时缩短施工工期。

本次基坑设计采取放缓坡度和加设木桩的方法来保证坡区土体的整体稳定性。

4. 计算参数及结果

设计荷载取值:场地东侧取设计荷载 5kPa 均布荷载(半无限)+10kPa 局部荷载;场地南侧临近马路区域取 5kPa 均布荷载(半无限)+15kPa 局部荷载;场地西、北侧取 5kPa 均布荷载(半无限)。根据各自的开挖深度、周边环境、地面超载及地质情况共分为南侧悬臂排桩、东侧放坡、西侧及北侧放坡共三个计算分区,本教材仅列出南侧悬臂排桩计算结果。

(1)**支护方案**:排桩支护,其计算简图如图 6-20 所示。

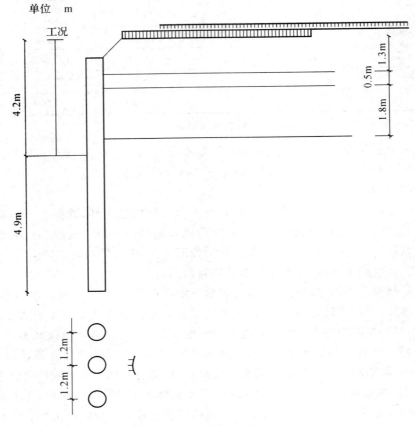

图 6-20　排桩支护计算简图

(2)**基本信息**如表 6-4 所示。

表 6-4　基本信息

内力计算方法	增量法
规范与规程	《建筑基坑支护技术规程》JGJ 120—2012
基坑等级	一级
基坑侧壁重要性系数 γ_0	1.1
基坑深度 H(m)	4.200
嵌固深度(m)	4.900
桩顶标高(m)	−0.700
桩直径(m)	0.600
桩间距(m)	1.200
混凝土强度等级	C25
有无冠梁	无
放坡级数	1
超载个数	2

（3）放坡信息如表 6-5 所示。

表 6-5　放坡信息

坡号	台宽（m）	坡高（m）	坡度系数
1	0.000	0.700	1.000

（4）超载信息如表 6-6 所示。

表 6-6　超载信息

超载序号	类型	超载值 （kPa，kN/m²）	作用深度 （m）	作用宽度 （m）	距坑边距 （m）	形式	长度 （m）
1	▼▼▼▼▼	5.000	—	—	—	—	—
2	▼▼▼▼▼	15.000	0.000	20.000	2.000	—	—

（5）土层信息如表 6-7 所示。

表 6-7　土层信息

土层数	4	坑内加固土	否
内侧水位深度（m）	30.000	外侧水位深度（m）	30.000
弹性法计算方法	"m"法		

（6）土层参数如表 6-8 所示。

表 6-8　土层参数

层号	土类名称	层厚 （m）	重度 （kN/m³）	浮重度 （kN/m³）	粘聚力 （kPa）	内摩擦角 （度）
1	杂填土	1.30	18.0	—	5.00	10.00
2	黏性土	0.50	19.1	—	10.00	13.00
3	淤泥质土	1.80	17.5	—	6.00	8.50
4	黏性土	9.60	19.3	—	25.00	16.10

层号	与锚固体摩 擦阻力（kPa）	粘聚力水下 （kPa）	内摩擦角 水下（度）	水土	计算 m 值 （MN/m⁴）	抗剪强度 （kPa）
1	20.0	—	—	—	1.88	—
2	20.0	—	—	—	3.85	—
3	10.0	—	—	—	1.49	—
4	30.0	—	—	—	7.59	—

（7）土压力模型如图 6-21 所示，系数调整如表 6-9 所示。

表 6-9　侧压力计算表

层号	土类名称	水土	水压力 调整系数	主动土压力 调整系数	被动土压力 调整系数	被动土压力 最大值（kPa）
1	杂填土	分算	1.000	1.000	1.000	10000.000
2	黏性土	分算	1.000	1.000	1.000	10000.000
3	淤泥质土	分算	1.000	1.000	1.000	10000.000
4	黏性土	分算	1.000	1.000	1.000	10000.000

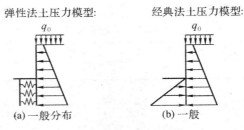

图 6-21　土压力模型

（8）结构计算（各工况）如图 6-22 和 6-23 所示。

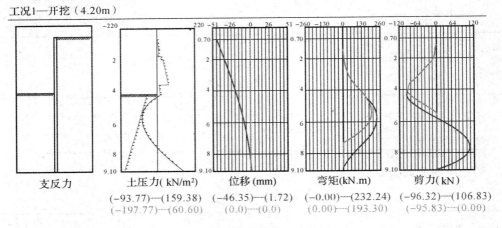

图 6-22　水平位移、内力包络图

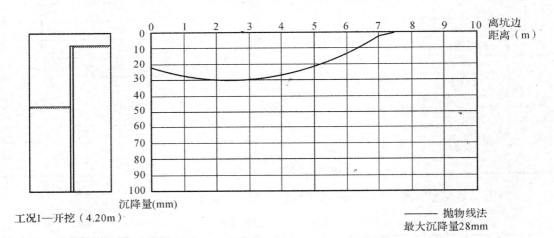

图 6-23　基坑开挖引起支护结构侧移和地表沉降图（南侧马路）

由图 6-23 可以看出：最大影响范围（距离基坑边）$x_0 \approx 7.5$m；最大沉降盆底距离基坑边 $x_m \approx 2.5$ m；最大盆底沉降量 $\delta_{max} \approx 28$mm。

根据以往工程经验，实际的变形量将会达到计算值 1.2～1.5 倍左右，据此推断：基坑南侧马路可能会产生一定的开裂现象，需随时加强对道路监测。为了确保周边环境的安全，我们在本基坑设计时主要采取了以下几方面措施：增加支护桩刚度和密度；在边角处设置角撑；要求土方开挖分区、分段、分槽、分层放坡进行；加强对基坑支护结构、周边环境的监测，做到信息化动态施工；要求挖土和垫层施工衔接紧密，随挖随做垫层；设计时在满足强度条件下适当按变形进行控制。

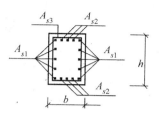

图 6-24　冠梁计算配筋简图

（9）冠梁选筋结果如图 6-24 及表 6-10 所示。

表 6-10　冠梁选筋

	钢筋级别	选筋
A_{s1}	HPB235	1d12
A_{s2}	HPB235	1d12
A_{s3}	HPB235	d12@100

（10）截面计算：

截面参数如表 6-11 所示。

表 6-11　截面参数

桩是否均匀配筋	是
混凝土保护层厚度（mm）	50
桩的纵筋级别	HRB335
桩的螺旋箍筋级别	HRB335
桩的螺旋箍筋间距（mm）	200
弯矩折减系数	1.00
剪力折减系数	1.00
荷载分项系数	1.00
配筋分段数	一段
各分段长度（m）	8.40

内力取值与配筋如表 6-12 所示。

表 6-12 内力取值

段号	内力类型	弹性法计算值	经典法计算值	内力设计值	内力实用值
1	基坑内侧最大弯矩(kN·m)	0.00	0.00	0.00	0.00
	基坑外侧最大弯矩(kN·m)	232.24	193.30	193.30	193.30
	最大剪力(kN)	106.83	95.83	95.83	95.83

段号	选筋类型	级别	钢筋实配值	实配[计算]面积(mm² 或 mm²/m)
1	纵筋	HRB335	12D18	3054[2932]
	箍筋	HRB335	D12@200	1131[−536]
	加强箍筋	HRB335	D14@2000	154

(11)整体稳定验算如图 6-25 所示。

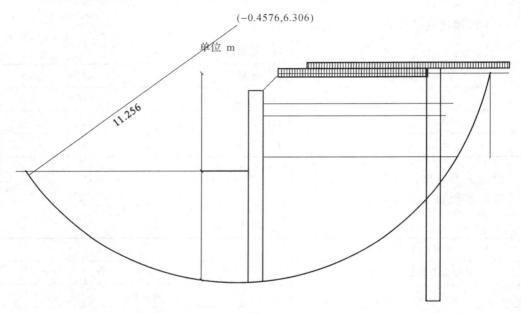

(−0.4576,6.306)

单位 m

11.256

图 6-25 整体稳定验算简图

计算方法:瑞典条分法。应力状态:总应力法。条分法中的土条宽度:1.00m。

滑裂面数据:整体稳定安全系数 $K_s = 2.446$;圆弧半径 $R = 11.256$m;圆心坐标 $X = -0.457$m,$Y = 6.306$m。

(12)抗倾覆稳定性验算。

抗倾覆安全系数:

$$K_s = \frac{M_p}{M_a}$$

式中:M_p——被动土压力及锚杆力对桩底的弯矩,其中锚杆力由等值梁法求得;

$\quad\quad M_a$——主动土压力对桩底的弯矩;

$\quad\quad K_s = 1.632 \geqslant 1.200$,满足规范要求。

5. 设计施工图纸

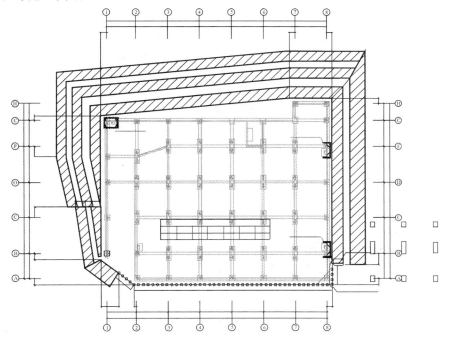

基坑平面图

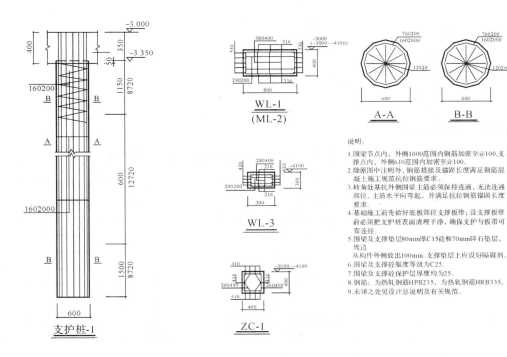

支护桩-1

WL-1
(ML-2)

WL-3

ZC-1

A-A

B-B

说明:

1. 围梁节点内，外侧1000范围内钢筋加密至@100,支撑点内，外侧610范围内加密至@100。
2. 除原图中注明外，钢筋搭接及锚固长度满足钢筋混凝土规范抗拉钢筋要求。
3. 转角处基抗外侧围梁主筋必须保持连通，无法连通部位，主筋水平向弯起，并满足抗拉钢筋锚固长度要求。
4. 基础施工前先做好底板部位支撑板带；设支撑板带前必须把支护桩表面清理干净,确保支护与板带可靠连接。
5. 围梁及支撑垫层80mm厚C15砼和70mm碎石垫层,周边从构件外侧放出100mm。支撑垫层上应设好隔腐剂。
6. 围梁及支撑砼强度等级为C25。
7. 围梁及支撑砼保护层厚度均为25。
8. 钢筋: 为热轧钢筋HPB235, 为热轧钢筋HRB335。
9. 未详之处见设计总说明及有关规范。

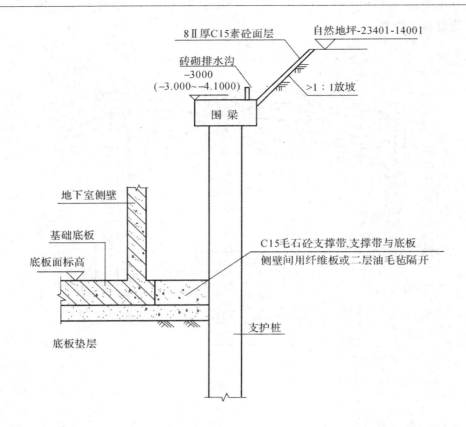

6.4　内撑式支护结构设计

6.4.1　内力分析

　　悬臂式支护结构,因为侧移大,适用基坑浅,且支护结构下端部要埋入较好土层,不适用于支护结构埋深段为淤泥土等不良土质的情况,故应用频率较低。内撑式支护结构则相反,侧移小,可以用于深基坑,基本上不同土质均能采用,是应用最广泛的一种支护形式。其主体结构有排桩和连续墙两种,因为连续墙造价很高,且设计、施工的技术较复杂,因而用得不多,大多数工程是采用排桩内撑式支护结构。

　　1. 结构材料

　　排桩内撑式支护结构的主要组成部分包括桩、内支撑、立柱、冠梁与腰梁;辅助部分包括截水帷幕、降水井点等。

　　桩常用的有钻孔灌注桩、钢筋混凝土预制桩、钢板桩等,其中又以钻孔灌注桩应用最多。内支撑一般采用现浇钢筋混凝土,或者结合钢管支撑,许多大型基坑的最主要支撑构件采用钢支撑。立柱一般设置在纵横向支撑的交点处。冠梁与腰梁普遍采用现浇钢筋混凝土结构。截水帷幕一般采用深层水泥搅拌桩。

2. 单支撑结构

在排桩上部设置一处支撑,形成单支撑板桩。对于单支撑板桩,一般可视为有支承点的竖直梁。上部的支撑处为一支点,埋入基坑以下土中的板桩下端为另一支点。下端的支承情况与板桩的入土深度及土层性状有关。当板桩埋入土中较浅时,板桩下端可能转动或产生微小水平位移,视为铰支承或自由端;当下端埋深较大、土层较好时,可以认为下端在土中嵌固,相当于固定支承。单支撑浅埋板桩与深埋板桩有不同的计算方法。不同的入土深度,其土压力、弯矩及变形如图 6-26 所示。

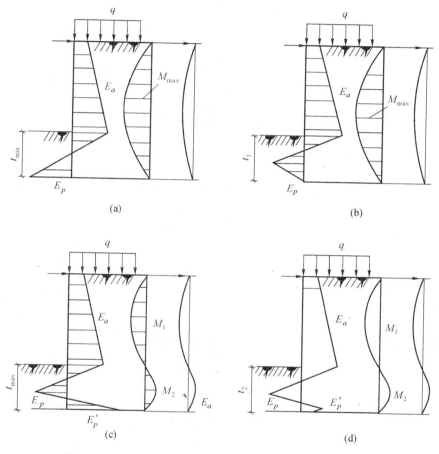

图 6-26 不同入土深度排桩墙的土压力分布、弯矩及变形图

排桩入土较浅时,排桩左侧(见图 6-26(a))的被动土压力全部被利用,底端可能有少许向左位移的现象发生。排桩可看为在支撑点是铰支而下端自由的结构。排桩左侧的被动土压力全部发挥,右侧为主动土压力,对支撑点的主动土压力力矩和被动土压力力矩相等,排桩体处于极限平衡状态,能方便计算出入土深度 t,但这个入土深度是最小深度 t_{min};确定深度后,可以算得剪力为零的点,此处的跨间正弯矩 M 值最大。这种结构虽然桩长较短,造价低,但因为桩下端可能有位移,会留下安全隐患,故较少采用。

排桩入土深度增大后,桩左侧(见图 6-26(b))的被动土压力未充分发挥,桩底端仅在原位置转动一角度,没有位移发生,此时桩底土压力便可以认为是零,未发挥的被动土压力可作为安全储备,这种支护可以看成上、下均为铰接约束。这种结构受力明确,桩长也不大,在安全等级较低的基坑中时有采用,但跨间最大弯矩比较大,导致桩尺寸和配筋较大。其内力与入土深度可以用静力平衡法求解,其计算简图如图 6-27 所示。

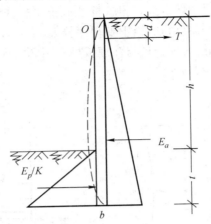

图 6-27 下端铰支承板桩计算

$$E_a = \frac{1}{2}\gamma(h+t)^2 K_a, \frac{E_p}{K} = \frac{1}{2}\gamma \cdot t^2 \frac{K_p}{K} \tag{6-23}$$

对锚杆 O 点取矩:$E_a\left[\frac{2}{3}(h+t)-d\right] = \frac{E_p}{K}(h-d+\frac{2}{3}t)$ \tag{6-24}

由上式即可求得入土深度 t 值。

若锚杆水平间距为 a,由 $\sum x = 0$ 可求得锚杆水平拉力 T:

$$T = a(E_a - \frac{E_p}{K}) \tag{6-25}$$

由板桩变形形式,可设剪力为零处距基坑顶面的距离为 x,可求得

$$\frac{T}{a} = \frac{1}{2}\gamma \cdot x^2 K_a \tag{6-26}$$

得最大弯矩截面位置 x,则

$$x = \sqrt{\frac{2T}{a\gamma K_a}} \tag{6-27}$$

最大弯矩值为

$$M_{max} = \frac{T}{a}(x-d) - \frac{1}{2}\gamma x^2 K_a \frac{1}{3}x = \frac{T}{a}(x-d) - \frac{1}{6}\gamma x^3 K_a \tag{6-28}$$

排桩入土深度继续增加,排桩左侧和排桩右侧(见图 6-26(c))都出现被动土压力,排桩入土端可视为固定端,此时相当于上端简支、下端固定的超静定梁。出现正负两个方向的弯矩,跨中弯矩大大减小。底端的嵌固弯矩 M_2 的绝对值可以设计为略小于跨间弯矩 M_1,压力零点与弯矩零点基本吻合。因为这种支护机构弯矩的均匀性、位移的微小性、良好的安全储备,使其成为应用最广泛的支护计算选择类型。其计算过程常采用等值梁法。此时的排桩可以看成直立的梁,按等值梁计算的原理示意图如图 6-28 所示。

设有一梁,一边简支而另一端固定(见图 6-28(a)),在竖向均布荷载作用下可得弯矩图,弯

矩图的反弯点在 c 点(见图 6-28(b))。假设在 c 点
将梁断开,并在此点处设一简支点(见图 6-28(c)),
此时 ac 梁及 cb 梁的弯矩与断开前一样。简支梁
ac,cb 就称为梁 ab 的等值梁。若求出了 c 点的位
置,就可按简支梁求出 ab 梁的弯矩和剪力,从而超
静定梁变为静定梁。一般假定:净土压力零点就是
c 点,从而解得最大弯矩及支点反力。

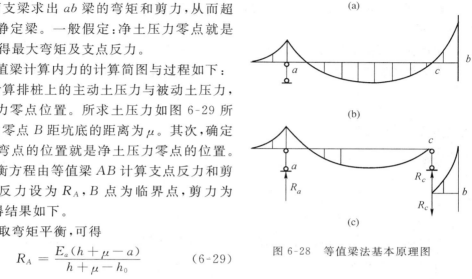

图 6-28　等值梁法基本原理图

　　采用等值梁计算内力的计算简图与过程如下:

　　首先,计算排桩上的主动土压力与被动土压力,
并计算土压力零点位置。所求土压力如图 6-29 所
示,其土压力零点 B 距坑底的距离为 μ。其次,确定
正负弯矩反弯点的位置就是净土压力零点的位置。
从而根据平衡方程由等值梁 AB 计算支点反力和剪
力。A 支点反力设为 R_A,B 点为临界点,剪力为
Q_B,最后可得结果如下。

　　对 B 点取弯矩平衡,可得

$$R_A = \frac{E_a(h + \mu - a)}{h + \mu - h_0} \tag{6-29}$$

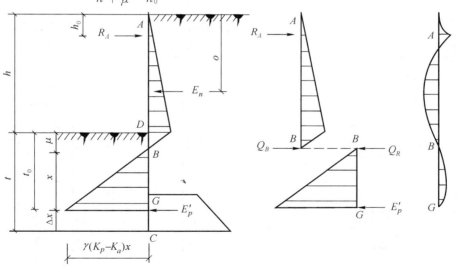

图 6-29　等值梁法简化计算图

　　对 A 点取弯矩平衡,可得

$$Q_B = \frac{E_a(a - h_0)}{h + \mu - h_0} \tag{6-30}$$

　　以 BG 为研究对象,对 G 点取弯矩平衡,可得

$$Q_{Br} - \frac{1}{6}\gamma(K_p - K_a)X^3 = 0 \tag{6-31}$$

解出 x 值,桩的入土深度即为 $t_0 = \mu + x$。桩上分布力全部求出后,AB 段的最大弯矩即可方

便求得。

若排桩入土深度进一步增加,排桩左侧排桩右侧(见图 6-26(d))的被动土压力都不能充分发挥和利用,此时桩的入土深度已过深,深度的增加对跨间弯矩的减小不起太大的作用。因此排桩入土深度过深是不经济的,设计时不采用。

以上算法在理论分析上经常用到,实际计算还是多采用《建筑基坑支护规程》JGJ120—99 的规定。

单层支点支护结构支点力及嵌固深度设计值宜按下列规定计算(见图 6-30)。

基坑底面以下支护结构设定弯矩零点位置至基坑底面的距离可按下式确定(见图 6-30):

$$e_{a1k} = e_{p1k} \tag{6-32}$$

支点力 T_{c1} 可按下式计算:

$$T_{c1} = \frac{h_{a1}\sum E_{ac} - h_{p1}\sum E_{pc}}{h_{\gamma 1} + h_{c1}} \tag{6-33}$$

式中:e_{a1k}——水平荷载标准值;

$\quad\quad E_{p1k}$——水平抗力标准值;

$\quad\quad \sum E_{ac}$——设定弯矩 0 点位置以上基坑外侧各土层水平荷载标准值的合力之和;

$\quad\quad h_{a1}$——合力 $\sum E_{ac}$ 作用点至设定弯矩 0 点的距离;

$\quad\quad \sum E_{pc}$——设定弯矩 0 点位置以上基坑内侧点各土层水平抗力标准值的合力之和;

$\quad\quad h_{p1}$——合力 $\sum E_{pc}$ 作用点至设定弯矩 0 点的距离;

$\quad\quad h_{c1}$——基坑底面至设定弯矩 0 点位置的距离。

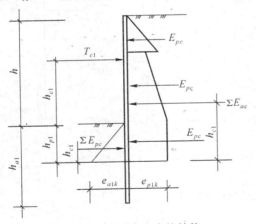

图6-30　单层支点支护结构
支点力计算简图

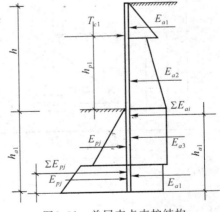

图6-31　单层支点支护结构
嵌固深度计算简图

嵌固深度设计值可按下式确定(见图 6-31):

$$h_p \sum E_{pj} + T_{c1}(h_{\gamma 1} + h_d) - 1.2\gamma_0 h_a \sum E_{ai} \geqslant 0 \tag{6-34}$$

当按上述方法确定的单支点支护结构嵌固深度设计值 $h_d < 0.3h$ 时,宜取 $h_d = 0.3h$。当基坑底为碎石土及砂土、基坑内排水且作用有渗透水压力时,侧向截水的排桩,其入土深度还

要满足抗渗透稳定条件。

3. 多支撑结构

在排桩上部不同标高处设置支撑,形成多支撑板桩。其结构的受力计算,常采用弹性支点法计算。各层支撑的位置一般按照排桩纵向各点最大弯矩相等的原则确定,也可以按照各支撑点反力大小相等确定,如图 6-32 和 6-33 所示。

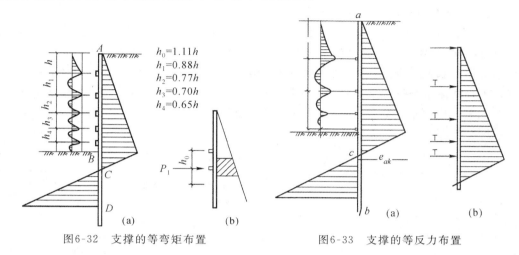

图6-32　支撑的等弯矩布置　　　　　　　　图6-33　支撑的等反力布置

其入土深度按圆弧滑动简单条分法确定,同时满足抗渗透要求,并不得小于 $0.2h$。

6.4.2　设计实例

内撑式支护结构设计是技术与经验的统一。设计一般要完成以下工作:桩入土深度计算、桩身最大内力计算(包括弯矩和剪力)、整体稳定验算、坑底抗隆起验算以及抗渗透验算等。

前述计算理论是采用分算的方法,垂直支护结构和水平支撑结构均单独计算,导致两者变形不协调、不能代表其真实情况,计算结构无法反映基坑支护整体空间受力和变形。因此,设计上常采用有限元等整体考虑的方法,结合规程要求,编制基坑支护设计程序来完成设计,下面根据程序计算结果,介绍一个工程实例。

1. 工程概况

浙江钱江摩托股份有限公司塑料件车间位于温岭市横山头,泽坎公路西侧,钱江摩托股份有限公司总厂区内。拟建物一幢,高 4 层,地下室 1 层。本次基坑围护工程是针对地下室的开挖。根据建设单位提供的数据,本工程场地自然地面相对标高为 −0.500m,地下室基础底板板面标高为 −5.400m,基础板厚度为 1200mm,考虑 300mm 厚度的基础底垫层,地下室基坑的开挖深度为 6.20m。

2. 地质条件

根据台州市浙东工程勘察院提供的《浙江钱江摩托股份有限公司塑料件车间工程勘察报告》,在基坑开挖深度范围内以及可能影响至的深度内,基本土层分布依次为:

1 层,素填土:黄褐色,稍密,主要成分为碎石、块石及黏土组成,全场分布。层厚为 1.10～6.30m。

2 层,黏土:灰黄色,可塑,物质组分主要为黏粒,次为粉粒。干强度中等,韧性中等,切面光滑,层状构造。层厚为 1.60～2.30m。

3 层,淤泥质黏土:灰褐色,流塑,中压缩性,干强度中等,中等韧性,层状构造,该层上部多为淤泥及淤泥质粉质黏土。组分主要为粉粒、黏粒。全场分布。层厚为 8.20～11.80m。

4 层,粉质黏土:灰黄色,可塑,物质组分主要为粉粒、黏粒,干强度中等,中等韧性,切面光滑,层状构造,全场分布。层厚为 2.20～3.50m。

5 层,淤泥质粉质黏土:灰褐色,可塑～软塑,物质组分主要为粉粒、黏粒,两者含量变化较大,局部可分为粉土。干强度中等,中等韧性。层厚为 20.60～22.10m。

场地地下水埋藏较浅,勘察期间测得场地地下稳定水位埋深在 0.50～2.80m,主要为受大气降水和河流水补排影响的孔隙潜水,水量一般较少,水位受季节气候影响,全年变化幅度约 2.00m。根据水样分析,该处地下水对砼无腐蚀性。

基坑开挖深度影响范围内土层主要土工指标如表 6-13 所示。

表 6-13　土层主要土工指标

| 序号 | 土层名称 | w (%) | γ (kN/m³) | e | f_k (kPa) | 厚度 (m) | 固快指标 | |
							c(kPa)	$\varphi(°)$
1	素填土					1.10～6.30	5	15
2	黏土	30.9	19.62	0.84	100	1.60～2.30	38	15
3	淤泥质黏土	52.3	17.12	1.45	55	8.20～11.80	12	11
4	粉质黏土	29.3	19.42	0.82	100	2.20～3.50	30	20
5	淤泥质粉质黏土	41.7	17.94	1.16	60	20.60～22.1	17	13

3. 围护体系方案选择

根据工程地质报告及建设方提供的资料,本基坑围护具有如下特点:

(1)基坑开挖深度为 6.20～7.30m,基坑开挖深度一般;

(2)基坑开挖深度及影响范围内 3 层淤泥,土层的渗透系数较小,土力学性质指标非常差。

综合施工条件、地质条件和经济条件,本基坑围护体系考虑如下围护方案:

采用单排钻孔灌注桩结构单道钢筋砼水平内支撑的结构形式,支护桩外侧采用单排水泥搅拌桩止水。其具有安全,造价不高,施工方便等特点。

4. 围护体系的受力及稳定分析

围护体系受力与稳定的分析,采用理正深基坑支护结构设计软件 F-SPW 程序 V5.2 版本,并经过浙江大学围护犬全软件校核。各项安全系数满足规范要求,计算结果如下。

(1)深基坑支护设计,开挖深度为 6.2m,支护方案为排桩支护,如图 6-34 所示。

(2)基本信息如表 6-14 所示。

单位：m

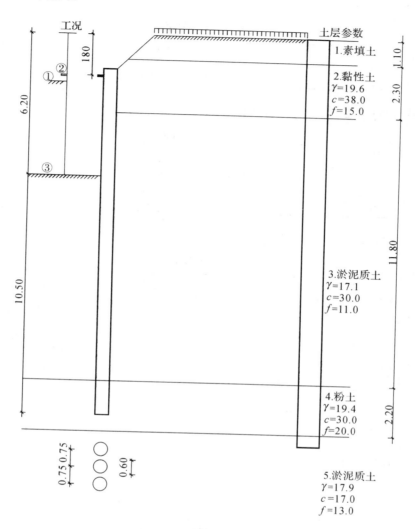

图 6-34 排桩支护计算简图

表 6-14 基本信息

规范与规程	《建筑基坑支护技术规程》JGJ 120—99
基坑等级	二级
基坑侧壁重要性系数 γ_0	1.00
基坑深度 H(m)	6.200
嵌固深度(m)	10.500
桩顶标高(m)	−1.500
桩直径(m)	0.600
桩间距(m)	0.750
混凝土强度等级	C25
有无冠梁	无
放坡级数	1
超载个数	1

（3）放坡信息如表6-15所示。

表6-15　放坡信息

坡号	台宽（m）	坡高（m）	坡度系数
1	0.000	1.500	1.000

（4）超载信息（考虑施工荷载）如表6-16所示。

表6-16　超载信息

超载序号	类型	超载值（kPa，kN/m²）	作用深度（m）	作用宽度（m）	距坑边距（m）	形式	长度（m）
1	⫿⫿⫿⫿⫿⫿	25.000	—	—	—		

（5）土层参数如表6-17所示。

表6-17　土层参数

层号	土类名称	层厚（m）	重度（kN/m³）	浮重度（kN/m³）	粘聚力（kPa）	内摩擦角（°）
1	素填土	1.10	18.0	—	5.00	15.00
2	黏性土	2.30	19.6	—	38.00	15.00
3	淤泥质土	11.80	17.1	—	12.00	11.00
4	粉土	2.20	19.4	—	30.00	20.00
5	淤泥质土	20.00	17.9	—	17.00	

（6）支锚信息如表6-18所示。

表6-18　支锚信息

支锚道数					1		
支锚道号	支锚类型	水平间距（m）	竖向间距（m）	入射角（°）	总长（m）	锚固段长度（m）	
1	内撑	1.000	1.800	—	—	—	
支锚道号	预加力（kN）	支锚刚度（MN/m）	锚固体直径（mm）	工况号	锚固力调整系数	材料抗力（kN）	材料抗力调整系数
1	0.00	50.00	—	2～	—	100.00	1.00

（7）土压力模型及系数调整：

弹性法土压力模型与经典法土压力模型如图6-35所示。

（8）结构计算：

各工况下的土压力、位移、排桩弯矩与剪力分别如图6-36至6-38所示。

一般分布　　　　　　　一般

图 6-35　计算模型

工况 1—开挖（2.10m）

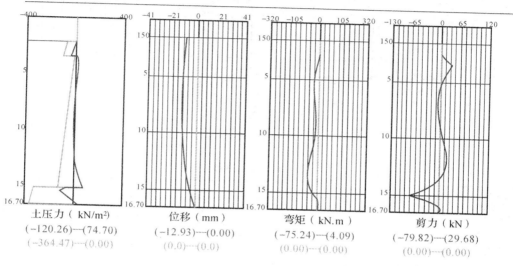

土压力（kN/m²）　　位移（mm）　　弯矩（kN.m）　　剪力（kN）

（-120.26）—（74.70）　（-12.93）—（0.00）　（-75.24）—（4.09）　（-79.82）—（29.68）

（-364.47）—（0.00）　　（0.0）—（0.0）　　（0.00）—（0.00）　　（0.00）—（0.00）

图 6-36

工况 2—加撑 1（1.80m）

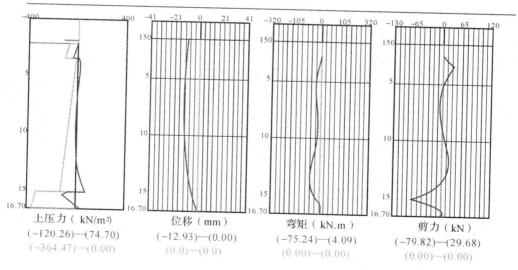

土压力（kN/m²）　　位移（mm）　　弯矩（kN.m）　　剪力（kN）

（-120.26）—（74.70）　（-12.93）—（0.00）　（-75.24）—（4.09）　（-79.82）—（29.68）

（-364.47）—（0.00）　　（0.0）—（0.0）　　（0.00）—（0.00）　　（0.00）—（0.00）

图 6-37

（9）截面计算如表 6-19 和 6-20 所示。

工况 3—开挖（6.20m）

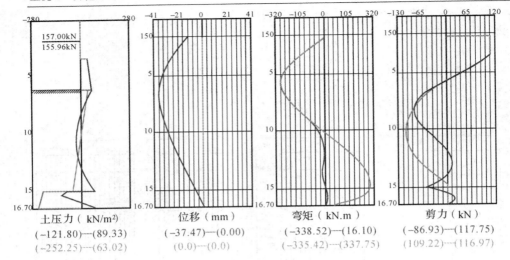

图 6-38

表 6-19　截面参数

桩是否均匀配筋	是
混凝土保护层厚度(mm)	50
桩的纵筋级别	HRB335
桩的螺旋箍筋级别	HRB335
桩的螺旋箍筋间距(mm)	150
弯矩折减系数	1.00
剪力折减系数	1.00
荷载分项系数	1.00
配筋分段数	一段
各分段长度(m)	15.20

表 6-20　内力取值

段号	内力类型	弹性法计算值	经典法计算值	内力设计值	内力实用值
1	基坑内侧最大弯矩(kN·m)	338.52	335.42	335.42	335.42
	基坑外侧最大弯矩(kN·m)	16.10	337.75	337.75	337.75
	最大剪力(kN)	117.75	116.97	116.97	116.97

段号	选筋类型	级别	钢筋实配值	实配[计算]面积(mm² 或 mm²/m)
1	纵筋	HRB335	12D25	5890[5544]
	箍筋	HRB335	D12@150	1508[-536]
	加强箍筋	HRB335	D14@2000	154

(10)整体稳定验算如图 6-39 所示。

计算方法:瑞典条分法。应力状态:总应力法。条分法中的土条宽度:1.00m。

滑裂面数据:整体稳定安全系数 $K_s = 1.958$;圆弧半径(m) $R = 22.726$m;圆心坐标 $X =$

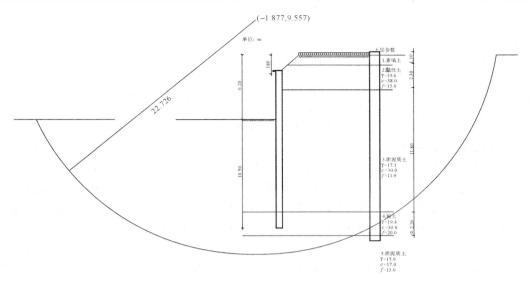

图 6-39　整体稳定验算简图

$-1.877\text{m}, Y = 9.557\text{m}$。

(11)抗隆起验算如图 6-40 所示。

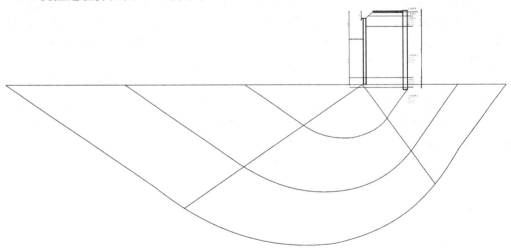

图 6-40　抗隆起验算简图

Prandtl(普朗德尔)公式抗隆起安全系数;安全等级为一级、二级、三级的支护结构, K_s 分别不应小于 1.8、1.6、1.4;

$$K_s = \frac{\gamma D N_q + c N_c}{\gamma(H+D)+q}$$

$$N_q = \left(\tan\left(45° + \frac{\varphi}{2}\right)\right)^2 e^{\pi\tan\varphi}$$

$$N_c = (N_q - 1)\frac{1}{\tan\varphi}$$

$$N_q = \left(\tan\left(45 + \frac{13.237}{2}\right) \right)^2 e^{3.14\tan13.237} = 3.337$$

$$N_c = (3.337 - 1)\frac{1}{\tan13.237} = 9.937$$

$$K_s = \frac{17.429 \times 10.500 \times 3.337 + 17.440 \times 9.937}{17.639 \times (4.700 + 10.500) + 66.958}$$

$$= 2.339 \geqslant 1.6,满足规范要求。$$

5. 施工要求及应急措施

在土方开挖前必须对排水、煤气、电力、电缆等地下管线进行调查,确定其位置,做好保护工作。挖土施工具体要求如下:按设计图纸要求挖基坑外侧土体,并设好砼面层;待水平围梁及水平支撑砼浇捣完毕,砼强度达到 80% 后,以大于 1∶2 放坡分层开挖,至设计标高后及时设垫层至支护桩边;挖地槽至地梁及承台垫层底标高,边挖边设垫层及砖模;挖电梯井部分土体至设计标高,边挖边设垫层及砖模;挖土以机械挖土为主,人工挖土为辅,底板底以下土体必须用人工开挖;用机械挖土时必须注意,挖土深度严禁超过设计标高,避免扰动开挖面以下的坑内土体原状结构,不得损坏工程桩、支护桩、立柱及支撑;土体开挖时不得留陡坡,以免基坑内土体滑移而引起工程桩偏位;基坑内挖出的土方及时外运,基坑四周卸土范围内不得堆载,否则会使支护结构变形过大,危及基坑安全;基坑挖土施工应做到"五边"即:边挖、边凿、边铺、边浇、边砌的施工方法,保证基坑土体不长期暴露,确保基坑稳定;在基坑挖土过程中应做好排水,疏水工作;基坑开挖前应根据上述挖土要求及实际情况,制定合理的挖土方案。基坑挖土方案应经监理、建设等有关单位等各方认可后方能实施,并由监理单位监督执行。

围护工程极为复杂,影响安全的因素很多,必须随时做好应付可能出现的不利情况,确定合适的应急措施。现场应备有应急措施用材料及设备,如砂包、水泥、注浆机等;在基坑开挖施工过程中,如果出现了局部位移量过大,可采取回填砂包、加设木桩的方法解决,为避免出现塌方,应立即回填并在坑底堆置砂包。

6. 设计施工图纸

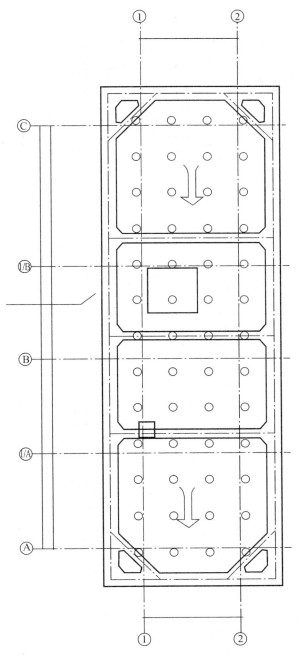

图 6-41 基坑支护平面布置图

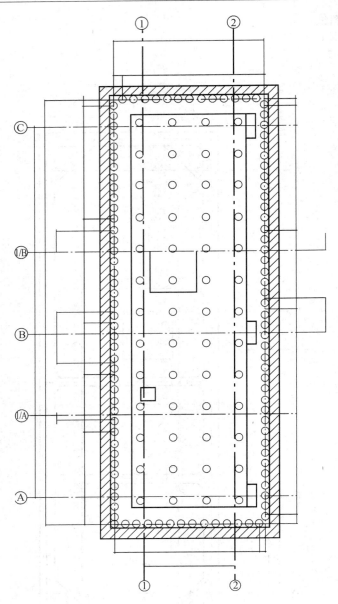

图 6-42　支护桩平面布置图

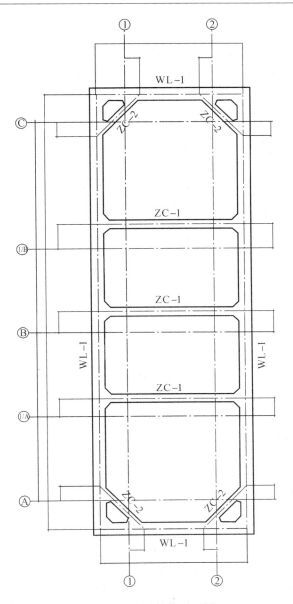

图 6-43　支护结构平面图

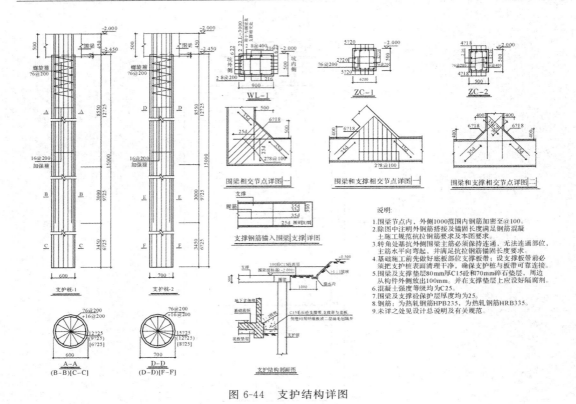

图 6-44　支护结构详图

6.5　基坑支护监测

6.5.1　信息化施工

信息化施工是指在施工过程中,施工方、监测方、监理方、设计方、建设方保持信息畅通,设计方对施工和监测提出具体要求,施工单位在按要求施工的同时,把施工过程中的异常情况及时反馈给建设单位、设计单位等,同时监测与监理单位随时监控施工过程中的应力和变形、地下水位变化等,出现异常数值或数值接近警戒值时,及时把信息通报施工单位、建设单位和设计单位,施工单位停止施工并采取必要的措施,设计单位在调查、分析,找到异常原因、提出解决措施、排除险情后,施工单位才能进一步施工。这样的信息交换的施工过程叫做信息化施工。

信息化是一个多方关联的过程,是以建设方为中心,以施工为关注点,以监测数据为判断依据,工程参与各方全面合作的过程。相关单位信息传递简图如图 6-45 所示。

图 6-45　基坑主要相关单位信息传递示意图

6.5.2　监测控制

基坑一般在人口密集区,特别是深基坑,开挖工程往往在繁华的市区进行,场地周围建筑物和地下管线密集,基坑开挖所引起的土体变形将直接影响这些建筑物和管线的正常使用;当地基变形过大时甚至会造成邻近结构和设施的破坏,同时,过大变形又会使周围管线内的地表水渗漏,可能加剧土体变形。因此,在深基坑施工过程中,只有对基坑支护结构、基坑周围土体和相邻构筑物进行综合、系统的监测,才能对工程情况全面的了解,确保工程的顺利进行。

近年来各地建筑业管理部门对基坑监测出了明确的要求,除了要求对深基坑支护结构自身的监测外,还特别强调了对深基坑周围建(构)筑物和地下管网、市政设施的监测,以尽量减少或预防开挖对周围环境的影响。规定还强调要做好对基坑周边环境原有状况的调查和记录工作,对易引起民事纠纷的建筑物要事先进行危房鉴定。基坑监测可分为常规监测和专业监测,常规监测由施工单位负责进行,专业监测由建设单位委托有资质的专业监测单位进行,深基坑监测应以专业监测为主。

1. 监测目的

对深基坑工程地下施工过程中实施现场监测主要有以下几个目的和作用:提供围护结构和基坑总体及局部的稳定和安全状况,在预先确定结构破坏报警值的情况下预先报警,以尽量避免或减少可能带来的损失;将监测数据与理论计算值进行比较,验证基坑围护设计计算的准确性,并判断前一步施工工艺和施工参数是否符合预期要求,以确定和优化下一步的施工参数,做好信息化施工;根据监测数据反推设计参数以优化设计,并总结工程经验,为完善设计提供依据。

2. 总体监测方案的确定

围护总体监测方案的确定必须满足以下原则。监测内容满足工程需要并符合工程特点;满足围护设计提出的基本要求;满足市政单位提出的对地下管网的要求;测试方法得当并且提供信息准确及时。

3. 现场监测对象

监测点的布置应满足监控要求,从基坑边缘以外 1~2 倍开挖深度范围内的需要保护物体均应作为监控对象。应包括支护结构、地基土体、地下水、周围环境等几个环节。

4. 监测内容和要求

在基坑工程中,现场监测的主要内容包括:基坑支护结构的位移,包括桩(墙)的测斜和桩(墙)顶部的竖向及水平位移;坑后土体的侧向位移;基坑坑底的隆起量;支护结构内、外侧土压力;基坑内外侧的孔隙水压力及地下水位;支撑立柱的竖向和水平位移;基坑支护桩(墙)的内力(弯矩);支撑、围檩的变形、内力(弯矩、轴力);基坑邻近建筑物和道路、管线的沉降和水平位移。

在工程中选择监测项目时主要与基坑等级相联系,结合根据工程实际及环境需要而定。一般而言,闹市区的大中型工程均需监测这些项目;中小型工程可以选测几项。实际工程中测斜、支撑结构轴力和地下水位的监测一般必不可少,因为它们能综合反映基坑变形、受力和水位变化等情况,直接反馈基坑的安全度。《建筑基坑支护技术规程》JGJ120-99规定监测项目如下。

表 6-21 基坑监测项目表

监测项目	支护结构的安全等级		
	一级	二级	三级
支护结构顶部水平位移	应测	应测	应测
基坑周边建(构)筑物、地下管线、道路沉降	应测	应测	应测
坑边地面沉降	应测	应测	宜测
支护结构深部水平位移	应测	应测	选测
锚杆拉力	应测	应测	选测
支撑轴力	应测	宜测	选测
挡土构件内力	应测	宜测	选测
支撑立柱沉降	应测	宜测	选测
支护结构沉降	应测	宜测	选测
地下水位	应测	应测	选测
土压力	宜测	选测	选测
孔隙水压力	宜测	选测	选测

位移观测基准点数量不应少于两点,且应设在影响范围以外。监测项目在基坑开挖前应测得初始值,且不应少于两次。基坑监测项目的监控报警值应根据监测对象的有关规范及支护结构设计要求确定。各项监测的时间间隔可根据施工进程确定。当变形超过有关标准或监测结果变化速率较大时,应加密观测次数。当有事故征兆时,应连续监测。

自 20 世纪 80 年代开始对基坑监测以来,基坑开挖监测技术也随着支护技术的发展而不断完善。基坑监测的效果也比较明显。不少工程就是通过有效的监测,及时采取了措施而避免了事故的发生。如杭州中山北路某高层建筑基坑工程就是通过测斜得知坑底以下位移发展过快,及时采取了抢险措施而制止了事态的恶化;有些工程通过支撑的应力测试而避免了支撑的破坏。

5. 基坑监测实例

杭州解百商城位于杭州市解放路与浣纱路交叉口,西以吴山路为界,南与国货路为邻,地处中心闹市区,是一座大型的商业建筑。该商城设地下室 3 层,基坑开挖深度约为 15.8m,其平面基本呈 99m×76m 的矩形。地基主要土层为轻微超固结黏土,其中在开挖面以上有 1 层厚约 3m 的淤泥质黏土。采用 0.8m 厚地下连续墙既作为基坑围护挡墙,又作为地下室外墙("二墙合一"),并利用各层地下结构周边梁板兼作支护墙水平支撑体系的支护方案。地下室施工共耗时 7 个月。

在深基开挖和地下室结构施工期间的监测任务为:地下连续墙墙身水平位移监测;连续墙墙后土体沿深度的水平位移监测;地下连续墙墙体内竖向弯矩或主筋应力监测;支撑轴力和地下结构主梁(水平方向)内力、钢筋应力监测;坑外地下水位监测;地下结构立柱顶水平位移和竖向位移监测;坑内土体的隆起量监测;对邻近建筑和道路的沉降进行监测。主要测点平面布置如图 6-46 所示。

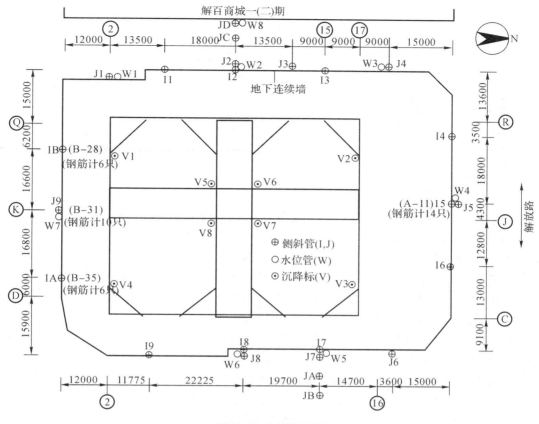

图 6-46　监测布置图

思考题

6-1　在什么情况下,必须进行基坑支护?

6-2　基坑支护有哪几种基本形式,各有什么适用条件?

6-3　悬臂式支护,设计时有哪几个设计关键点?

6-4　内撑式支护体系,其破坏形式有哪几

6-5　基坑监测的作用有哪些?

习题

6-1　习题 6-1 图所示为拉锚式单支撑排桩结构,基坑开挖深度为 8m,地基土质为砂性土,不考虑地下水影响。试计算:

(1)排桩入土深度 t;

(2)锚杆拉力 T;

(3)排桩桩身最大弯矩及其位置。

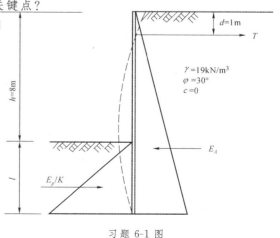

习题 6-1 图

参考文献

[1] GB50007－2011 建筑地基基础设计规范. 北京:中国建筑工业出版社,2012

[2] GB50010－2010 混凝土结构设计规范. 北京:中国建筑工业出版社,2010

[3] JGJ94－2008 建筑桩基技术规范. 北京:中国建筑工业出版社,2008

[4] JGJ79－2012 建筑地基处理技术规范. 北京:中国计划出版社,2012

[5] 陈希哲. 土力学地基基础. 北京:清华大学出版社,2004

[6] 陈跃进. 地基基础工程施工技术. 北京:中国机械工业出版,2003

[7] 莫海鸿,杨小平. 基础工程. 北京:中国建筑工业出版社,2003

[8] 赵明华,徐学燕. 基础工程. 北京:高等教育出版社,2003

[9] 刘大鹏,尤晓日韦. 基础工程. 北京:清华大学出版社、北京交通大学出版社,2005

[10] 袁聚方,汤永净. 基础工程. 上海:同济大学出版社,2005

[11] 王秀丽,白 良. 基础工程. 重庆:重庆大学出版社,2001

[12] 沈克仁. 地基与基础. 北京:中国建筑工业出版,1995

[13] 王晓谋. 基础工程(第三版). 北京:人民交通出版社,2003

[14] JGJ120－2012 建筑基坑支护技术规程. 北京:中国建筑工业出版社,2012